四川省2015年度重点出版规划项目

■ 碳减排管理和应用丛书 ■

温室气体排放核算工具

邓 立 主编

西南交通大学出版社
·成 都·

图书在版编目（CIP）数据

温室气体排放核算工具 / 邓立主编. —成都：西南交通大学出版社，2017.5
（碳减排管理和应用丛书）
ISBN 978-7-5643-5397-1

Ⅰ. ①温… Ⅱ. ①邓… Ⅲ. ①温室效应－有害气体－统计核算 Ⅳ. ①X16

中国版本图书馆 CIP 数据核字（2017）第 083516 号

碳减排管理和应用丛书
Wenshi Qiti Paifang Hesuan Gongjü
温室气体排放核算工具
邓 立 主编

策划编辑 胡 玲 杨岳峰
责任编辑 张少华
封面设计 墨创文化
出版发行 西南交通大学出版社（四川省成都市二环路北一段 111 号 西南交通大学创新大厦 21 楼）
发行部电话 028-87600564 028-87600533
邮政编码 610031
网址 http://www.xnjdcbs.com
印刷 四川煤田地质制图印刷厂
成品尺寸 170mm × 230 mm
印张 19.25
字数 345 千
版次 2017 年 5 月第 1 版
印次 2017 年 5 月第 1 次
书号 ISBN 978-7-5643-5397-1
定价 98.00 元

◎序…………

自工业革命以来，由于人类活动排放的 CO_2 等温室气体急剧增加，大大超过了自然界的调节能力，从而导致全球平均气温不断升高。为此，由气候变化引起的对人类生存环境造成破坏以及如何有效减少温室气体排放已成为近五十年来国际政治、经济及学术研究最关注的全球问题。为此，早在 2007 年的世界经济论坛（达沃斯论坛）上，前联合国秘书长潘基文就讲到："气候变化是我们这个时代所定义的挑战。相比我们所面临的全球挑战——削减贫困、保持经济增长、确保和平与稳定，气候变化议题是更为基础和根本性的问题"。目前，我们已经真切地感受到了，尽管这是由发达国家首先倡导的新型发展模式，但是在这些国家的大力推进下，在资源日益匮乏、环境日益恶化的重压下，减排、低碳发展模式已经势在必行，绿色发展已成为各国推动可持续发展的共识和导向。来自国内、国际具有法律效力的减排压力，必然将促使我国的各级政府和企业认真思考如何通过低碳化的发展来带动经济的转型与增长。

此套"碳减排管理和应用丛书"，共分为《企业温室气体排放盘查与实务》、《温室气体声明国际鉴证业务准则 ISAE 3410（拟定）》和《温室气体排放核算工具》三册，其目的是通过介绍国际业界在温室气体减排领域探索多年取得的相关方法、准则以及特殊行业核算工具，为推动与实现我国经济的低碳转型提供可借鉴的途径。另外，本套丛书还提供了作者多年来在协助政府和相关企业开展碳减排管理业务时的一些做法与案例，期望能在思路上给予读者点滴指引。

《企业温室气体排放盘查与实务》一书，介绍了由世界企业永续发展协会与世界资源研究院共同发起的、为企业界提供温室气体盘查的通用性标准《温室气体盘查议定书——企业会计与报告标准》（以下简称《标准》），通过《标准》再结合实际案例来介绍企业温室气体排放清单的编制流程。

《温室气体声明国际鉴证业务准则 ISAE 3410（拟定）》一书，介绍了由国际会计师联合会提供给专业会计师使用的审计与鉴证准则，其目的是为温室气体公开信息披露提供高质量的操作指南，以增加公众对审计和鉴证的信心。同时，这也是中国注册会计师行业积极拓展服务领域的宽度和广度，把服务触角延伸到经济社会的各个领域特别是深化改革出现的新领域的内在需求。目前国内财经院校尚无该类图书，此书也可作为国内财经院校学生掌握国际会计准则新动态的专业书籍，亦可为国内会计准则的制定提供参考。另外需要说明的是，国际会计师联合会已于 2013 年发布了正式的《温室气体声明国际鉴证业务准则 ISAE 3410》，但基于我们此前开展的工作是在《温室气体声明国际鉴证业务准则 ISAE 3410（拟定）》下进行的，且 2013 年版《温室气体声明国际鉴证业务准则 ISAE 3410》与《温室气体声明国际鉴证业务准则 ISAE 3410（拟定）》在主导思想与方法上也是保持一致的，故本书还是以《温室气体声明国际鉴证业务准则 ISAE 3410（拟定）》来进行介绍。

《温室气体排放核算工具》一书，介绍了在工业生产和产品使用过程中，温室气体排放量化的通用工具和跨行业排放量化的特殊工具，并结合案例向读者展现了发达国家的优良做法及成功经验，并对排放因子的选取和不确定性评估进行了阐述。本书在政策层面，可为政府在制定区域低碳管理的政策过程中，对区域的排放现状、排放总量、排放管理进行合理评估，并有目的地进行量化，为制定重大的减排决策提供必要的科学依据和数据支持；在企业层面，可查找降低排放的契机，挖掘减排潜力，并通过必要的横向和纵向对比，以期明确创新发展目标和价值以及可持续发展的可行性；在个体层面，能够通过了解相关减排知识，影响个人行为及家庭行为。

应对气候变化是全人类共同的事业，碳减排管理领域浩瀚无际、学海无涯。该套丛书的出版无非是我们涉足这一前缘学科的些许心得体会，故尚存许多不尽如人意之处，难免还有不少疏漏，在此衷心期待各位读者提出宝贵意见，帮助斧正错误及不妥之处，为此先行一并感谢！

最后，还要感谢我们的好朋友——西南交通大学胡玲老师，在她的建议下才有该系列图书的出版，否则到今天为止其中的实践与做法还只是存于我们的脑海中！

碳减排管理和应用丛书

编　者

2017 年 1 月

◎目　录…………

导　言

0.1 温室气体与温室效应

ISO14064s 标准中关于温室气体的定义是：“温室气体（greenhouse gas，GHG）是指大气层中自然存在的和由于人类活动产生的能够吸收和散发由地球表面、大气层和云层所产生的、波长在红外光谱内的辐射的气态成分。”它主要包括了受《京都议定书》管控的六种气体：二氧化碳（CO_2）、甲烷（CH_4）、氧化亚氮（N_2O）、氢氟碳化物（HFC_S）、全氟碳化物（PFC_S）和六氟化硫（SF_6），以及臭氧、水蒸气等。由于水蒸气和臭氧的时空分布变化较大，因此国际社会在进行减量措施规划时，一般都不将这两种气体纳入考虑范围。

温室气体能够有效地吸收地球表面、大气自身（由于相同的气体）和云层散射的热红外辐射。大气辐射是朝任意方向散射的，包括向地球表面的散射。在这个过程中，温室气体将热量捕获在地表至对流层（大约 1 万米高空以下）系统内，形成对流层中的热红外辐射与其散射高度上的大气温度强烈耦合，从而在大气中形成了一种无形的“玻璃罩”，使太阳辐射到地球的热量无法向外层空间发散，致使地球表面变热。这个作用就称为温室效应（greenhouse effect）。

0.2 温室气体对全球气候变化的影响

气候作为人类赖以生存的自然环境的一个重要组成部分，它的任何变化都会对自然生态系统以及社会经济系统产生影响。全球气候变化的影响是多方面和多尺度的，既有正面影响，也有负面影响。目前，国际社会普遍关注的领域包括自然生态系统、淡水资源、农业和粮食安全、海岸带和沿海生态系统、人体健康等。气候变化对这些领域的不利影响已经显现，而且会继续危及人类社会未来的生存与发展，因此，国际社会更关注其负面的影响。

0.2.1 气候变化对淡水资源的影响

已经发生的气候变化造成由冰川和积雪融水补给的河流径流量增大，春季洪峰提前。未来一些国家或地区将呈现径流量明显增加或减少的趋势。预计 21 世纪中叶之前，在高纬度和部分热带湿润地区，年平均河流径流量和可用水资源量会增加 10%～40%，而在某些中纬度和热带干旱地区（其中某些地区目前正在遭受水资源短缺），其径流量和可用水资源量会减少 10%～30%。21 世纪冰川和积雪中储藏的水资源量预计会不断下降，从而减少了靠冰雪融水供给地区的可用水量，而这些地区居住着当今世界 1/6 以上的人口。

一个有目共睹的例子，曾经浩瀚一时的约旦河，现在已经成为了涓滴小溪。缺少了汹涌澎湃的约旦河水，下游的死海其水平面高程将年减 50%左右。近 20 年来，世界上每十条大河，就有一条年中数月不能流入大海。印度可能是 21 世纪受缺水问题困惑最严重的国家。在印度为了找到水源，人们将井底越钻越深，最后还只得采用广大的蓄水池收集的雨水得以补充。更令人担忧的是这些河流的源头水量正在大幅度地下降，预计 2050 年后，淡水问题会影响到全球 20 亿以上的人口。

0.2.2 气候变化对生态系统的影响

气候变化已经对自然和生物系统产生了影响。1970 年以来对所有大陆和多数海洋的观测结果综合表明，气候变化特别是温度升高已经对许多自然系统产生了影响。春季一些物候现象（如树木发芽、鸟类迁徙及产卵等）出现时间提前；北半球高纬度地区植物生长季节每十年延长 1.2～3.6 天，湖水和河水的温度升高减少了冰面覆盖时间；高山牧草分布上移，热胁迫引起野生物种死亡和分布面积减少。

在未来气候变化情景下，如果全球平均温度增幅超过 1.5～2.5 °C，在目前已经评估过的动植物物种中可能有 20%～30%的物种其灭绝风险将增大。二氧化碳浓度升高会提高大部分生态系统的净初级生产力（指生产者能用于生长、发育和繁殖的能量值，也是生态系统中其他生物成员生存和繁殖的物质基础。从理论上来说，净初级生产力等于总初级生产力与自养呼吸消耗之差），而温度升高可能会产生正面或负面的影响。对不同树种进行多年的二氧化碳影响试验研究表明：在高二氧化碳浓度水平下，植物的光合作用强度增加，长期施用二氧化碳后，没有迹象表明对二氧化碳的敏感性降低。然而，二氧化碳浓度对生态系统的净生产力和生物群落的净生产力产生的正面影响的可能性较低。预计在 21 世纪中叶前陆地生态系统的碳净吸收可能达到峰值，随后减弱甚至造成碳的排放，从而导致气候变化加剧。

实际上，全球的湿地占了地球表面的 6%，在湿地恬静的水面下，有一个不为人知的“工厂”（或者称之为“厂房”）。在这里，随着土壤含水率的变化，各种微量元素（特别是碳）都在进行着平衡的协调，这种丰富多彩的结合会过滤水分消化污染。沼泽是净化水分必需的生态环境，也是调节水流的海绵，潮湿时吸水，干旱时放水。人类为了开发更多土地，往往把沼泽变成畜牧的草地或可耕种建屋的陆地。在 20 世纪，地球上 50%的沼泽消失了。人们丝毫没有注意到它们的美丽富饶和它们在大自然中所担当的角色，从根本上忽视了自然元素的互相转化与联系。

随着现代化产业的大规模发展，能源、运输、工业、开发林木、农业等活动日益活跃，释放了巨量的二氧化碳，不知不觉中那些排放出的粒子破坏了地球的气候平衡，并且由于地球自转的作用造成它们较多地集中于地球赤道的上空，而两极分布较少，最后使绝大多数日光对地球的影响都集中于南北两极。因此，在地球的南北两极，其暖化的影响最明显。一切都来得很快，短短 30 年的时间里，连接美、欧、亚的北极航道被打开，北极的冰冠也开始融化。在地球暖化影响下，40 年来冰冠的厚度减少了 40%，其总面积逐年下降，并且预计将会在 2030 年全部消失。

0.2.3 气候变化对农、牧业的影响

由于受气候变暖和技术进步的共同影响，区分气候变化对粮食、纤维和林业产品的影响存在一定的难度，但气候变化对某些管理系统的影响正在显现。如在北半球高纬地区农作物春季播种提前，病虫害发生的范围和繁殖代数在增加。在未来气候变化情景下的中高纬地区，如果局部地区平均温度增加 1 ~ 3 °C，粮食产量预计会有少量增加；若升温超过一定的范围，某些地区农作物产量则会降低。而在低纬地区，特别是热带地区，即使局部地区温度有少量增加（1 ~ 2 °C）也会导致农作物产量降低。就全球而言，若平均温度增加 1 ~ 3 °C，粮食产量将会随着温度升高而增加；若超过这一范围，产量就会降低。

在 20 世纪中期，美国仅有 300 万农庄产业工人，他们产出的谷物，可以完全解决 20 亿人口的口粮问题。但大部分谷物并非用作粮食，就像其他工业国，粮食用来喂养牲口或制作为生化燃料。他们把所有泉水用作耕地种植，令耕地干旱的景况像妖魔一样被阳光的能量驱散，被欢腾的泉水赶走。人类用水的 70%是依靠泉水，大自然的一切都互相联系，耕地的拓展和单一谷物的种植造成了寄生虫的繁殖，石油化工革命带来的杀虫剂把它们杀光，农民失收和饥荒成为湮远回忆，然而新的问题产生了——最头痛是如何处理现代农业带来的盈余。有毒的杀虫剂渗进空气、泥土、动植物以及河海，它们入

侵一切生命赖以生存的细胞核心。同时，由于新兴农业免除了对土地和季节的依赖，肥料令任意一小片土地都能够出产前所未见的丰富收成。适应了土地和气候的谷物，又被多产和易于运输的品种所取代，过去数千年来哺育发展的品种已有 3/4 绝种。众目所见，肥料在下，塑料篷罩在上的艾美利亚温室是欧洲的菜园，大批形状整齐的蔬菜，每天等待数以百计的卡车，把它们运送到欧洲大陆的超级市场。随着国家经济的发展，国民吃肉越来越多，必须依靠集中营式的牛场，才能满足日益增长的全球需求。牲口可能一生未见过草原，严格制肉工序已成日常程序，一队队卡车从全国、乃至世界各地运来数以吨计的谷物、黄豆和丰富蛋白质的高营养颗粒，最终变成了千家万户餐桌上的肉。有统计可以证明以下事实：生产 1 kg 马铃薯要 100 L 水，生产 1 kg 米要 4 000 L 水，生产 1 kg 牛肉要 13 000 L 水，还有在运输和生产过程中被消耗掉的油料。人类的农业要靠石油推动，它养活地球上几十亿的人口。在多元性被标准化取代的时代，这种对石油的依赖，让人们享受到梦中才有的舒适，但所付出的代价却是使我们的生活方式完全依赖于石油。

0.2.4 气候变化对海岸线系统和低洼地区的影响

气候变化已经造成海平面上升、海岸带湿地和红树林消失、珊瑚白化等不利影响。在未来气候变化情况下，若海面温度升高 1 ~ 3 °C，将会导致更为频繁的珊瑚白化甚至大范围死亡。截至 20 世纪 80 年代，由于海平面上升，每年已经有数百万以上的人口以及他们的家园遭受洪涝危害，受影响的人口数量在亚洲和非洲的大三角洲地区最多。在这个过程中，小岛屿地区对海平面上升的抵御能力尤其脆弱。

在北极圈，过去的 30 年其冰冠面积已经减少了 30%。而当格陵兰被继续迅速暖化，整个大陆的淡水会更快地加入海中咸水；格陵兰的冰占地球淡水的 20%，若全部溶化，海平面会升高 7 m，由于我们的生态系统并无疆界，在格陵兰没有工业的大冰原也同样会受地球其他地方排放的温室气体的影响。无论在哪里，我们对大气层的“贡献”，都会在全球各地引起回响，因为大气层是不可分割的整体，是我们共享的资产。在格陵兰岛的地面上，湖泊已经开始形成，冰冠融化的速度连最悲观的科学家在十年前也未能预计到。越来越多源自冰川的河流汇集并在表层下穿过，人们以为河水会在冰的深处冻结，但恰恰相反，它在冰下流过，把大冰原带到大海并碎裂成冰山。当格陵兰的淡水慢慢渗入海洋的咸水，地球各处低洼地区将在更大的程度上受到威胁。由于大气层的变化，主要季风已改变了方向，与此同时，雨水循环和气候、地理都被随之而改变。在生物链中有着极其重要作用的珊瑚礁，对海水温度的任何轻微变化都非常敏感，它们已经有30%以上在过去的20年中消失了。很多海拔很低的岛屿，例如马尔代夫，已经正在形成对人类生存极为不利的环境形势。

全球有70%的人口居住在沿海城市，全球15个最大城市有11个位于海岸线或河口入海处，另外，还有很多港口枢纽城市及经济中心城市也位于海岸线上，如：上海、东京、香港、悉尼、纽约、开普敦、里约热内卢等，咸水会大量入侵地下水位，令常住人口失去可供饮用的食用水，最后，造成人口迁徙将无可避免，而唯一不能肯定的只是其规模。

喜马拉雅山冰川是亚洲几条大河的源头，包括印度河、恒河、湄公河、长江，超过20亿人依赖其河水作为饮用和灌溉。如位于恒河和雅鲁藏布江三角洲的孟加拉国，直接受到喜马拉雅山现象和海水上升的影响，它是地球上人口最多又最贫困的国家之一。越来越严重的河水泛滥和飙风的蹂躏，使其土地消失了1/30。人们面对突变，最终唯有迁徙，就连再富裕的国家亦不可避免。全世界都会出现旱灾，澳大利亚已有50%的农田受此影响。我们急需要向哺育我们12 000多年的气候平衡做出妥协，越来越多的火山侵害主要城市，令地球进一步暖化；树木燃烧时又释放出更多的二氧化碳。调节我们气候的机制已经失衡，它所依赖的元素已经正在被破坏。

在西伯利亚的严寒地区，地面长期结冰，称为永久冻结带。其地下隐藏着大量的气候定时炸弹——沼气，此温室气体比二氧化碳的浓度强20倍以上。如果永久冻结带融化，释放的沼气会令温室效应恶化至无人能够预计的程度。今天气候问题能够引起全球人类的高度关注，实际上也只是希望通过10年左右的时间来努力把地球暖化的方向逆转，以避免人类闯入一个新的未知领域。

0.2.5 气候变化对人体健康的影响

气候变化对人体健康的影响有利也有弊。温带地区气候变化将减少由严寒造成的死亡，但气候变化将影响适应能力较低的数千万人口的健康。从总体上看，气候变化的正面效应将会被增暖带来的负面影响所抵消，特别是在发展中国家更是如此。

温室气体带来复杂多变的气候模式，可能会使致命的史前病毒威胁到人类的生命健康。美国科学家曾发出过警告，由于全球气温上升令北极冰层融化，被冰封十几万年的史前致命病毒可能会重见天日，导致全球陷入疫症恐慌，使人类生命受到严重威胁。纽约锡拉丘兹大学的科学家在《科学家杂志》

中指出，早前他们发现一种植物病毒 TOMV，由于该病毒在大气中广泛扩散，他们推断在北极冰层也有其踪迹。于是，研究员从格陵兰抽取 4 块年龄在 14 万年～500 万年的冰块，果然在冰层中发现了 TOMV 病毒。这项新发现令研究员相信，一系列的流行性感冒、小儿麻痹症和天花等疫症病毒可能隐藏在冰块深处，目前人类对这些原始病毒并没有抵抗能力，当全球气温上升令冰层融化时，这些埋藏在冰层千年或更长的病毒便可能会复活，形成疫症。科学家表示，虽然他们不知道这些病毒的生存希望，或者其再次适应地面环境的机会，但肯定不能抹杀病毒卷土重来的可能性。

在中国，气候变化对虫媒传染病的影响最为明显。气候变化导致疟疾高发地区的疟疾传播季节正在延长，降雨量增加将增强疟疾发病的强度，近 10 年发病人数已较 20 世纪 70～80 年代的均值明显增长；气候变化对血吸虫传播的影响主要表现为疾病传播程度加剧和传播范围扩大，20 世纪 90 年代以来，钉螺分布区域出现了明显北移，分布面积增加。洪水将增加血吸虫的传播程度，长江中下游地区洪水年份钉螺孳生面积是水位正常年份的 2.6～2.7 倍，急性血吸虫感染人数则为 20 世纪 50～80 年代的 2.8 倍。通过发展趋势的分析可以看出：未来中国血吸虫病分布范围的北界线将北移，在中国东部尤其是江苏省和安徽省境内北移更加明显；长江流域、洞庭湖及鄱阳湖周围的血吸虫病传播指数明显上升，以洞庭湖周围与湖北省长江沿线区域上升更为明显；气候变暖对中国登革热的分布也有显著的影响，高发区海南省在过去的 25 年间，登革热传播北界北移距离达到了 38 km；气候变暖常伴随热浪发生频率及强度的增加，导致华东地区心血管、脑血管及呼吸系统等疾病的发病率和病死率比 30 年前明显增加。

所有这一切，均会导致全球医疗卫生机构的负担加重，并还有可能导致重建新的医疗研究机构和为此而建立的科研系统费用成倍增加。

0.3 全球排放的百年历史以及所形成的现状

生命是宇宙的奇迹，始于 40 亿年前，也就是地球形成的雏形；而人类仅用了 20 万年的历史，就改变了世界的面貌。由于人类对耕种技术的发明和大范围的普及，才得以把过去到处觅食的野兽本质彻底进行改变。在 8 000～10 000 年前，农业活动渗透于人类的生存历史，出现了首次盈余，催生出城市和文明。在全球范围内，真正使用化石燃料，不过才 200 多年的历史。然而，这 200 多年已经完全改写了原始生态本身运行的轨迹，同样也是这 200

多年的时间，人类为追求更高级的文明社会付出了高昂的代价。

石油使人类从时间的束缚中解放出来，划时代的能源令一部分人享受到了从未有过的舒适。仅仅 50 多年，仅仅一代人的时间，石油给地球带来了奇迹般的变化。美国最先发现和利用了这种具有革命性能量的“黑金”，随着它的诞生，人类的生存有了新的开端和起点。现代化的进程超越了历史上的任何时刻。六十年中，人类人口已经倍增，超过 20 亿人移居城市中。今天，地球上 70 亿人口有一半以上住在城市。纽约，是世界上第一个超级城市，是人类无止境地剥削地球资源的象征，数百万移民的人力资源，充分体现了煤的能量及无约束的石油力量。洛杉矶，这个方圆 100 km 的体现美国梦的传奇城市，汽车的数目几乎与人口相等，这里晚上是能源戮力表演的时刻，白天不过是黑夜的苍白反映。深圳四十年前只是一个偏僻的渔村，现在却拥有数以百计的摩天大楼和千万人口。二十年来上海建起了三千巨厦，至目前还仍有数百高楼大厦正在落成。迪拜，世界上最大的建筑工地之一，一个将不可能变成可能的超级现代化城市；迪拜可以输入数百万吨的原料和来自世界各地的人口，可以建造耸入云霄的建筑森林；迪拜没有农田，但可以大量入口粮食；迪拜没有水源，但可以花巨款耗用大量的能源来淡化海水；迪拜阳光充沛，但没有太阳能发热板；迪拜正在比较准确的寻找到自己应该拥有的位置，它恰似全球财富最集中的象征。

新兴农业免除了对土壤和季节的依赖，化肥可以令任何一小片土地获得前所未有的收成，适应了土地以及气候的谷物和蔬菜，被多产和易于运输的其他品种所取代。这样的运输过程和规模越来越大，他们对燃料的依赖更是一个庞大的天文数字，在不断的累加。

由于工业、农业、服务业集团化的开发和生产；跨国产业的飞速前进；人口迁徙移居的现实，为了应对世界性工业生产的需求，大部分消费品要千里迢迢地从产地运到消费地，造船厂不断建造运油轮、货柜船、运天然气船和其他集装箱船。1950 年至今，国际贸易增长了 20 倍，90%商贸在海上进行，每年要运送的货柜达到 5 亿以上，货柜船不断地向着主要的消费地进发。

与此同时，全球每年有 1 300 万公顷森林消失，生物品种的死亡率比正常速度快了 1 000 倍。树木通过把地下水像呼吸一样以薄雾形态送到大气中，来维持正常的循环过程，并保护泥土免于流失。树木是大自然中的碳“储蓄所”，它们含碳的分量比大气多得多，是气候平衡的基石。自 1960 年开始，人类砍伐树林的速度之快令人吃惊。亚马逊是世界上最大的热带雨林，其面积已经缩小了 20%。这些森林在给牧场和大豆种植让路，而 95%的大豆又是用来饲养欧亚两洲的禽畜。作为全球第 4 大岛屿的婆罗洲，在 30 年前还布满了原始森林，但是按目前的砍伐速度，10 年内岛屿上的森林将会完全消失。这个曾经的全球最大的生物品种摇篮，已经完全打破了由生物把水、土、空气、阳光组成的完美结合的现实，取而代之的是婆罗洲生产的全世界销量最大的棕榈油。在过去的 50 年里，由于人类对纸张的需求增长了 5 倍多，为满足纸张的供应而被砍伐的桉树（制纸浆的原料）更是达到了惨不忍睹的境况。海地曾经是“加勒比海的明珠”，如今山坡上的树林覆盖率却只剩下 2%，光秃的山泥无法吸收雨水，没有植物和根茎的支撑与联系，泥土守不住，被雨水冲下高山，送至大海，土壤的质量急速下降，已不适宜耕种。马达加斯加的山坡上更是布满了数百米宽的深沟，土壤极其瘦薄而脆弱。经几千年形成的腐殖土，全部因为雨水冲刷而消失。IPCC 第 4 次评估报告结果已经明确指出：**土地利用变化（主要评估了毁林）是仅次于化石燃料燃烧的全球第 2 大人为温室气体排放源，约占全球人为二氧化碳排放总量的** 17.2%。

世界 20%人口耗用了地球 80%的资源，全球花在军备上的资金是援助发展中国家资金的 20 倍。每天有 5 000 人因饮用受污染的水死亡，10 亿人没有安全可靠的饮用水饮用，10 亿人在饥饿边缘挣扎。全球用来喂养牲口或作为燃料的粮食达到 50%以上，还有 40%耕地的质量在逐年下降，产业结构和资源配置没有得到合理匹配。最近 15 年是有历史记录以来最热的 15 年。据科学界的预测，到 2050 年全球将会有 2.5 亿“气候难民”。

0.4 国际社会应对气候变化的重点途径

世界主要国家根据各自国情和实际，主要通过调整产业结构、节能和提高能效、优化能源结构、开发低碳及无碳能源、增加碳汇等途径，达到控制二氧化碳排放，促进低碳发展的目的。

0.4.1 调整产业结构

发达国家通过加速产业结构升级，带动经济向低碳转型，使单位国内生产总值二氧化碳排放呈下降趋势。高能耗的原材料产业和制造业在国民经济中的比重明显下降，低排放的金融、服务、信息等产业迅速发展。同时，第二产业内部结构也明显发生变化，通过提高环保标准等措施，低端制造业和冶金、化工等高耗能产业发展停滞甚至萎缩，部分转移到发展中国家。例如：1990—2007 年，英国第二产业占国内生产总值的比重从 35%下降到 23%，第三产业从 63%上升到 76%。工业制造业中，粗钢的产量锐减 2/3。产业结构的变化是发达国家能够实现温室气体减排的一个重要方面，1990—2010 年，发达国家单位国内生产总值二氧化碳排放也下降了 26.7%。处在城市化和工业化过程中的发展中国家，尽管国民经济中高耗能制造业比重上升的阶段性特征一时难以改变，但仍把调整产业结构作为控制温室气体排放的重要途径。

0.4.2 强化节能和提高能效

发达国家在能效水平相对较高的基础上，进一步强化节能和提高能效的政策措施，抑制能源需求增长，降低二氧化碳排放。欧盟提出到 2020 年能效提高 20%，发布《能源政策绿皮书》和《提高能源效率行动计划》，明确了涵盖建筑、交通、制造业等十大重点领域提高能效的 75 项具体措施。通过上述节能措施，欧盟可减少能源消费 4 亿吨标油，减少二氧化碳排放约 8 亿吨。在发达国家能源消费中，工业能耗大多不足 30%，而建筑和交通能耗比重各占 30%～40%，所以建筑和交通成为节能和提高效能的重点领域，而且效果显著。根据国际能源机构统计，1990—2006 年发达国家人均建筑采暖能耗下降 19%，单台冰箱、洗衣机等大型家用电器能源下降 24%，新车每百千米油耗平均下降 15%。2009 年，欧盟各成员国全面实施新的建筑能耗标准，大力推广无主动供暖的超低能耗新型建筑，预计可使欧盟终端能源消费总量减少 11%。日本自 21 世纪初实施“领跑者计划”，鼓励电器和汽车等用能设备节能和提高能效。2005 年，日本照明能效比 1997 年的水平提高了 36%，乘用车燃油经济性提高 23%。2009 年，美国制定新的汽车燃油经济性标准，使 2011 年所有在美国制造以及销售的轿车和轻型卡车每百千米油耗相比 2009 年水平，下降了 8%。

0.4.3 优化能源结构

优化能源结构主要是通过利用低碳和无碳能源替代高碳能源，实现二氧化碳减排。

（1）利用天然气代替煤炭。国际能源机构的数据表明，1990—2010 年发达国家总体能源结构中，石油比重相对稳定，核能和可再生能源小幅上升，天然气在一次能源消费中的比重由 20%上升到 24.4%，而煤炭比重由 24%下降到 20%，单位一次能源供应的二氧化碳排放降低了 6.6%。英国利用天然气代替煤炭，成效非常显著：天然气在一次能源中的比重由 1990 年的 22%提高到 2008 年的 40%，煤炭比重由 31%下降到 17%。仅此一项，英国 2008 年二氧化碳排放相对于 1990 年减少了 7%。

（2）积极发展核电。20 世纪 70 年代，为了应对石油危机，减少石油需求，保障能源安全，发达国家大力发展核电。经历了 20 世纪 80、90 年代的停顿之后，发展核电重新提上日程，成为减少温室气体排放的重要手段。据国际能源署分析，要实现全球减排长期目标，核能装机容量需要由 2007 年的 3.7 亿千瓦增加到 2020 年的 5 亿千瓦和 2030 年的 7 亿千瓦。法国核电在一次能源消费中的比重从 1990 年的 33%提高到 2008 年的 39%。目前法国核电年发电超过 4 000 亿千瓦时，占总发电量的 80%左右，使法国人均碳排放在发达国家中处于较低水平。美国在过去 30 年没有新建核电站，但 2002 年能源部重新启动核电计划，延期退役现有核电站，同时简化新建核电站审批程序，2005 年通过的能源政策法案规定对核电实施税收优惠。美国核能管理委员会统计数据表明，目前全美有 21 家公司申请核电站建设许可证，总数达到 34 座。

（3）大力发展可再生能源。水能、风能、太阳能是无碳能源，生物质能具有碳中性特点。1997 年《京都议定书》通过后，发达国家在优化传统能源结构的同时，凭借经济技术优势，加大力度开发可再生能源。欧盟提出 2020 年可再生能源占终端能源消费的比重提高到 20%，汽车燃油的 10%必须采用生物燃料。欧盟鼓励可再生能源开发利用的具体措施已经取得显著成效，1997～2008 年，欧盟风电装机容量增长 13 倍，发电总装机容量中，风电比重从不足 1%增加到 8%。在 2008 年新增发电装机容量中，风电占 36%，太阳能占 18%，已经超过了当年新增天然气、石油、煤炭发电装机容量的总和。德国、西班牙、丹麦在风电领域处于领先地位。2008 年丹麦风电已占其发电总量的 20%。巴西凭借自然资源优势，大力推动生物质能开发利用，已在生物燃料利用方面确立了优势。目前用于生产乙醇的原材料甘蔗种植面积达到 800 万公顷，生物燃料和生物质发电在一次能源消费中的比重高达 16%。

0.4.4 保持和增加森林碳汇

通过植树造林和加强森林管理，保持和增加碳汇，吸收二氧化碳，是减少大气二氧化碳含量的重要手段。例如，美国虽然是林产品大国，但十分重视森林的社会效益和生态效益。联邦政府采用“费用分担补助计划”，鼓励各州和私人营造非用材林。《美国清洁能源与安全法案》允许使用 10 亿吨国内碳排放抵消额度，主要来源就是通过国内森林管理增加碳汇；日本拥有非常完备的林业法律法规体系，森林覆盖率高达 67%；印度鼓励植树造林，森林覆盖率从 1990 年的 19.5%提高到 2006 年的 23%，计划通过农用林和天然林保护，逐步将森林覆盖率增加到 30%；加蓬是全球最大木材出口国，它严格执行选择性伐木标准，每公顷土地上砍树不能超过一棵，它的森林是国家最重要的经济支柱，让这些植物有足够时间再繁殖，由此保证了可持续的森林管理计划实施。

0.4.5 重视碳捕获与碳封存技术的研发

该技术目前仍处于研发阶段，如果取得技术突破，将使成本和能源消耗大幅降低，未来大规模商业化应用的减排潜力将会非常巨大。根据国际能源署分析，要实现全球减排的长期目标，2030 年所需减排量的 10%将依靠碳捕获和碳封存技术来实现。为了争夺未来关键低碳技术主导权，欧美等发达国家积极开展碳捕获和碳封存技术研发，特别是燃煤发电比重较高的美国，在该技术的机理、潜力、经济性评估等方面开展了大量研究。而且美国还尝试通过立法，规定 2020 年之后新建燃煤发电站必须应用碳捕获和碳封存技术。此外，挪威、加拿大等一些国家也在积极尝试碳捕获、碳利用、碳封存、碳回收的新途径，以期增强该技术应用的经济性。

0.5 本书的主要内容及所希望达到的目的

为应对全球气候变化，世界各国（不论是发达国家，还是发展中国家）都在探索中走出了如此艰辛的道路，并取得了一定的成果。本书是笔者通过数年的学习和研究以及碳盘查、碳核算等具体实践，整理汇集并翻译的大量国外资料文献。这些译文资料涵盖了碳盘查和碳核算过程中常见的若干类型，包括了排放量比较大的特殊行业（特别是能源行业），贯穿了工业、农业、制造业、交通运输业、建筑业、原油加工业等国民经济中具有支撑作用的行业，具有极强的可操作性。

这些资料分别是：

（1）热电联产（CHP）电厂温室气体排放量的分配；

（2）计算制造、安装、使用、处置制冷和空气调节设备的氢氟碳化物和全氟化碳的计算；

（3）己二酸生产中氧化亚氮排放量的计算，计算工具表的使用指南；
（4）铝行业温室气体排放监测与报告；
（5）氨生产中二氧化碳排放量的计算，计算工具表的使用指南；
（6）氟制冷剂的生产过程中三氟甲烷的逸散排放计算，计算工具指南；
（7）钢铁生产中的温室气体排放量计算；
（8）石灰生产过程中二氧化碳排放量计算；
（9）硝酸生产中氧化亚氮排放量的计算，计算工具指南；
（10）估算纸浆生产和造纸厂温室气体排放的计算工具；
（11）消耗的购买电力、热或蒸汽的间接二氧化碳排放；
（12）全球增温潜势值；
（13）温室气体排放清单和计算统计参数的不确定性评估；
（14）Change 碳管理计算工具排放因子的数据来源。

此外，国家发改委组织编制了一系列全国重点排放行业温室气体排放的核算方法与报告指南（试行），这些文件包括：

①《中国发电企业温室气体排放核算方法与报告指南》；
②《中国电网企业温室气体排放核算方法与报告指南》；
③《中国钢铁生产企业温室气体排放核算方法与报告指南》；
④《中国化工生产企业温室气体排放核算方法与报告指南》；
⑤《中国电解铝生产企业温室气体排放核算方法与报告指南》；
⑥《中国镁冶炼企业温室气体排放核算方法与报告指南》；
⑦《中国平板玻璃生产企业温室气体排放核算方法与报告指南》；
⑧《中国水泥生产企业温室气体排放核算方法与报告指南》；
⑨《中国陶瓷生产企业温室气体排放核算方法与报告指南》；
⑩《中国民用航空企业温室气体排放核算方法与报告指南》；
⑪《中国煤炭生产企业温室气体排放核算方法与报告指南》；
⑫《中国独立焦化企业温室气体排放核算方法与报告指南》；
⑬《中国石油和天然气生产企业温室气体排放核算方法与报告指南》；
⑭《中国石油化工企业温室气体排放核算方法与报告指南》。

读者在阅读译文资料部分时，可根据所属行业选择性的熟悉和了解国内相应的温室气体排放核算方法与报告指南，从而加深理解，融会贯通。

译文资料的编写和汇辑旨在以下三个方面能够起到抛砖引玉，促进全社会共同关注低碳管理、低碳生产、低碳出行、低碳生活之目的。

（1）作为政府，在制定区域低碳管理的政策过程中，可以参阅本书的相关内容，对区域的排放现状、排放总量、排放管理进行合理评估以及有目的地量化，为制定重大的减排决策提供必要的科学依据和数据支持。

（2）作为企业，可以通过对本书相关内容的研究，对照本企业的现状，查找降低排放的契机，挖掘整改超过预期排放的潜力，堵塞管理中存在的漏洞；同时还可以进行必要的横向（区域性）对比、纵向（行业性）对比，以期明确创新发展的目标和价值以及可持续发展的可行性。

（3）作为个人，能够通过对相关减排知识的了解，主动进入到家庭减排、个人减排、低碳出行、节约能源的行列。这不仅仅是个人行为和家庭行为，而且是关系到人类乃至全球现状的每一个地球公民应尽的责任，进而为全员减排创造一个良好的氛围和空间。

在此基础上，本书的部分内容还可用作大专院校、职业学校以及相关环保专业的参考教材，以填补目前国内在这方面的空缺。

一部好的译文资料，能够使读者通顺的领悟原著的精髓思想；而一部糟粕的译文资料，则会传递错误的信息从而误导读者并糟蹋原著。我们希望这部译本能够帮助读者跨越语言障碍、专业障碍、技术障碍和时差障碍，能使读者充分体会和领略“碳管理”过程中的无限风光和大千世界。

1

热电联产（CHP）电厂温室气体排放量的分配

1.1 概　论

1.1.1 工具的使用目的与范围

热电联产（CHP）电厂温室气体排放量的分配工具的使用是为了帮助区分热电联产（CHP）电厂买卖能源的过程中 GHG 排放量的归属问题。此工具要结合热电联产电厂 GHG 排放量分配计算工具表使用，该表可以在 GHG 盘查议定书倡议行动网站（以下简称 GHG 盘查议定书网站，www.ghgprotocol.org）上下载。

根据使用环境的不同，这个工具也可以结合多至 5 个的其他文件和工具一起使用，其他的文件和工具也可以从 GHG 盘查议定书网站上下载。这些文件和工具包括：

（1）温室气体盘查议定书：企业会计与报告标准（第二版）；

（2）计算工具表——“固定源燃烧的直接排放”（修订版）；

（3）计算工具表的使用说明——“固定源燃烧的直接排放”（修订版）；

（4）计算工具表——“购买电力、热和蒸汽的消费活动导致的 CO_2 间接排放”；

（5）计算工具表的使用说明——“购买电力、热和蒸汽的消费活动导致的 CO_2 间接排放”。

这是一个通用工具，任何公司的运作都涉及与热电联产电厂的能源交易，所以这个工具能被所有的公司使用。

1.1.2 过程描述

热电联产系统，通常也被称为“热电联产联系发电”，是在一个完整的系统里，提供相同的燃料，就可以同时生成多种形式的能量（通常大多数是电力和蒸汽）。在热电联产电厂，从化石燃料（投入的燃料）的燃烧，到各种能量的形成，整个工艺都有温室气体的排放。这些温室气体包括二氧化碳（CO_2）、甲烷（CH_4）和氧化亚氮（N_2O）。

如图 1.1 所示，热电联产系统有两种常见的配置方式。图（a）所示的蒸汽锅炉/涡轮机热电联产方式是至今为止使用最广泛的热电联产系统。在这个工艺中，蒸汽锅炉产生高压的蒸汽，高压蒸汽被输送到涡轮机产生电力。然而，涡轮机设计成通过一个工艺过程之后，只有低压的蒸汽残留。因此，为蒸汽锅炉输入一次燃料，就可以通过抽取涡轮机中未冷凝的蒸汽驱动发电机提供电力和热能。典型而言，在传统的发电厂，当低压的蒸汽在冷却塔中冷凝时，就失去了2/3的能量。这种热电联产系统一般会产生5倍于电能的热能。

蒸汽锅炉/涡轮机热电联产系统在造纸、化工和炼油产业中被普遍采用，特别是当有废料或者燃料副产物产生时，可以被用于为锅炉提供燃料。

图（b）所示的工艺中，一个燃气轮机或者往复式动力机被用于驱动发电机，从排出的蒸汽中重新获得热能，用于新蒸汽的形成或者提供其他的热能利用。这些系统近来被作为主要的动力技术，它的应用得到了很好的发展。这些热电联产系统既可以利用十分大的燃气轮机（数以百万瓦）也可以利用十分小的微型涡轮机（数十千瓦）、发动机或者燃料电池系统。在这些系统中，热能通常是产生电能的1~2倍。

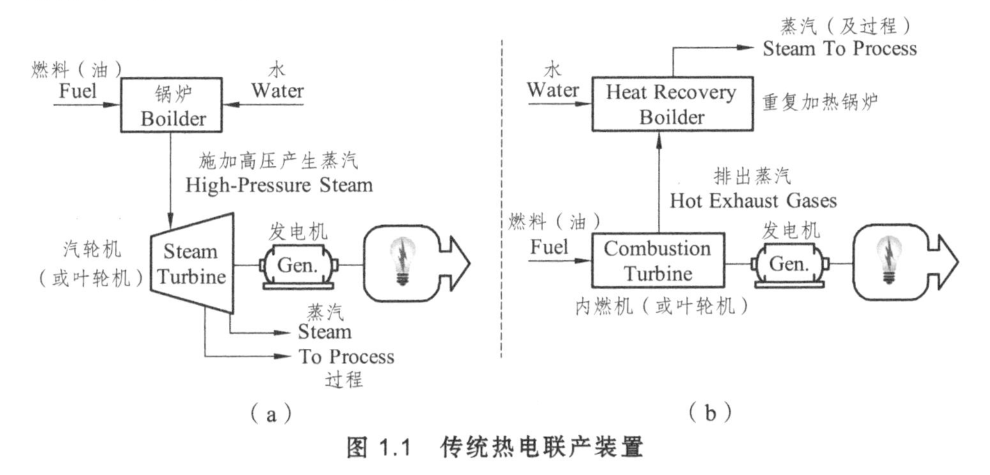

图1.1 传统热电联产装置

1.1.3 工具的适用性

如果一家公司从一个热电联产厂购买或者销售全部的电力和蒸汽，或者购买/销售与他们产出相当比例的各种输出物，那么一个平均的排放因子就足以计算从一个热电联产厂买卖所有的电力和蒸汽所排放的GHG。通过热电联产厂直接排放的总量除以它输出物的总量就可以得到热电联产厂的平均排放因子。热电联产厂总的排放量可以通过使用修正后的GHG盘查议定书计算工具中，用于计算固定源燃烧直接排放的计算工具计算得到，该计算工具可以在GHG盘查议定书网站上得到。热电联产厂总输出物的得到是通过将电力和蒸汽的输出物转换为相同的单位，然后加总。

然而，如果只从热电联产厂买卖了一部分的电力和蒸汽，那就需要将总的排放量分配给每一个的输出流。需要决定电力和蒸汽输出流各自的排放因子，然后乘以从各自能量流买卖的输出流的量。

这个工具的目的就是为了在相互关联的各个能量流中，通过确定单个GHG排放因子，将GHG的排放量分配到一个热电联产厂的各个能量流中。要做这个，首先必须确定热电联产厂直接排放的总量。而这个工具并不能用于计算总量。要得到一个热电联产厂直接排放的总量，需要使用修正后的GHG盘查议定书计算工具中，用于计算固定源燃烧直接排放的计算工具，该计算工具可以在GHG盘查议定书网站上得到。

化石燃料燃烧中，尽管 CO_2 是最主要的温室气体，但是也会有 CH_4 和 N_2O 的排放。这个工具所描述的途径可以用于从热电联产厂买卖电力或者蒸汽时分配 CO_2、CH_4 和 N_2O 的排放量，但是每一种气体都必须单独计算。需要注意，用于计算 CO_2 总排放量的方法与计算 CH_4 或 N_2O 排放量的方法是不一样的。用于计算三种气体排放量的方法，可以在修正后的GHG盘查议定书计算工具中，用于计算固定源燃烧直接排放的计算工具中找到，该计算工具可以在GHG盘查议定书网站上得到。

1.1.4 温室气体清单中，与热电联产厂买卖能源中排放量的计算

一旦热电联产厂对每一个能量流的排放都分配确定了，从热电联产厂买卖电力、热能或者蒸汽的非直接排放也需要计入温室气体清单，方法与从非热电联产厂买卖电力、热能或者蒸汽计算非直接排放的方法相同。

（1）购买电力、热能或者蒸汽的消费活动排放量应该归入范围2的间接排放；

（2）购买电力、热能或者蒸汽，再转售给终端使用者的排放量应该归入范围3的间接排放。根据GHG盘查议定书标准，虽然这个是非强制性的，但是十分提倡报道这些排放，并纳入清单；

（3）自己生产电力、热能或者蒸汽出售给其他公司的排放量不从范围1直接排放量中扣除，可以作为非强制性信息计算。

买卖电力、热能或者蒸汽排放量的更多信息，参考GHG盘查议定书公司标准（修订版）和购买电力、热能或者蒸汽的消费活动产生间接 CO_2 排放计算工具，两者都可以在GHG盘查议定书网站上找到。

1.2 热电联产排放分配方法

上面提到的，如果一个公司不是与一个热电联产厂买卖全部的能源或者它买卖的能量流与他们产生的能量流不是相同的比例，那么就需要将它总的排放量分配给不同的能量流（通常是蒸汽和电力）。

热电联产厂排放量分配的三种常用方法：

（1）效率方法：根据分别用于生产蒸汽和电力产品所投入的能量分配GHG排放量（参考本章1.3节）。在本章所述内容中，效率方法是最可取的方法，也是计算工具表的依据；

（2）内能法：根据产出蒸汽和电力产品产生的能量分配GHG排放量（参考本章1.4节）；

（3）工作潜能法：根据产出蒸汽和电力产品包含的能量分配GHG排放量（参考本章1.5节）。

1.2.1 热电联产厂GHG排放量分配的依据

（1）蒸汽和电力产品的经济价值；

（2）将100%的GHG排放量分配给电力产品（蒸汽产品无排放）；

（3）将100%的GHG排放量分配给蒸汽产品（电力产品无排放）；

（4）分配电力产品储蓄值（电力排放量=总排放量-传统蒸汽产品的排放量，蒸汽排放量=传统蒸汽产品的排放量）；

（5）分配蒸汽产品储蓄值（蒸汽排放量=总排放量-传统电力产品的排放量，电力排放量=传统电力产品的排放量）；

（6）排放量分配要遵循相关利益群体之间的合约或者其他协议的约定。

1.2.2 热电联产厂排放量分配方法的选择

尽管指导文件和自动计算工具表都是根据效率方法制定的，但是只要将方法表述清楚，根据内能法、工作潜能法或者其他热电联产厂排放量分配方法制定的指导文件和自动计算工具表都是可以接受的。同样，所采用方法中的固有假设作为结论成立的前置条件也应该被采用。当为热电联产厂选择排放量分配方法时，以下的注意事项会很有用：

1. 效率方法

（1）根据用于生产每种最终能量流所需要的燃料数量分配 GHG 排放量；

（2）假设燃料转化成蒸汽能量比转化成电力效率高。因此，将注意力集中于燃料向蒸汽的最初转化过程；

（3）热能和电能产品的实际效率并没有被全部概括，需要使用假定值。

2. 内能法

（1）根据每个热电联产输出流所包含的有用能量分配 GHG 排放量；

（2）需要热能预期用途的信息；

（3）最适合在热能被用作有用能量的情况下使用，如为过程或者区域供热；

（4）在热能被用作机械作业时，适用性不强，因为这将夸大热能中有用能的数量，导致与热流相关的排放因子变小。

3. 工作潜能法

（1）根据有效能量，如电能和热能，并且定义热量的有效能量为可以做功的能量，来分配排放量；

（2）将热能作为产生机械功使用时，适用本方法（在此，大量热量将不被归入有效能量）；

（3）对于出售热水的系统，本方法不适用，因为热水不能像蒸汽一样，转化为机械功使用。

对于选择任何一个分配方法都很关键的假设是，电力或者蒸汽的生产者（销售者）和消费者（用户）需要使用同样的方法。如果采用不同的方法，将导致排放量的重复计算。也可以根据合同协议分配排放量，确保所有相关群体都使用同样的方法。然而，如果没有适当的合约，建议所有蒸汽或者电力的购买者都使用与蒸汽或者电力生产者相同的方法。

为了确保热电联产厂分配方法一致，当没有适当的合约时，效率方法是优先考虑的方法。

以下部分概括了热电联产厂分配排放量的效率方法，还提供：

（1）使用效率方法的步骤指南；

（2）效率方法自动工作表的使用说明；

（3）使用效率方法的计算举例。

本章的 1.4 节和 1.5 节分别提供了使用工作潜能法和内能法的更多信息和步骤指南。

1.3 效率方法的使用指南

使用该方法，排放量的分配根据的是蒸汽和电力产品各自的效率。GHG 排放量在蒸汽和电力产品之间的分配决定，需要根据以下的步骤。值得注意的是，多种 GHG 气体（如 CO_2、CH_4 和 N_2O）排放量的分配估算，需要每种气体单独计算。

步骤 1：决定热电联产厂直接排放总量和蒸汽与电力的总产出。

从热电联产系统或者购买或者销售蒸汽或电力，该系统都会有多种燃料输入和多种蒸汽或者电力输出。使用这个分配方法，燃料输入流需要根据修订的 GHG 盘查议定书计算工具，用于计算固定源燃烧的直接排放的计算工具转化成排放量，该工具可以在 GHG 盘查议定书网站上获得。不同的输出流需要合并为两个单独的值，一个是蒸汽输出流，一个是电力输出流。而且，这些输出流需要使用同样的能量单位（如：都使用 GJ 或者 BTU）。蒸汽表为不同温度和压力条件下的蒸汽提供能量值（焓值）。焓值乘以蒸汽的量得到能量的输出值。

步骤 2：评估蒸汽和电力产品的效率。

这个方法的依据是燃料能量转化成蒸汽能比转化成电能的效率高。这个效率将决定燃料输入量的多少，因此排放量就与蒸汽和电力产品之间的比例有关。推荐使用特征原料效率因子。然而，如果没有可使用的特征原料因子，也可采用工具表所提供的默认值。

步骤 3：决定总排放量在蒸汽和电力产品之间的分配系数。

需要使用公式 1.1、1.2：

$$E_H = \frac{\dfrac{H}{e_H}}{\dfrac{H}{e_H} + \dfrac{P}{e_P}} \cdot E_T \tag{1.1}$$

$$E_P = E_T - E_H \tag{1.2}$$

式中　E_H——总排放量中分配给蒸汽产品的排放量；

H——蒸汽产量（能量）；

e_H——设定的蒸汽产品的效率；

P——实际产生的电力（能量）;

e_P——设定的生产电力的效率;

E_T——热电联产系统总的直接排放量;

E_P——总排放量中分配给电力产品的排放量。

注意：有时候，使用效率默认值将违背热电联产系统的能量平衡条件。这个可以通过比较计算出的假设能量输入值与热电联产厂实际的能量输入值进行验证。假定能量输入值是依据产生的热量和电能计算得到的，下面平衡式（公式 1.3）是假定效率的计算式。

$$假设输入的能量=\frac{H}{e_H}+\frac{P}{e_P} \tag{1.3}$$

因为总排放量仍然是在能量产出物之间分配,所以即使违背了能量平衡，影响也不大。然而，使用者应该时刻留意能量平衡，如果不能满足限制条件，可以通过修订 e_H 和 e_P 使其满足条件。

步骤 4：计算蒸汽和电力产品的排放速度。

将步骤 3 所得的蒸汽产品的总排放除以总的蒸汽产品量，得到蒸汽产品的排放速度（如：CO_2 质量/蒸汽量）。将步骤 3 所得的电力产品的总排放除以总的电力产品量，得到电力产品的排放速度（如：CO_2 质量/电力量）。

步骤 5：估计买卖过程的排放量。

用买卖蒸汽或者电力的量，乘以步骤 4 中恰当的排放速度，得到排放量。买卖蒸汽或者电力数量的单位必须和用于计算排放速度的单位一样（如：GJ）。

注意：分配给蒸汽产品的排放量（E_H）需要根据能量含量的不同再被分配给不同的热能产品。

1.3.1 效率方法如何使用计算工具表

步骤 1：

（1）在 A 栏输入热电联产厂总的直接排放量；

（2）在 B 栏输入热电联产厂蒸汽输出量，单位用 GJ，BTU 或者 kWh（或者其他合适的能量单位）;

（3）在 C 栏输入热电联产厂电力输出量。确认与蒸汽输出量使用同样的能量单位。

步骤 2：

（1）在 D 栏输入传统蒸汽产品的假设效率；

（2）在 E 栏输入传统电力产品的假设效率。

步骤 3：

（1）在 F 栏蒸汽产品的排放份额将自动生成；

（2）在 G 栏电力产品的排放份额将自动生成。

步骤 4：

（1）在 H 栏蒸汽产品的排放速度将自动生成；

（2）在 I 栏电力产品的排放速度将自动生成。

根据不同热能产品的能量含量为其分配 E_H 的份额。

如上步骤 2 所述，推荐使用特征原料效率因子。如果没有特征原料因子可用，工具表将提供默认效率因子。

1.3.2 计算举例说明效率方法的应用

设想一个燃烧总低热值为 5 000 GJ 的馏出燃料油的热电联产系统，产出 4 种能量产品，如表 1.1 所示。热电联产系统总排放量通过计算，用效率方法、内能法和工作潜能法分配给四种输出流。在内能法和工作潜能法中，三种蒸汽流和参考条件（可任意选择，在例子中选择了液态水在 100 °C 和 1.01×10^5 Pa 下的压力位 101.325 bar）的比焓值和比熵值选自标准蒸汽表，在很多热力学教科书上都可以找到。

表 1.1 热电联产系统能量输出的计算举例

	总能量（GJ）	蒸汽温度（°C）	蒸汽压力（bar）	特殊焓（kJ/kg）	特殊焓（kJ/kg · K）
参考值	N/A	100	101.325	419.1	1.306 9
电流	245	N/A	N/A	N/A	N/A
蒸汽 1	1 355	400	40	3 215.7	6.773 3
蒸汽 2	1 100	300	20	3 025.0	6.769 6
蒸汽 3	750	200	10	2 826.8	6.692 2
合计	3 450				

注：1 bar=100 kPa

如上概述，效率方法要求使用电力和蒸汽产品的效率因子（实际值，没有实际值时使用设定值）。使用效率方法最简单的途径就是分配给所有的电力输出一个单独的效率因子，分配给所有的热能（蒸汽或者热水）输出一个单独的效率因子。在这个例子中，将采用美国推荐的默认值（电力产品效率因子 35%，热能产品效率因子 80%）。

步骤 1：决定热电联产系统直接排放总量和蒸汽与电力的总输出。

总排放量是通过使用燃料的总量和排放速度计算得到，计算方法在修订的 GHG 盘查议定书用于计算固定源燃烧直接排放量的计算工具中有描述。

$$E_H = 5\ 000\ \text{GJ(LHV)} \times 74.1\ \text{kgCO}_2/\text{GJ(LHV)} = 370\ 500\ \text{kgCO}_2$$

$$H = 1\ 355 + 1\ 100 + 750 = 3\ 205\ \text{GJ}$$

$$P = 245\ \text{GJ}$$

其中，LHV 是低位发热值的英文缩写，有别于高位发热值。

步骤 2：估算蒸汽和电力产品的效率。

采用美国推荐使用的默认值：电力产品 35%，热能产品 80%。

确认使用这些默认值不会违背系统能量平衡的限制条件将更加有利。

$$\frac{3\ 205\ \text{GJsteam}}{0.8\ \text{GJsteam}/\text{GJfuel}} + \frac{245\ \text{GJpower}}{0.35\ \text{GJpower}/\text{GJfuel}} = 4\ 706\ \text{GJfuel}$$

通过计算，能量平衡的限制条件并没有被打破，因为 4 706 GJ 比热电联产系统消耗燃料产生的能量（5 000 GJ）少。

步骤 3：决定总排放量在蒸汽和电力产品之间的分配系数。

需要使用公式 1.1 和公式 1.2，确定分配后的排放量：

$$E_H = \frac{\frac{3\ 205}{0.8}}{\frac{3\ 205}{0.8} + \frac{245}{0.35}} \times 370\ 500 = 315\ 392\ \text{kgCO}_2$$

$$E_P = 370\ 500 - 315\ 392 = 55\ 108\ \text{kgCO}_2$$

步骤 4：计算蒸汽和电力产品排放速度。

$$\text{蒸汽：}\ \frac{315\ 392\ \text{kgCO}_2}{3\ 205\ \text{GJ}} = 98.04\ \text{kgCO}_2/\text{GJ}$$

$$\text{电力：}\ \frac{55\ 108\ \text{kgCO}_2}{245\ \text{GJ}} = 224.9\ \text{kgCO}_2/\text{GJ}$$

表 1.2　用效率方法分配的排放量和排放速度结果

	分配排放 （CO_2）	排放率 （kg CO_2/GJ）
电流	55.1	225
蒸汽 1	133	98.4
蒸汽 2	108	98.4
蒸汽 3	73.8	98.4
合计	369.9	N/A

1.3.3　质量控制

为了找出计算误差和疏漏，可根据 GHG 盘查议定书企业标准（修订版）第七章（盘查质量管理）的指南，对所有排放量的估算执行过程质量控制。此外，不确定因素的量化也可以在 GHG 盘查议定书网站上找到指导和工具。

1.3.4　报告和文件

GHG 盘查议定书企业标准（修订版）在第九章（报告 GHG 排放量）中提供了对于报告的要求。

为了确保评估具有可验证性，应该具有如表 1.3 所示的证明文件。这些信息收集起来以便审计核查，但是在报告中并不要求。

表 1.3　需要持有的文件

数据	参考文献来源
燃料消耗量数据	购买收据、送货回单、购买合同、公司购买记录、固定资产清单、计量燃料等
热含量、排放因素、使用的有效率以及未完全实用价值的默认值	购买收据、送货回单、购买合同、公司购买记录、IPCC、IEA、国家或相关的工业报告、测试报告等
购买燃料货币兑换的价值总量或能量燃料消耗量的含量	购买收据、送货回单、购买合同、公司购买记录、IPCC、IEA、国家或相关的工业报告等
所有假设的出自评估燃料的消耗量、热含量和排放因子	所有可获得的来源

1.4 内能法的使用指南

内能法分配排放量的依据是每个能量输出流的能量含量。电力的内能就是系统产生的电力量。蒸汽（或者热水）的内能等于产出蒸汽的能量减去回收冷凝液包含的所有能量。电力或者蒸汽输出流的无效利用造成的损失不考虑。这个分配方法在蒸汽被用于过程加热时十分适用。根据下列步骤，对 GHG 排放量在蒸汽和电力产品之间进行分配。注意：如果是多种 GHG（如：CO_2，CH_4 和 N_2O）都需要分配排放量，那么每种气体的计算都必须单独进行。

步骤 1：根据总燃料消耗量生产的电力和蒸汽确定产生的总排放量。

取得或者估算出热电联产厂的总排放量。这可以通过热电联产厂的混合燃料和 GHG 盘查议定书针对固定源燃烧的直接排放计算工具使用指南计算得到，该计算工具可以在 GHG 盘查议定书网站上得到。

步骤 2：计算每种能量流的内能。

电力的内能就是能量的输出量。蒸汽（或者热水）中只有用于过程加热的部分，才能认为是蒸汽的内能。而且假设蒸汽是用于间接加热，冷凝液可以返回热电联产系统。再者，如果冷凝液没有回流，或者作为热水的输出流在分配中要予以考虑，那么除了一些条件（如：锅炉给水的温度和压力）以外，需要确定参考条件。因此，蒸汽的内能可以用公式 1.4 计算（使用单位已列出）。

$$\text{内能} = F_i \times (h_i - h_{\text{ref}}) \tag{1.4}$$

式中 F_i——蒸汽的质量，t（1 000 kg）；

h_i——蒸汽流 i 的比焓值，kJ/kg；

h_{ref}——参考条件下的比焓值（假设在 100 °C 和 1×10^5 Pa 条件下，与回流的冷凝液相关）。

不同温度压力条件下标准气体焓值表中可以找到需要的焓值（h_i，h_{ref}）。

步骤 3：计算总内能。

将所有能量流的内能加和。

步骤 4：决定将总排放量分配给每一个能量流的份额。

用每一个能量流的内能（步骤 2）除以总内能（步骤 3）。

步骤 5：根据每个能量流的内能，将热电联产设备总排放量分配给每个单独的能量流。

每个能量流，用其排放份额（步骤 4）乘以总的排放量（步骤 1）。

步骤 6：计算蒸汽和电力产品的排放速度。

用每个能量流的总排放量（步骤 5）除以该能量流（蒸汽或者电力）的总量，就可以得到该能量流的排放速度（如：CO_2 质量/蒸汽或电力的量）。

步骤 7：估算买卖过程的排放量。

用买卖蒸汽或者电力的数量乘以恰当的排放速度（步骤 6），估算出排放量。买卖蒸汽或者电力数量的单位必须和用于计算排放速度的单位一样（如：GJ）。

1.5 工作潜能法的使用指南

这个方法是根据生产的不同能量流的工作潜能分配 GHG 排放量的。这个方法依据这样一种假设，假设蒸汽中的有用能量相当于蒸汽在开放（流）稳定状态下，热力学可逆过程（可利用的或者能量的热力学术语）中，可以做功的最大值。如果蒸汽被用作过程加热，那么蒸汽中的有用能量就相当于蒸汽的热含量，或者称焓。因此，当蒸汽被用作过程加热时，工作潜能法就会低估蒸汽中有用能量的数量，就不应该被采用。根据下列步骤，对 GHG 排放量在蒸汽和电力产品之间进行分配。注意：如果是多种 GHG（如 CO_2，CH_4 和 N_2O）都需要分配排放量，那么每种气体的计算都必须单独进行。

步骤 1：确定总燃料消耗量生产的电力和蒸汽所产生的总排放量。

取得或者估算出热电联产厂的总排放量。这可以通过热电联产厂的混合燃料和 GHG 盘查议定书针对固定源燃烧的直接排放计算工具使用指南计算得到，该计算工具可以在 GHG 盘查议定书网站上得到。

步骤 2：计算每个能量流的工作潜能。

电力的工作潜能就是输出的能量。蒸汽有不同的温度和不同的压力条件，因此工作潜能对于焓的比值就会不同。蒸汽的工作潜能可以利用公式 1.5（显示了单位），通过比焓值（热能）和比熵值（理论度量不能被转化成机械功的能量）计算得到。

$$W_i = F_i \times [(h_i - T_{\text{ref}} \times S_i) - (h_{\text{ref}} - T_{\text{ref}} \times S_{\text{ref}})] \tag{1.5}$$

式中 W_i——蒸汽 i 的工作潜能，kJ；

F_i——蒸汽的质量，kg；

T_{ref}——参照温度，°K；

h_i——蒸汽流 i 的比焓值，kJ/kg；

h_{ref}——参照状态下的比焓值，kJ/kg；

S_i——蒸汽流 i 的比熵值，kJ/kg·°K；

S_{ref}——参照状态下的比熵值，kJ/kg·°K。

在提供不同温度和压力条件下标准蒸汽流焓值和熵值表中可以找到焓值和熵值（h_i，h_{ref}，S_i 和 S_{ref}）。参考状态（与 T_{ref} 和 S_{ref} 有关）的选择是任意的。

步骤 3：计算总的工作潜能。

将所有能量流的工作潜能加和。

步骤 4：决定将总排放量分配给每一个能量流的份额。

用每一个能量流的工作潜能（步骤 2）除以总的工作潜能（步骤 3）。

步骤 5：根据工作潜能，将热电联产设备总排放量分配给每个单独的能量流。

每个能量流，用其排放份额（步骤 4）乘以总的排放量（步骤 1）。

步骤 6：计算蒸汽和电力产品的排放速度。

用每个能量流的总排放量（步骤 5）除以该能量流（蒸汽或者电力）的总量，就可以得到该能量流的排放速度（如：CO_2 质量/蒸汽或电力的量）。

步骤 7：估算买卖过程的排放量。

用买卖蒸汽或者电力的数量乘以恰当的排放速度（步骤 6），估算出排放量。买卖蒸汽或者电力数量的单位必须和用于计算排放速度的单位一样（如：GJ）。

2

计算制造、安装、使用、处置制冷和空气调节设备的氢氟碳化物（HFC）、全氟碳化物（PFC）的排放量

2.1 综　述

2.1.1 本章的目的和范围

计算制造、安装、使用、处置制冷和空气调节设备的氢氟碳化物（HFC）、全氟碳化物（PFC）的排放量是为了帮助工厂经理和现场人员计算并报告在制冷和空气调节设备生产、服务和处理的工程中，氢氟烃（HFC）的直接排放量。HFC 的直接排放量是由公司拥有或者控制的排放源所排放的。从数据收集到报告的每一个计算过程中的每一个阶段，都对相应的方法逐一地进行了展示。

此指南应该应用到涉及制冷和空气调节设备的制造、使用和处理的项目中。

2.1.2 过程描述和假设

制冷和空气调节系统由许多终端设备组成，包括家用制冷、国内空调、热泵机组、移动空调、冷水机、食品零售冷冻、冷藏仓库、冷藏运输、工业过程制冷和商业统一空气调节系统。历史上，这部分会使用各种类似 CFCs 和 HCFCs 的臭氧层消耗物质（ODS）作为制冷剂。这些 ODS 在蒙特利尔议定书的要求下正在逐步被淘汰，被氢氟碳化物（HFCs）所取代。

制冷和空气调节系统的 HFC 排放量来自于生产过程的释放、设备使用限期内的泄漏、在设备使用寿命结束的处置阶段。这些气体的 100 年全球增温潜势（GWP）是 CO_2 的 140 ~ 11 700 倍，所以它们对气候变化的潜在影响将十分显著（表 2.1）。同样的，任何减少这些气体的努力都具有巨大的潜在价值。

GHG 盘查议定书明确了制造、使用和处置阶段的排放量。

表 2.1　普通温室气体和制冷剂的全球增温潜势值

气体或者混合物	全球增温潜势值	来　　源
CO_2*	1	IPCC 第二次评估报告（1995）
CH_4*	21	IPCC 第二次评估报告（1995）
N_2O*	310	IPCC 第二次评估报告（1995）
HFC-23	11 700	IPCC 第二次评估报告（1995）
HFC-32	650	IPCC 第二次评估报告（1995）

续表 2.1

气体或者混合物	全球增温潜势值	来　　源
HFC-125	2 800	IPCC 第二次评估报告（1995）
HFC-134a	1 300	IPCC 第二次评估报告（1995）
HFC-143a	3 800	IPCC 第二次评估报告（1995）
HFC-152a	140	IPCC 第二次评估报告（1995）
HFC-236fa	6 300	IPCC 第二次评估报告（1995）
R-401A	18	美国采暖、制冷与空调工程师学会标准 34
R-401B	15	美国采暖、制冷与空调工程师学会标准 34
R-401C	21	美国采暖、制冷与空调工程师学会标准 34
R-402A	1 680	美国采暖、制冷与空调工程师学会标准 34
R-402B	1 064	美国采暖、制冷与空调工程师学会标准 34
R-403A	1 400	美国采暖、制冷与空调工程师学会标准 34
R-403B	2 730	美国采暖、制冷与空调工程师学会标准 34
R-404A	3 260	美国采暖、制冷与空调工程师学会标准 34
R-406A	0	美国采暖、制冷与空调工程师学会标准 34
R-407A	1 770	美国采暖、制冷与空调工程师学会标准 34
R-407B	2 285	美国采暖、制冷与空调工程师学会标准 34
R-407C	1 526	美国采暖、制冷与空调工程师学会标准 34
R-407D	1 428	美国采暖、制冷与空调工程师学会标准 34
R-407E	1 363	美国采暖、制冷与空调工程师学会标准 34
R-408A	1 944	美国采暖、制冷与空调工程师学会标准 34
R-409A	0	美国采暖、制冷与空调工程师学会标准 34
R-409B	0	美国采暖、制冷与空调工程师学会标准 34
R-410A	1 725	美国采暖、制冷与空调工程师学会标准 34
R-410B	1 833	美国采暖、制冷与空调工程师学会标准 34
R-411A	15	美国采暖、制冷与空调工程师学会标准 34
R-411B	4	美国采暖、制冷与空调工程师学会标准 34

续表 2.1

气体或者混合物	全球增温潜势值	来　源
R-412A	350	美国采暖、制冷与空调工程师学会标准 34
R-413A	1 774	美国采暖、制冷与空调工程师学会标准 34
R-414A	0	美国采暖、制冷与空调工程师学会标准 34
R-414B	0	美国采暖、制冷与空调工程师学会标准 34
R-415A	25	美国采暖、制冷与空调工程师学会标准 34
R-415B	105	美国采暖、制冷与空调工程师学会标准 34
R-416A	767	美国采暖、制冷与空调工程师学会标准 34
R-417A	1 955	美国采暖、制冷与空调工程师学会标准 34
R-418A	4	美国采暖、制冷与空调工程师学会标准 34
R-419A	2 403	美国采暖、制冷与空调工程师学会标准 34
R-420A	1 144	美国采暖、制冷与空调工程师学会标准 34
R-500	37	美国采暖、制冷与空调工程师学会标准 34
R-501	0	美国采暖、制冷与空调工程师学会标准 34
R-502	0	美国采暖、制冷与空调工程师学会标准 34
R-503	4 692	美国采暖、制冷与空调工程师学会标准 34
R-504	313	美国采暖、制冷与空调工程师学会标准 34
R-505	0	美国采暖、制冷与空调工程师学会标准 34
R-506	0	美国采暖、制冷与空调工程师学会标准 34
R-507 或者 R-507A	3 300	美国采暖、制冷与空调工程师学会标准 34
R-508A	10 175	美国采暖、制冷与空调工程师学会标准 34
R-508B	10 350	美国采暖、制冷与空调工程师学会标准 34
R-509 或者 R-509A	3 920	美国采暖、制冷与空调工程师学会标准 34
PFC-218（C_3F_8）	7 000	联合国环境规划署臭氧行动计划化学数据库（在线）
PFC-116（C_2F_6）	9 200	IPCC 第二次评估报告（1995）
PFC-14（CF_4）	6 500	IPCC 第二次评估报告（1995）
*包含的仅供参考		

2.2 活动数据和排放因子的选择

制冷和空气调节设备的制造商和使用者可以依据已经取得的数据估计 HFC 的排放量。这个指南包含一个筛选法，用于设定 HFC 排放量的重要性和两个定量方法去量化 HFC 的排放量。报告者可以依据数据的有效性、量化的目的和要求的精确度来选择量化方法。

设备制造商和设备的使用者对自己拥有的设备进行维护，如果需要估算 HFC 的排放量，推荐的方法是建立在购买和使用的制冷剂的数量上。这种“基于销售法”要求从整个购买和服务记录上有可以利用的数据，可以从设备的制造（生产商）或者安装（用户）、使用、服务和处理的过程跟踪排放量。

设备使用者如果有承包商为他们的设备提供服务，那么推荐的方法就可以在设备整个生命周期的每个阶段跟踪它的排放量。“生命周期阶段法”要求在安装过程中，填充新设备所使用的制冷剂的数量、服务设备所使用的制冷剂数量、从报废的设备中回收的制冷剂数量和新设备、报废设备全部并且是恰当的价值。如果在事先关注到这些需要的信息，承包商就有能力提供这些信息。这个方法就可以跟踪设备制造、使用、服务和处置的排放量。

如果公司需要确定从制冷和空气调节设备的排放量是否巨大，或者与其他的排放源相比是否毫无可比性，可以考虑筛选法。筛选法可以使用设备排放因子缺省值或者渗漏率。由于这个方法不如其他方法精确，所以这个方法不能作为工具中提供的其他两个量化方法的替代方法使用。渗漏率可能十分不精确。如果公司用筛选法确定从制冷和空气调节设备排放的排放量十分巨大，那么就需要使用两种量化方法中的一种来估算 HFC 的排放量。

注意：混合物的 GWPs 只依据 ASHRAE 标准 34 中列出的 HFC 和 PFC 的组分的 GWPs 得到。根据这个表格和议定书的目的，除了 HFCs 和 PFCs，其他所有组分的 GWP 都认定为 0。普遍认识到，这些组分的排放可能会对气候变化产生重大影响或者其他环境效应。然而，因为这些气体并不是京都议定书所认定的温室气体（CO_2，CH_4，HFCs，PFCs，SF_6，N_2O）的一部分，所以这些排放量不包含在温室气体排放清单里面。

2.3 制冷和空调的 HFC 排放量

2.3.1 方法描述

直接排放是指从自身控制或者拥有的排放源所产生的排放量。既然这样，直接的 HFC 排放量就是指从任何控制或拥有制冷和空调设备的生产、服务或者处置过程导致的排放。提供的筛选法是用于决定从制冷或空调设备中排放的温室气体是否重要。两个量化方法用于计算这些排放量，降序排列确定性。拥有和维护自己设备的设备制造商和设备使用者倾向于选择方法 1——“基于销售法”，更容易使用。设备的使用者如果有承包商维护他们的设备，可以选择方法 2——“生命周期阶段法”，更容易使用。

筛选法：基于排放因子的方法。

这个方法论是基于 IPCC 优良做法等级 2 自下而上法，要求的数据不包括单位的数据、使用制冷剂种类、每一种设备的制冷剂容量和每年的渗漏率。这些信息可以从设备中获得。表 2.2 提供了设备负荷的缺省值、设备的寿命、装配/安装的排放因子、每年渗漏率和回收效率。由于缺省排放因子具有很高的不确定性，所以这个方法只能作为一个筛选法。

筛选方法论可以用公式 2.1 概括：

$$E = AE + OE + DE \tag{2.1}$$

式中 E——制冷和空调排放量的二氧化碳当量，t；

AE——装配排放量；

OE——运行排放量；

DE——处置排放量。

最初某一特定时间内装配或者安装排放量的估算可以使用公式 2.2：

$$AE = \sum_{i=1}^{m}(N_i \times C_i \times AEF_i \times GWP \times CF) \tag{2.2}$$

式中 AE——制冷/空调设备装配排放量的二氧化碳当量；

i——设施中制冷/空调设备的种类；

N_i——设施中已安装的类型 i 的设备数量；

C_i——每一个类型 i 设备中最初的制冷剂容量，kg；

AEF_i——生产 i 类型设备的安装泄露因子，%；

GWP——类型 i 设备使用制冷剂的 100 年全球增温潜势；

CF——从 kg 到 t 的转换因子，1 t/1 000 kg；

m——所生产设备的种类数。

最初某一特定时间内运行排放量的估算可以使用公式 2.3：

$$OE = \sum_{i=1}^{m}(N_i \times C_i \times ALR_i \times GWP \times CF) \tag{2.3}$$

式中 OE——制冷/空调设备运行排放量的二氧化碳当量；

i——设施中制冷/空调设备的种类；

N_i——设施中已安装的类型 i 的设备数量；

C_i——每一个类型 i 设备中最初的制冷剂容量，kg；

ALR_i——类型 i 设备的年渗漏率，%（如果报告期多于或者少于一年，需要一个修正去适应这种情况：例如报告期是两年，这个等式就需要乘以 2）；

GWP——类型 i 设备使用制冷剂的 100 年全球增温潜势；

CF——从 kg 到 t 的转换因子，1 t/1 000 kg；

m——所生产设备的种类数。

最初某一特定时间内处置排放量的估算可以使用公式 2.4：

$$DE=\sum_{i=1}^{m}(N_i\times C_i)\times[(1-(ALR_i\times S_i))\times(1-R)-D_i]\times GWP\times CF \quad (2.4)$$

式中 DE——制冷/空调设备处置排放量的二氧化碳当量；

i——设施中制冷/空调设备的种类；

N_i——设施中已安装的类型 i 的设备数量；

C_i——每一个类型 i 设备中最初的制冷剂容量，kg；

S_i——类型 i 设备最后一次填充的时间，年；

ALR_i——类型 i 设备的年渗漏率，%；

R_i——回收的填充量，%；

D_i——销毁的制冷剂量；

GWP——类型 i 设备使用制冷剂的 100 年全球增温潜势；

CF——从 kg 到 t 的转换因子，1 t/1 000 kg；

m——所生产设备的种类数。

方法 1：基于销售法。

（对自己的设备进行维护服务的设备制造商和设备使用者推荐使用这个方法）

基于销售和质量平衡的方法是通过跟踪每一个使用的制冷剂量和能够系统地说明与排放量不相关的使用的制冷剂的量来工作的。不能说明的制冷剂的量就被假定为排放到大气中了。这个方法可以用公式 2.5 概括：

$$E=(D+P-S-C)\times GWP\times CF \quad (2.5)$$

式中 E——某一年从制冷/空调中排放的量的二氧化碳当量，t；

D——存货的减少，这是年初制冷剂库存量与年末库存量的差值，这个数值可能为负值，如果库存在盘查年有所增加；

P——购买/收购的制冷剂，这是在这一年中，从其他实体获得的制冷剂的总和，这包括从储存容器或者设备中能够获得的制冷剂，也包括范围外的回收和循环利用而得到的制冷剂；

S——冷却剂的销售/支出，这是这一年销售或者分给其他实体的冷却剂总和，包括在贮藏容器或者设备中销售或者分给的冷却剂，也包括回收和场区外的循环利用、再利用或销毁；

C——设备总的全填充量的增加（用于计算设备使用的排放量，而不是设备制造的排放量），这是这一年对于给定的冷却剂，设备总体积的净变化量，值得注意的是：总的满填充指的是总的适当的设备填充，并不是实际的填充，这反映的是渗漏。这个术语说明一个事实，如果购买了新设备，用于填充新设备的冷却剂不应再作为排放量。另一方面也说明另一个事实，如果从报废的设备中回收的冷却剂量比全填充的少，那么全填充量与回收量之间的差值就被排放出去了。如果报废的设备总的全填充比新设备总的全填充大，那么这个数值就会是负的；

GWP——制冷剂的100年全球增温潜势；

CF——从二氧化碳当量到t的转换因子。

提供了两个使用“基于销售法”的电子表格：一个用于设备制造，一个用于设备的使用。自己服务和维护自己设备的使用者会发现提供这个方法要求的数据是很简单的。这个方法说明了从设备制造、运行（渗漏）、服务和处置的排放量。对于最近安装的设备，使用这个方法将有限制。在设备需要再次填充之前，有可能已经渗漏了两年或者更多的时间，所以这段时间的排放量直到发生之前，都没有被检测到。除去这个较小的缺陷，“基于销售法”对于估算这个部分的排放量提供了十分高的精确度。

方法2：生命周期阶段法。

（设备使用者如果有承包商负责设备的服务，那么推荐使用这个方法）

生命周期阶段法需要的信息包括：安装新设备所填充的冷却剂量、服务设备所使用的冷却剂量、从报废设备中回收的冷却剂量和新设备与报废设备总的全部装料量。可以用公式2.6概括：

$$E = (IE + S + DE) \times GWP \times CF \tag{2.6}$$

式中　*E*——制冷/空调排放量的二氧化碳当量，t；

IE——安装排放量（填充新设备的冷却剂量 - 新设备的总的全填充，如果设备在制造商那儿已经被预先填充了，那么就可以忽略）；

S——服务设备所使用的冷却剂数量；

DE——处置排放量（报废设备的总的全填充 - 从报废设备中回收的冷却剂）；

GWP——制冷剂的 100 年全球增温潜势；

CF——从 kg 到 t 的转换因子，1 t/1 000 kg。

注意：总的全填充指的是设备满的适当的填充，并不是实际填充，这反映的是渗漏。请参照 2.3.1 节，方法 1 对于这个数量的讨论和它的重要性。

这个方法可以用于自己服务自己设备的公司，也可以用于有承包商服务设备的公司。有承包商服务其设备的公司必须从承包商那里得到所需要的信息。如果事先关注对这些信息的需求，服务承包商就有能力提供。如果服务承包商和设备的使用者对于要求的信息仔细跟踪和维持，那么生命周期阶段法就可以对设备排放量的估算将提高很高的精确性。

2.3.2 工具表的使用

提供一个基于 Excel 表的工作手册帮助 2.3.1 节所描述的计算过程。这个工作手册包括：

（1）一份简介的复印件；

（2）基于排放因子法进行筛选测试的试算表和说明；

（3）使用基于销售法的估算排放量的电子数据表和说明；

（4）使用生命周期阶段法估算排放量的电子数据表和说明；

（5）温室气体和制冷剂的 *GWP* 值表；

（6）IPCC 对于各种应用的设备寿命、设备容积、装配释放、年渗漏和处置的冷却剂回收的缺省值表。

下面的部分是对于如何使用工具表的逐步介绍。

工具表 1a：制冷/空调设备的制造 HFC 和 PFC 的排放量，基于销售法。

（1）鉴别所有的空调和制冷设备以及它们使用的制冷剂，单纯使用 CFCs 或者 HCFCs 的可以忽略，根据你自己的判断，你可以在 A 栏输入对于设备的简单描述；

（2）如果使用了其他的冷却剂，就使用底部的附加行或者自行插入行，在 B 栏输入冷却剂，如果多于一种设备使用了相同的冷却剂，而且你又希望区分它们，你也可以使用这些行或者插入新的行；

（3）在 C 栏输入年初冷却剂的库存量（仓库里的，不是设备中的），单位为 kg，如果相同的冷却剂添加有一行或者多于一行的附加行，需要确保对于该冷却剂的总库存或者出现在一行中或者出现在附加行中，而不能出现在所有行中；

（4）在 D 栏输入年末的冷却剂库存量（仓库里的，不是设备中的），单位为 kg；

（5）在 E 栏自动计算出冷却剂库存的减少量（年初 – 年末）；

（6）在 F 栏输入从生产商/经销商购入的冷却剂量（kg）；

（7）在 G 栏输入设备使用者退回的制冷剂量（kg）；

（8）在 H 栏输入经过工作场所的回收与再利用的冷却剂量（kg）；

（9）在 I 栏自动计算出总的制冷剂购买/获得量；

（10）在 J 栏输入填充入设备的冷却剂的量（kg），如果这个不可知，请参照步骤 A 中 A1 ~ A4（W，X，Y 和 Z 栏），用缺省方法估算其值；

（11）在 K 栏输入在集装箱中运输给设备用户的制冷剂量（kg）；

（12）在 L 栏输入返还给制冷剂生产者的冷却剂量（kg）；

（13）在 M 栏输入发送到工作场所回收与再利用的冷却剂量（kg）；

（14）在 N 栏输入发送到工作场所销毁的冷却剂量（kg）；

（15）在 O 栏自动计算出总的冷却剂销售/支付量；

（16）在 P 栏自动计算出排放量（库存减少量 + 总的购入/获得量-总的销售/支付量）；

（17）在 Q 栏已经输入了一个转换因子（t/kg）。如果你希望输入的值是以英镑或者其他单位输入，而不是以 kg 为单位，你可以调整这个转换因子；

（18）制冷剂的 *GWP* 值自动从表 2.1 中提取，并输入到 R 栏。如果出现“#N/A”，检查确保输入 B 栏的冷却剂在表 2.1 中出现，或者更加简单地删除查找功能，直接输入 *GWP* 值；

（19）在 S 栏中自动计算出 CO_2 的排放量当量，以 t 为单位（排放量 × 转换因子 × *GWP*）；

（20）对于每一种设备和制冷剂，重复步骤（1）~（19），删除不需要的行；

（21）在最后一行的 S 栏自动计算出总的 CO_2 排放当量，单位为 t。

步骤 A：决定 J 栏填充入设备的冷却剂的量（kg）。

A1 在 W 栏输入部分充电设备的铭牌容量（kg）；

A2 在 X 栏输入局部冷却剂容量的密度或者压强。如果使用压强单位，须用绝对单位制（如：Pa 或者磅/平方英寸）；

A3 在 Y 栏输入全部冷却剂容量的密度或者压强。如果使用压强单位，须用绝对单位制（如：Pa 或者磅/平方英寸）；

A4 在 Z 栏自动计算出填充入设备的冷却剂量（容积 × [局部密度/全部密度]或者容积 × [分压/全压]），并自动导入 J 栏。

工具表 1b：制冷/空调设备的使用者 HFC 和 PFC 排放量：基于销售法。

（1）鉴别所有空调和制冷设备并根据它们使用的制冷剂进行分组，那些纯粹使用 CFCs 和 HCFCs 的可以忽略，每一个冷却剂和与之相关的设备，都需要单独列行跟踪，根据你自己的判断，你可以在 A 栏输入对于设备的简单描述；

（2）如果使用的冷却剂没有列出，就使用底部的附加行或者自行插入行，在 B 栏输入冷却剂；

（3）在 C 栏输入年初冷却剂的库存量（仓库里的，不是设备中的），单位为 kg；

（4）在 D 栏输入年末的冷却剂库存量（仓库里的，不是设备中的），单位为 kg；

（5）在 E 栏自动计算出冷却剂库存的减少量（年初-年末）；

（6）在 F 栏输入从生产商/经销商批量购入的冷却剂量（kg）；

（7）在 G 栏输入制造商跟设备一起提供的制冷剂量（kg）；

（8）在 H 栏输入承包商（例如设备启动、维修或者自动结束时）添加给设备的冷却剂量（kg）；

（9）在 I 栏输入经过工作场所的回收与再利用的冷却剂量（kg）；

（10）在 J 栏自动计算出总的制冷剂购买/获得量；

（11）在 K 栏中输入批量（气缸）出售给其他实体公司的冷却剂的量（kg）；

（12）在 L 栏输入出售给其他实体公司之后，设备中剩余的冷却剂的量（kg）。如果该量未知，你可以假定它等于总的适当填充量，但是这要根据最后一次对设备的服务或者购入实体公司的第一次服务情况进行调整转变；

（13）在 M 栏输入返还给制冷剂提供者的冷却剂量（kg）；

（14）在 N 栏输入发送到工作场所回收与再利用的冷却剂量（kg）；

（15）在 O 栏输入发送到工作场所销毁的冷却剂量（kg）；

（16）在 P 栏自动计算出总的冷却剂销售/支付量；

（17）在 Q 栏中输入当年购买的全部新设备的全部满填充量（kg）；

（18）在 R 栏输入所有被改装成使用这种制冷剂的全部满填充量（kg）；

（19）在 S 栏中输入当年所有报废或者出售的设备的全部满填充量（kg）；

（20）在 T 栏输入所有之前使用这种冷却剂，但是之后被改装成其中不同冷却剂的设备的全部满填充量（kg）；

（21）在 U 栏中设备总的满填充量增加量将自动计算出来；

（22）在 V 栏自动计算出排放量（库存减少量 + 总的购入/获得量 – 总的销售/支付量 – 总的满填充量增加量）；

（23）在 W 栏已经输入了一个转换因子（t/kg），如果你希望输入的值是以英镑或者其他单位输入，而不是以 kg 为单位，你可以调整这个转换因子；

（24）制冷剂的 *GWP* 值自动从表 2.1 中提取，并输入到 X 栏，如果出现“#N/A”，检查确保输入 B 栏的冷却剂在表 2.1 中出现，或者更加简单的删除查找功能，直接输入 *GWP* 值；

（25）在 Y 栏中自动计算出 CO_2 的排放量当量，以 t 为单位（排放量 × 转换因子 × *GWP*）；

（26）对于每一种设备和制冷剂，重复步骤（1）～（25），删除不需要的行；

（27）在最后一行的 Y 栏自动计算出总的 CO_2 排放当量，单位为 t。

注意：总的全填充指的是设备满的适当的填充，并不是实际填充，这反映的是渗漏。请参照 2.3.1 部分，方法 1 对于这个数量的讨论和它的重要性。

工具表 2：制冷/空调设备使用者 HFC 和 PFC 排放量，生命周期阶段法。

（1）鉴别所有空调和制冷设备并根据它们使用的制冷剂进行分组，那些纯粹使用 CFCs 和 HCFCs 的可以忽略，每一个冷却剂和与之相关的设备，都需要单独列行跟踪，根据你自己的判断，你可以在 A 栏输入对于设备的简单描述；

（2）如果使用的冷却剂没有列出，就使用底部的附加行或者自行插入行，在 B 栏输入冷却剂；

（3）在 C 栏中输入填充新设备所使用的冷却剂的量（kg）。注意这里仅指在现场填充的设备，不是预先填充好的设备（对于预先填充好的设备的填充量是作为制造商的排放量，而不是使用者的排放量）；

（4）在 D 栏中输入被改装成使用这种冷却剂的设备的填充的冷却剂的量（kg）；

（5）在 E 栏中输入所有使用这种冷却剂的新设备的总的满填充量（kg）；

（6）在 F 栏中输入被改装成使用这种冷却剂的设备的总的满填充量（kg）；

（7）在 G 栏中自动计算出总的安装排放量；

（8）在 H 栏中输入服务设备所使用的冷却剂量（kg），如果旧的冷却剂保留在设备中，或者现场回收返回设备，这就是将设备恢复到全部的恰当的填充量所需要的新冷却剂的量（例如：设备的平舱作业），如果旧的冷却剂从设备中回收或者运离工作场所再利用，这就是旧冷却剂或者运离场所冷却剂的数量与设备满填充量的差值，这等于使用排放量；

（9）在I栏输入当年报废或者出售的设备的总的满填充量（kg）；

（10）在J栏输入之前使用这种冷却剂，但是当年被改装成使用不同的冷却剂的所有设备的总的满填充量（kg）；

（11）在 K 栏输入从报废的或者出售给其他实体公司的设备中回收的冷却剂的量（kg）；

（12）在 L 栏输入当年被改装成使用其他不同冷却剂的设备中回收的冷却剂的量（kg）；

（13）在M栏中自动计算出总的最终使用和处置的排放量；

（14）在N栏中自动计算出排放量（安装排放量 + 使用排放量 + 处置排放量）；

（15）在 O 栏已经输入了一个转换因子（t/kg），如果你希望输入的值是以英镑或者其他单位输入，而不是以 kg 为单位，你可以调整这个转换因子；

（16）制冷剂的 *GWP* 值自动从表 1 中提取，并输入到 P 栏，如果出现"N/A"，检查确保输入 B 栏的冷却剂在表 1 中出现，或者更加简单地删除查找功能，直接输入 *GWP* 值；

（17）在 Q 栏中自动计算出 CO_2 的排放量当量，以 t 为单位（排放量 × 转换因子 × *GWP*）；

（18）对于每一种设备和制冷剂，重复步骤（1）~（17），删除不需要的行；

（19）在最后一行的Q栏自动计算出总的 CO_2 排放当量，单位为 t。

注意：总的全填充指的是设备满的适当的填充，并不是实际填充，这反映的是渗漏。请参照 2.3.1 部分，方法 1 对于这个数量的讨论和它的重要性。

工具表 3：制冷/空调设备 HFC 和 PFC 排放量，基于排放因子法的筛选法。

步骤 1：安装排放。

（1）在 A 栏输入制冷/空调设备的类型（可选项）；

（2）在 B 栏输入在现在报告期间生产的装置数；

（3）在 C 栏输入冷却剂（可选项）；

（4）在 D 栏输入冷却剂的 *GWP* 值，以表 2.1 为参考；

（5）在 E 栏中输入此种类型设备的冷却剂填充量（kg），在表 2.2 中提供了各种应用的缺省值；

（6）在 F 栏中输入装配排放因子（%），在表 2.2 中提供了各种应用的缺省值；

（7）在 H 栏中自动计算出安装排放量（CO_2 t 当量/年）；

（8）对于每一种设备和每一种冷却剂，重复步骤（1）~（7）。

步骤 2：运行排放。

（1）在 A 栏中输入制冷/空调设备的类型（可选项）；

（2）在 B 栏中输入当年在运行的设备的数量；

（3）在 C 栏中输入冷却剂（可选项）；

（4）在 D 栏输入冷却剂的 *GWP* 值，以表 2.1 为参考；

（5）在 E 栏中输入此种类型设备的冷却剂填充量（kg），在表 2.2 中提供了各种应用的缺省值；

（6）在 F 栏中输入年渗漏率（%），在表 2.2 中提供了各种应用的缺省值，如果报告时间少于或者多于一年，就需要一个调整系数来说明情况，例如，如果报告时间是两年，你就需要乘以 2；

（7）在 H 栏中自动计算出运行排放量（CO_2t 当量/年）；

（8）对于每一种设备和每一种冷却剂重复步骤（1）~（7）。

步骤 3：处置排放。

（1）在 A 栏中输入制冷/空调设备的类型（可选项）；

（2）在 B 栏中输入报告期间处置的设备的数量；

（3）在 C 栏中输入冷却剂（可选项）；

（4）在 D 栏输入冷却剂的 *GWP* 值，以表 2.1 为参考；

（5）在 E 栏中输入此种类型设备的冷却剂填充量（kg），在表 2.2 中提供了各种应用的缺省值；

（6）在 F 栏中输入年渗漏率（%），在表 2.2 中提供了各种应用的缺省值；

（7）在 G 栏中输入最后一次再填充的时间（年）；

（8）在 H 栏中输入可回收利用的制冷/空调设备的冷却剂的百分比，在表 2.2 中提供了各种应用的回收利用率缺省值；

（9）在 I 栏中输入最近期间销毁的冷却剂的数量（kg）；

（10）在 K 栏中自动计算出处置排放量（CO_2 t 当量/年）；

（11）对于每一种设备和每一种冷却剂重复步骤（1）~（10）。

步骤 4：总排放。

（1）从步骤 1 中自动计算出装配排放量；

（2）从步骤 2 中自动计算出运行排放量；

（3）从步骤 3 中自动计算出处置排放量；

（4）自动计算总排放量（装配排放量 + 运行排放量 + 处置排放量）。

表 2.2　IPCC 优良做法指南默认条件

应用	寿命（年）	负载（kg）	排放因子（初始填充量的百分数%/年）		
			装配	年渗漏率	回收效率
家用制冷	12～15	0.05～0.5	0.2～1%	0.1～0.5%	残余量的70%
独立的商业应用	8～12	0.2～6	0.5～3%	1～10%	残余量的70～80%
中型和大型商业制冷	7～10	50～2 000	0.5～3%	10～30%	残余量的80～90%
运输制冷	6～9	3～8	0.2～1%	15～50%	残余量的70～80%
有食品加工和冷藏的工业制冷	10～20	10～10 000	0.5～3%	7～25%	残余量的80～90%
冷却装置	10～30	10～2 000	0.2～1%	2～15%	残余量的80～95%
住宅和商业用户空气调节包括热泵	10～15	0.5～100	0.2～1%	1～5%	残余量的70～80%
移动空调	12	未提供	0.5%	10～20%	0%
这些值来自于IPCC优良做法指南和国家温室气体盘查不确定性管理（2000）。仅当它们的取值会导致计算结构的高度变化时，这些缺省值可以作为参考。如果从这个范围内选定了一个值，那么这个值就必须保持在一个报告期到另一个报告期或者一年到下一年中使用。如果实体公司特定数据无法获得，才使用缺省值，但是一个使用了这种数值的盘查清单，就只能被作为一个初级清单使用。					

2.4　盘查清单质量

因为不同的方法具有与之相关的不同精确度和不确定性水平，公司应该提供他们所使用的量化直接 HFC 排放量的信息。

为了鉴定计算的误差和疏漏，所得数据的质量应该严格控制。推荐两种简单又有效率的方法：

2.4.1 排放量对比

将得到的排放数据与之前年份相同设备计算排放量的数据进行对比。如果现有数据与之前数据的差值不能用活动数据水平的改变和采用生产技术的改变加以解释，那么就存在计算误差。

2.4.2 数量级检查

如果你已经使用方法 1 估算排放量，你可以采用方法 2 去检查你的结果是不是在适合的范围内。除此之外，估算结果与年 HFC/PFC 消耗量进行比较也是另一种检查方法。

3

己二酸生产中 N_2O 排放量的计算工具表指南

3.1 概　述

3.1.1 用途和范围

己二酸生产中 N_2O 排放量的计算工具表指南是为了在己二酸生产过程中，工厂管理人员和现场职工能更容易地测量和报告温室气体的直接排放量而编制的。一个循序渐进的方法将包含从数据收集到报告的每一个计算阶段。这部分的指南可以供所有涉及己二酸生产的企业使用。

3.1.2 过程描述

己二酸的主要作用是用来制造 6, 6-尼龙。环己烷被用于生产酮醇，酮醇随后与硝酸反应，被氧化为己二酸。氧化亚氮（N_2O）在这个反应中作为副产物产生，相关的排放因子为 300 g N_2O/kg 己二酸（±10%，取决于酮与醇的比例）。这个排放因子不包含任何消减技术相关的消减量。

N_2O 可通过以下方法消减排放量：

（1）用还原炉处理尾气；

（2）在火焰反应器（T > 900 °C）中，将 N_2O 热分解为可回收的 NO；

（3）催化分解 N_2O；

（4）作为氧化法的原料消耗掉 N_2O；

大多数生产己二酸的大型生产商（在 2000 年占到世界上产力的 80%以上）现在都开始处理 N_2O 的排放量。

3.1.3 工具的适用性

与己二酸生产相关的燃料燃烧也同样会排放温室气体。在以下的指南描述中并不对这些排放量进行说明。这些排放量估算的方法和细节请更多的参考固定源燃烧指南。

3.2 活动数据与排放因子的选择

GHG 盘查议定书对氧化亚氮排放量的估算是建立在己二酸产量、N_2O 排放因子、消减技术的消减因子和消减技术使用率的基础上。己二酸产量和消减技术的细节可以从设备上获得。如果工厂特定数据无法获得，那么可以使用排放因子默认值和一些技术的近似消减因子。

3.3 工具所使用的计算方法

计算己二酸生产过程的 N_2O 的排放量，参见公式 3.1（来源：2006 IPCC 指南）：

$$N_2O\text{ 排放量}=(\text{己二酸产量}\times\text{排放因子})\times(1-\text{消减因子}\times\text{使用率}) \tag{3.1}$$

式中 己二酸产量——t；

排放因子——t N_2O/t 己二酸产量；

消减因子——通过消减技术和消减活动消减的排放量的百分数，%；

使用率——消减技术使用的时间百分数，%。

提供工作表（即本章 3.4 中所完成的工作表）辅助己二酸生产过程中 N_2O 排放量的估算。要尽可能使用共同特定数据。但是，在工作表中的表格 1 仍然提供了默认值。如果不知道工厂特定的排放因子，2006IPCC 指南提供了排放因子的默认值为 300 g N_2O/kg 己二酸产量，可以转换为 0.3 t N_2O/t 己二酸产量。另外，2006IPCC 指南仍然提供了各种消减技术的消减因子的默认值。

3.4 己二酸生产中 N_2O 直接排放量

直接排放量是指在报告设备范围（边界）以内产生的，或者是与生产己二酸相关的排放的情况。

工作表（即为实际估算排放量的操作步骤）：

（1）在 A 栏中输入报告期间己二酸生产的数量（t）；

（2）在 B 栏中输入 N_2O 的排放因子（t N_2O/t 己二酸产量），这个排放因子不包括任何消减技术；

（3）通过己二酸生产量乘以 N_2O 排放因子（A 栏和 B 栏）计算出 N_2O 排放量，C 栏现在显示 A 和 B 的结果。如果没有出现这种情况，按步骤（9）进行计算；

（4）如果设备有使用 N_2O 消减技术，请根据步骤（5）~（9）按步进行，否则，请直接跳去步骤（10）;

（5）在 A 栏中输入 N_2O 消减技术的类型；

（6）在 B 栏中输入通过消减技术消减的 N_2O 百分比，这些污染控制必须针对降低 N_2O 排放量；

（7）输入 N_2O 消减技术的使用率，按照消减技术使用时间的百分比（C 栏）;

（8）通过上面步骤（1）计算得到的每年潜在 N_2O 排放量乘以 1 减去 N_2O 消减因子（B 栏）乘以使用因子（C 栏）估算出 N_2O 排放量；

（9）请输入 N_2O 的全球增温潜势值（*GWP*），现在，N_2O 的 100 年 *GWP* 水平为 310；

（10）通过每年潜在 N_2O 排放量（E 栏）乘以 N_2O 的 *GWP* 值（F 栏）计算出二氧化碳当量值。

3.5 与己二酸生产相关的燃料燃烧所排放的 CO_2

己二酸的生产要消耗各种形态的燃料。与这些燃料燃烧相关的温室气体排放不在己二酸生产议定书中进行直接说明。请使用固定源燃烧指南去估算这些排放量。

4

铝行业温室气体排放监测与报告

4.1 铝行业对 WRI/WBCSD 温室气体议定书的附录

4.1.0 前　言

《国际铝业协会（IAI）铝行业对 WRI/WBCSD 温室气体议定书的附录》的基本前提为，国际铝业协会普遍接受并认可世界可持续发展工商理事会（WBCSD）及世界资源研究所（WRI）制定的“温室气体议定书的企业核算与报告原则（修订版）”。该附录由国际铝业协会制定并得到 WRI/WBCSD 认可，作为温室气体议定书的补充，对铝行业提供了更多的解释、指南以及实例。

该温室气体协定包括以下温室气体核算与报告的题目：

（1）温室气体核算与报告原则；

（2）商业目标和清单设计；

（3）设定组织边界；

（4）设定运营边界；

（5）跟踪长期排放；

（6）确认与计算温室气体排放量；

（7）管理清单质量；

（8）核算温室气体减排量；

（9）报告温室气体排放量；

（10）鉴证温室气体排放量；

（11）设定温室气体目标。

该附录的目标为向国际铝业协会及利益相关方提供以下方面的明确指南：

（1）排放源；

（2）定义；

（3）温室气体排放监测与计算方法；

（4）清单边界；

（5）温室气体监测与报告优良做法。

该附录涵盖电解铝生产及其辅助过程的 CO_2 和 PFC 排放。有关电力生产、电解铝生产、铝土矿开采、铝土矿石精炼以及利用再生资源生产铝的化石燃料燃烧产生的排放已经包括在 WBI/WBCSD 固定燃烧直接排放计算工具（第二版）中。

该指南的目的为协助实现铝行业可信、一致、透明的温室气体计算与报告，这对内部和外部相关者都是同样有益的。在此列举出的方法构成了铝行业的标准，利用该标准报告时出现的任何偏差都应当清晰的记录下来。

文件中提供了铝行业排放计算的具体实例，以促进准备和维护温室气体清单的透明性和一致性。

该文件准备过程中得到了国际铝业协会董事会（代表成员公司）的支持和批准。很多团体已经为该文件提出意见，包括签署该附录的 WRI 和 WBCSD。

2010 年及之前，需要国际铝业协会更新该附录，以便与温室气体议定书的修改以及行业进一步发展保持一致。

4.1.1 温室气体核算与报告原则

该附录接受并认可温室气体议定书中的观点——铝行业温室气体核算与报告应基于相关性、完整性、一致性、透明性及准确性的原则。

4.1.2 商业目标和清单设计

通过编制温室气体排放清单增进对公司温室气体排放的了解，对企业而言有重要意义。公司经常指出下列五项商业目标作为编制温室气体清单的理由：

（1）温室气体风险管理并确认减少排放的机会；

（2）公开报告并参与自愿减排计划；

（3）参与强制性报告计划；

（4）参与温室气体市场；

（5）认可早期的自愿行动。

4.1.3 设定组织边界

与温室气体议定书一致，收集和报告温室气体排放信息应利用控制权法、股权比例法或二者结合的方法。股权比例定义为所有权或经济利益的比例。股权比例法增加了温室气体信息在不同使用者和具有不同目的活动间的适用性，尽可能地反映财务核算与报告标准中使用的方法。控制权法为将所有排放都统计在内提供了简单的方式，反映了运营中达成的管理责任。在控制权法下，公司的排放是其有控制权的业务的全部排放，但不包括没有控制权但有股权的业务，控制权可以从财务或运营角度界定。

具有设备部分控制权或联营公司间可签订协议，明确排放或排放管理责任的归属及相关风险的承担。如果存在该协议，公司可选择提供协议内容及温室气体风险和责任的分配信息。

4.1.4 设定运营边界

温室气体议定书中引进并解释了“范围”的概念。与温室气体议定书一致，该附录要求铝生产企业核算并报告范围 1 和范围 2 的排放，范围 3 排放的核算和报告是选择性的。范围 1、范围 2 和范围 3 排放的核算和报告应单独进行。

范围 1 排放是公司持有或控制的排放源，也被叫做直接温室气体排放，包括：

（1）化石燃料燃烧生产电力、热力或蒸汽；

（2）物理或化学工艺；

（3）运输原料、产品、废物和雇员（公司控制或持有的交通工具）；

（4）无组织排放（有意或无意的排放，如：设备接缝、密封件，矿山和电力变压器的泄漏）。

铝行业范围 1 排放的实例包括：

（1）熔炉/锅炉燃料燃烧；

（2）焦炭煅烧；

（3）阳极生产；

（4）阳极消耗；

（5）PFC 排放；

（6）石灰生产；

报告企业生产电力、热力或蒸汽，但所生产的电力、热力或蒸汽被输出或出售，应作为范围 1 排放报告。

范围 2 排放为消耗的所采购电力、热力或蒸汽产生的排放，被称为间接排放，因为这些排放是由于报告企业导致的，但产生在其他公司持有或控制的排放源。如果采购的电力又转售给最终用户，相关排放应归到范围 3。采购的电力又转售给中间商，相关排放应作为支持性信息单独报告。为提高数据的透明性，范围 1 的排放数据不应从范围 2 活动数据中扣除或合并到范围 2 排放数据中。

范围 3 排放包括所有其他间接温室气体排放，公司可选择报告与其目标相关或有可靠信息的范围 3 活动。

范围 3 排放的实例包括：

（1）采购原料的生产过程排放；

（2）不被报告公司控制或持有的相关运输活动排放；

（3）外包、合同生产和特许经营；

（4）所生产产品或服务的使用和生命周期排放。

作为范围 3 排放的一个实例，用铝替代高密度的传统材料，计算证明汽车中每增加 1 kg 铝材料的使用，可以通过提高汽车燃油效率减少超过 20 kg 二氧化碳当量排放。

4.1.5 跟踪长期排放

该附录推荐设定历史排放水平作为时间上的参考,如果可获得 1990 年可鉴证的排放数据，可选择该年作为基准年，如果没有可供鉴证的数据支持 1990 年作为基准年，公司应从 1990 年后最早具有可鉴证排放数据的一年作为基准年。

按照温室气体议定书的要求，以下情况下公司应重新计算基准年排放量：

（1）报告公司发生了对公司基准年排放量有重要影响的结构性变化。结构性变化意味着产生排放的活动或业务的所有权或控制权从一家公司转移到另一家公司，虽然单个方面的结构性变化可能对基准年排放量不会产生重大影响，但多次小的结构性变化可能产生重大的积累性影响。结构性变化包括：

① 合并，收购或资产剥离；

② 产生排放活动的外包和内包；

（2）计算方法改变、或排放系数或数据准确性得到提高，对基准年排放量产生的重要影响；

（3）发现重大错误，或多个积累的错误，产生重要的总体影响。

对于明显的增长或降低，不用重新计算基准年排放和历史数据。明显增长或降低是指产量、产品类型、公司持有或控制的生产线关闭或投运。

以下是一些一般的例子，不同具体情形可能具有不同的排放结果。

4.1.5.1 收购后的基准年排放调整

Alpha 公司有两条生产线（A 和 B），基准年（第 1 年）每条生产线排放 50 000 t CO_2，总排放量为 100 000 t。第 2 年该公司经历了显著增长，每条生产线排放增加到 60 000 t（共 120 000 t CO_2 当量）。对该情形不需进行基准年排放调整。第 3 年初，Alpha 公司从另外一家公司收购了生产线 C，该生产线第 1 年排放量为 15 000 t，第二年和第三年都为 20 000 t。所以，第 3 年 Alpha 公司总排放量为 140 000 t。为保持时间的一致性，对于生产线 C 的收购，该公司重新计算了基准年排放量，该基准年增加了生产线 C 的基准年排放 15 000 t，所以基准年排放调整为 115 000 t。

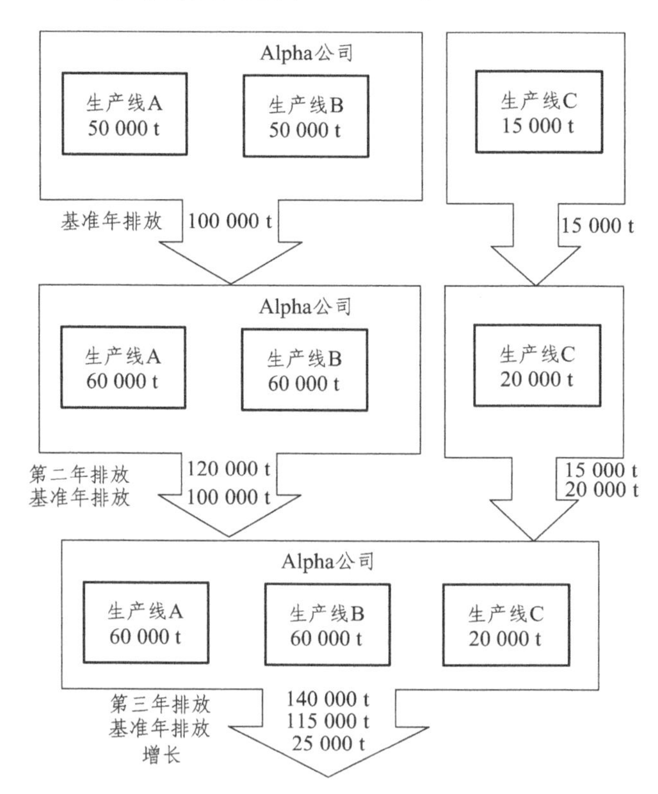

图 4.1 收购后的基准年排放调整

4.1.5.2 资产剥离后的基准年排放调整

Beta 公司有三条生产线（A，B 和 C），每条生产线基准年排放量为 25 000 t，总共 75 000 t（第 1 年）。第 2 年，由于产量增长，每条生产线排放量增加至 30 000 t （总共 90 000 t）。第 3 年，Beta 剥离了生产线 C，年排放量变为 60 000 t。这意味着相对于基准年总排放量中显著减少了 15 000 t。但是，为保持时间上的一致性，该公司重新计算了基准年排放量，将生产线 C 被剥离考虑在内，减去生产线 C 25 000 t 的基准年排放量。这样，基准年排放量调整为 50 000 t，该公司第 3 年排放量相对于基准年增加了 10 000 t。

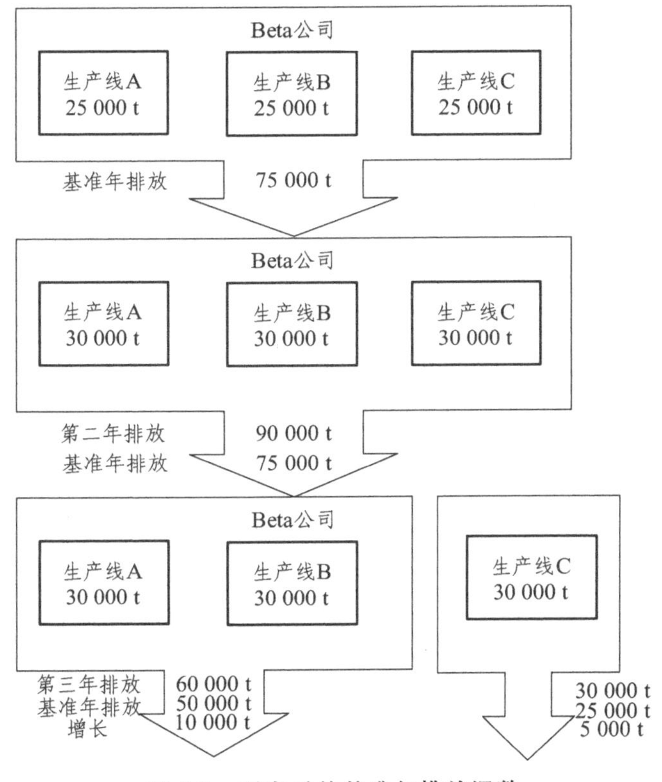

图 4.2　剥离后的基准年排放调整

4.1.5.3　收购在设定的基准年后运行的生产线

Gamma 公司有两条生产线 A 和 B。在基准年（第 1 年），每条生产线排放 25 000 t CO_2 当量，公司总排放量为 50 000 t。第 2 年，公司经历明显增长，每条生产线排放量增加至 30 000 t（总排放 60 000 t）。该情形不需重新计算基准年排放。第 3 年初，公司从另外一家公司收购了生产线 C，该生产线在第 2 年投产，第 2 年排放量为 15 000 t，第 3 年排放 20 000 t。Gamma 公司目前总排放包括生产线 C 的排放，第 1 年，第 2 年和第 3 年总排放分别为 50 000 t，75 000 t 和 80 000 t。该收购的例子中，Gamma 公司基准年排放没有变化，因为生产线 C 在确定的基准年之后投产，所以，Gamma 公司基准年排放仍为 50 000 t。

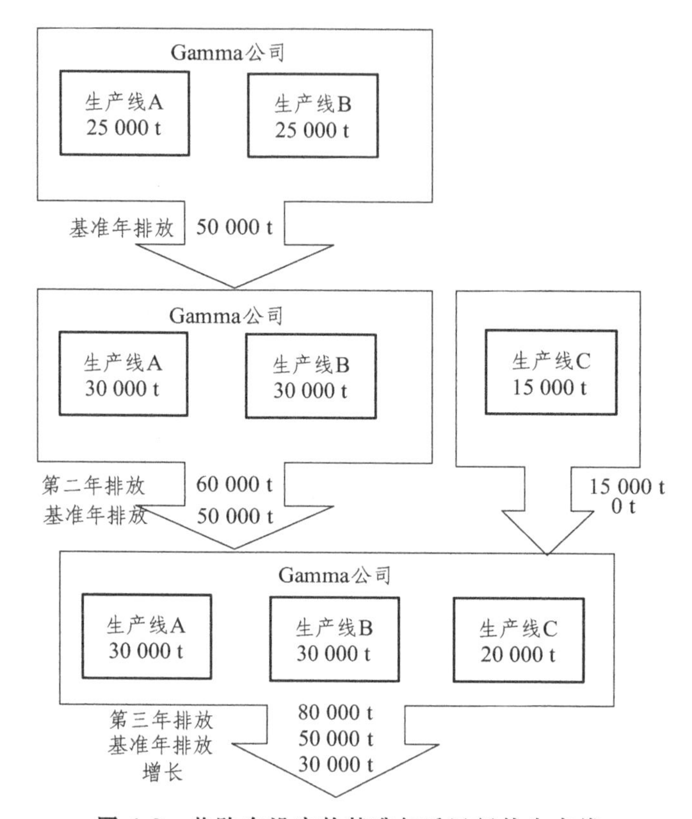

图 4.3 收购在设定的基准年后运行的生产线

4.1.5.4 显著增长，生产线关闭和新上生产线

铝公司 Delta 起初只运行熔炉 A(年排放 150 000 t)和 B(年排放 100 000 t)。所以，Delta 公司基准年（第 1 年）排放为 250 000 t。第 2 年，熔炉 B 关闭。第 3 年，由于产量增加，熔炉 A 排放增加至 160 000 t，而且熔炉 C 开始运行(年排放 200 000 t)。Delta 公司基准年排放维持不变，仍为 250 000 t，因为新生产线 C 在基准年还不存在，而且熔炉 B 的排放仍存在。第 3 年开始，熔炉 C 的排放包括在公司排放清单中，第 1 年，第 2 年和第 3 年 Delta 公司总排放量分别为 250 000 t，150 000 t 和 360 000 t。

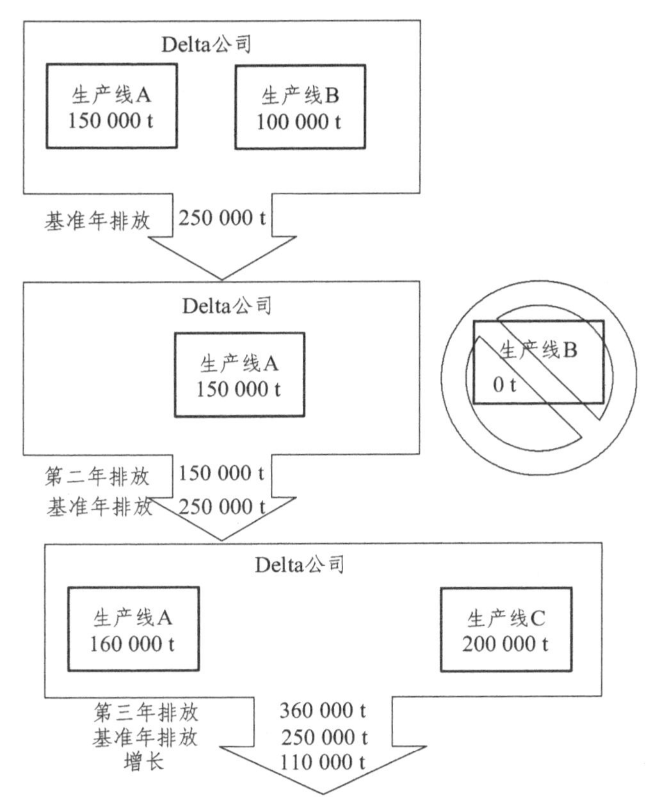

图 4.4　显著增长，生产线关闭和新上生产线

总之，如果公司变化会影响温室气体排放信息的一致性，为体现该变化，应重新计算基准年排放。

4.1.6　确认与计算温室气体排放量

该附录基本接受和认可温室气体议定书中温室气体排放确认和计算方法。该方法包括以下步骤：

（1）确认温室气体排放源；

（2）选择温室气体排放量计算方法；

（3）收集活动数据和选择排放因子；

（4）采用计算工具；

（5）将温室气体数据汇总到公司一级。

温室气体排放应利用归纳法计算，计算每个设备或排放源的排放量，并利用控制权法或股权比例法汇总到组织一级的数据。

4.2 节提供了计算铝生产 CO_2 和 PFC 排放优良做法的指南和例子。

4.3 节提供了计算温室气体排放的表格工具。

4.1.7 管理清单质量

减少系统和固有的不确定性以保证清单质量，对清单和报告的准确性至关重要，应利用以下步骤提高清单质量：

（1）遵守、使用核算和报告基本原则；

（2）不同设备和生产线利用统一的计算系统和内部报告格式；

（3）选择合适的计算方法；

（4）设定合适的数据收集系统；

（5）制定合适的信息技术控制措施；

（6）针对技术性误差进行定期的准确性检查；

（7）进行周期性的内部审查和技术评估；

（8）保证温室气体信息的管理评审；

（9）对清单编制人员制定定期培训制度；

（10）进行不确定性分析；

（11）独立的外部鉴证（如果可能）。

以上方法在温室气体议定书中有详述。

4.1.8 核算温室气体减排量

公司减少的排放量是通过比较公司实际排放清单与基准年排放计算出来的。着眼于整个集团或组织的排放水平，有利于有效管理公司温室气体风险和机会，还有助于将资源集中于温室气体减排最有效的行动中。

对方法的选择，与 4.2 节中的流程图一致，如果可能，推荐使用生产线具体的过程数据。产生的减排量应利用最准确的数据源进行跟踪、形成文件和报告。例如，阳极反应的监测数据应是跟踪和鉴证 PFC 减排的首选数据源。4.3 节中描述了如何使用这些数据计算 PFC 排放量。

对报告企业生产的产品和服务的使用以及最终处置的排放，如果对企业经营和目标很重要，而且有可靠的信息，可以考虑在内。该情形下，这些排放应在核算过程中清晰地形成文件，并作为范围 3 排放报告。范围 1、范围 2 和范围 3 排放应单独核算和报告。

4.1.9 报告温室气体排放量

报告信息应有相关性、完整性、一致性、透明性和准确性；温室气体报告应基于公布时间可得的最佳数据；任何不足都应被充分文件化和披露；报告中发现的任何不符都应改正并在下一年中通报。

公开的温室气体清单应至少包含以下内容：

（1）公司和清单边界的描述。

① 选择的组织边界和所用的方法；

② 选择的运营边界，如果包括范围 3 排放，应明确哪些活动类型包括在内；

③ 涉及的报告时间。

（2）排放信息。

① 范围 1 和范围 2 总排放；

② 各范围单独的排放数据；

③ 6 种温室气体各自的排放量（t，以及折算为 t CO_2 当量）；

④ 生物固定碳（生物质和生物柴油燃烧）的直接 CO_2 排放，根据范围分别报告；

⑤ 基准年及其他年度排放；

⑥ 排放显著变化的有关内容；

⑦ 所用的计算方法；

⑧ 因特殊原因排除的设备或排放源。

如果还需要涉及其他信息，请见温室气体议定书的详细内容。

4.1.10 鉴证温室气体排放量

4.1.10.1 定 义

温室气体议定书指出鉴证是对所报告的温室气体信息的准确性、完整性及这些信息对温室气体核算和报告基本原则符合性的客观评价。

ISO 14064 第 3 部分对鉴证的定义为：鉴证机构对所报告的温室气体排放量、清除量及减排量进行的系统、公正、有文件证明的阶段性审阅或确认。

4.1.10.2 目 标

在委托和计划一个独立的鉴证之前，公司应明确其目标，确定实施外部鉴证是否合适。实施外部鉴证的原因包括：

（1）增加公开信息和减排目标的可信度，并增加利益相关方对报告单位的信任度；

（2）增加管理层和董事会对所报告信息的信心；

（3）改进内部温室气体核算和报告实践（包括数据计算、记录和内部报告系统，温室气体核算基本原则的应用，如：检查完整性、一致性和准确性），促进组织内部学习和知识传递；

（4）达到或预估未来交易体系的要求；

（5）符合自愿或强制要求。

4.1.10.3 过　程

如温室气体议定书所述，很多有意完善其温室气体清单的公司，可能需要对其信息进行内部鉴证，由独立于温室气体核算和报告的人员完成。内部和外部鉴证应执行类似的程序和过程。

ISO 14064 第 3 部分列举了实施鉴证的主要程序步骤：

（1）与鉴证方就鉴证目标、范围、标准和保证等级达成协议；

（2）制定合适的抽样计划和鉴证方法；

（3）温室气体数据和信息控制的评价；

（4）温室气体信息与事先确定的标准或要求进行比较评估；

（5）书面鉴证声明或结论。

4.1.10.4 其他参考资料

2003 年，为鉴证魁北克市清单数据是否达到协议要求，加拿大铝业协会为铝冶炼厂制定了《温室气体审计指南》。

ISO 14064 第 3 部分也包含温室气体计划和减排项目的审定要求，审定是“对温室气体项目，根据事先确定的标准，进行系统、公正和有文件证明程序的评估。”

4.1.11 设定温室气体减排目标

温室气体减排目标有两种类型：绝对目标和基于强度目标。绝对目标是具体的减排目标，没有将组织经济增长等指标考虑在内（如：2012 年相对于 2000 年温室气体排放减少 10%）。基于强度目标经常用温室气体与另一商业度量（如：每吨产品）比例的减幅表示。

在国际铝业协会制定的铝行业未来可持续发展提议中，国际铝业协会已经制定了 1990—2010 年间，全球铝行业 PFC 排放降低 80%（单位铝产量对应的排放量）的自愿减排强度目标。至 2004 年，该全球性行业已经减排了 74%。请见国际铝业协会网站中的最新减排图表。

部分国际铝业协会成员公司已经制定了具体的温室气体减排目标，与政府机构签订了正式的自愿减排协议。全球范围内铝业公司加入的自愿协议的例子如表 4.1 所示。

表 4.1 全球范围内铝业公司加入的自愿协议的例子

国家 协议	时间段	减排类型	温室气体 s	目标
澳大利亚 （Greenhouse Challenge Plus 计划-2005 年的推进型协议，代替了原有的铝行业框架协议）	进行中（1996 年开始）	报告绝对和强度指标	CO_2（直接和间接排放），CF_4，C_2F_6	寻找能效提高和过程排放改进的机会
巴林	1995—2000			
加拿大 魁北克市（2002）自愿温室气体减排框架协议	1990—2007	绝对指标	CO_2，CF_4，C_2F_6	减少 200 000 t CO_2 当量排放
法国 AERES 自愿协议	1990—2007	绝对指标	CO_2，CF_4，C_2F_6	减排 CO_2 当量排放 48%
德国	1990—2005	绝对指标	CF_4，C_2F_6	减排 PFC50%
新西兰 经商议的温室气体协议	1990—2000			
挪威 挪威铝行业温室气体协议（1997）	1990—2005	强度指标	CO_2，CF_4，C_2F_6	单位铝产量 CO_2 当量排放降低 55%
英国	1990—2010	绝对指标	CF_4，C_2F_6	PFC 减排 89%
美国 自愿铝行业契约（1995）	1990—2000	强度指标	CF_4，C_2F_6	单位铝产量 PFC 排放降低 45%
	2000—2010		CO_2，CF_4，C_2F_6	单位铝产量 CO_2 当量排放降低 53%

该附录支持制定温室气体减排目标的方法。

4.2 铝生产及其辅助过程 CO_2 与 PFC 排放的计算方法

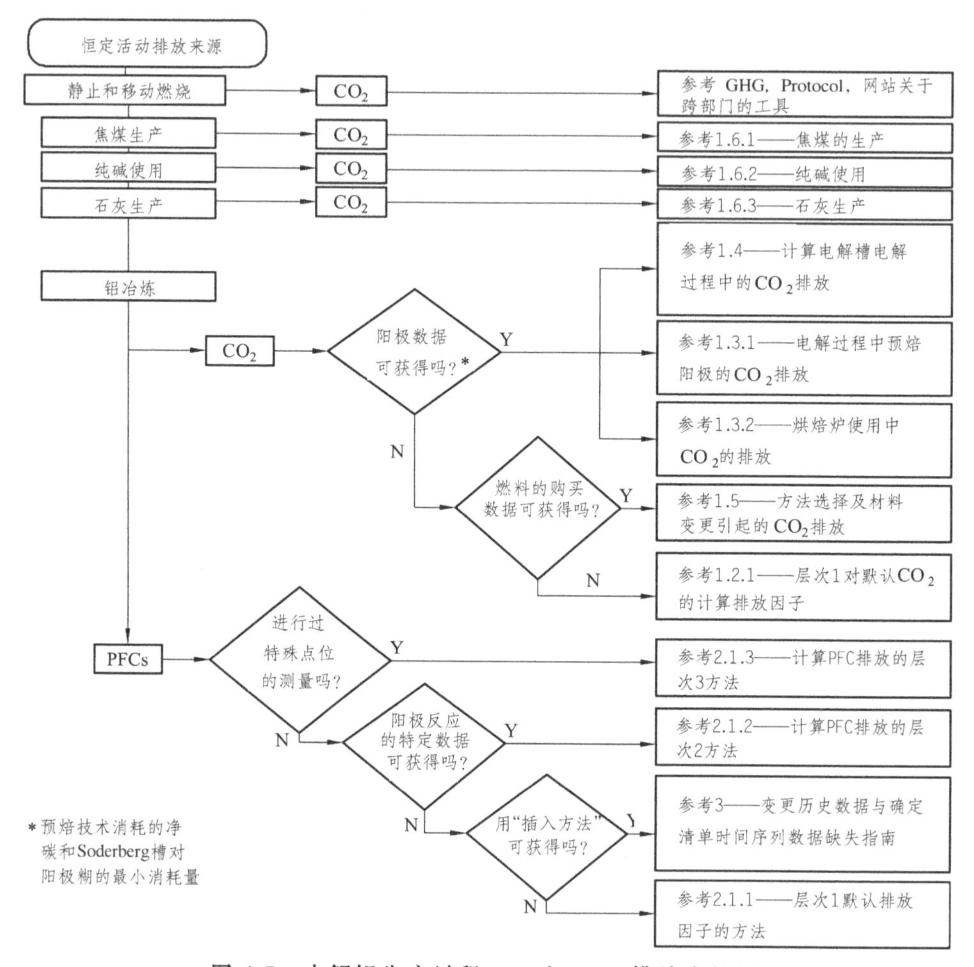

图 4.5 电解铝生产过程 CO_2 与 PFC 排放决策树

4.2.1 过程 CO_2 排放

以下内容与 IPCC“国家温室气体排放清单指南” 三层次基本框架一致。铝熔炼过程的 CO_2 排放占所有直接 CO_2 当量排放的 90%，排放包括化石燃料燃烧的 CO_2 排放和 PFC 排放。化石燃料燃烧的 CO_2 排放指南没有包含在该文件中。计算阳极焙烘炉燃料燃烧 CO_2 排放的方法在其他文献中有描述，在 4.2.1.3 中介绍了计算过程 CO_2 排放的方法。

4.2.1.1 CO_2 排放源

1. 电　解

大部分 CO_2 排放来自碳阳极与氧化铝的反应（反应 1）。

反应 1：

$$2Al_2O_3 + 3C \rightarrow 4Al + 3CO_2$$

电解反应中，碳阳极与其他来源的氧（主要来自空气）反应也产生 CO_2。

副反应中也产生 CO_2，CO_2 在该反应中与碳阳极反应生成 CO，继续氧化后生成 CO_2。每一单位 CO_2 参与副反应（反应 2）可生成 2 单位 CO_2（反应 3）。

反应 2：

$$CO_2 + C \rightarrow 2CO$$

反应 3：

$$2CO + O_2 \rightarrow 2CO_2$$

假设所有 CO 都转化为 CO_2。工业议定书中没有为转化为 PFC 而没有转化为 CO_2 的微量碳做修正。除非有现场焚化，否则阴极反应不会有 CO_2 产生，本章不为该反应提出建议。

2. 铝熔炼支持过程

预焙技术（生阳极的焙烘）是另外一个 CO_2 排放源，CO_2 排放来自树脂粘合剂挥发性成分和焙烘炉含碳燃料燃烧的排放，覆盖阳极的填充材料也会被氧化，产生阳极焙烘过程的 CO_2 排放。

另外一个排放源是生产阳极的焦炭煅烧。很多厂商购买未经煅烧的焦炭原料，由于部分厂商运营自己的煅烧炉，本文提供了计算煅烧过程 CO_2 排放的公式。

另外一个可能的 CO_2 排放源是小苏打粉的使用，小苏打粉会用于烟气净化过程（反应 4）。

反应 4：

$$Na_2CO_3 + X \rightarrow CO_2 + Y$$

X 和 Y 分别是烟气中的酸性成分以及该酸性成分反应产生的钠盐。

3. 铝精炼支持过程

精炼过程不直接产生 CO_2，该反应将矾土矿转化为氧化铝。氧化铝精炼的大部分排放来自化石燃料燃烧（这部分排放已经包括在 WRI/WBCSD 的能源和电力温室气体排放计算工具中）。但石灰石（$CaCO_3$）的煅烧反应会排放 CO_2，部分厂商利用该反应生产铝精炼炉所需的氧化钙和氢氧化钙，该化学反应过程请见反应 5、反应 6 和反应 7。

反应 5：

$$CaCO_3 \rightarrow CaO + CO_2$$

反应 6：

$$CaO + H_2O \rightarrow Ca(OH)_2$$

两反应合并如下。

反应 7：

$$CaCO_3 + H_2O \rightarrow Ca(OH)_2 + CO_2$$

4.2.1.2　计算过程 CO_2 排放的方法

铝生产 3 层次的直接 CO_2 排放计算方法如下：

层次 1：行业范围生产技术的排放因子。

层次 2：包括行业典型技术参数的具体过程的计算公式。

层次 3：利用现场或公司具体数据的计算公式。

应参考图 4.5 作为计算直接 CO_2 排放的总体指南。

1. 层次 1——CO_2 默认排放因子法

层次 1 方法只能用于除技术类型和产量数据外，其他具体数据不可得的情形，利用排放因子乘以产量得到 CO_2 排放总量。铝生产企业一般都会记录可用于层次 2 和层次 3 方法计算排放量的参数。

表 4.2　计算阳极或阳极糊消耗产生 CO_2 排放的技术特定排放因子

技术	排放因子（t CO_2/t 铝）	不确定性（±%）
预焙烘	1.6	10
电解槽	1.7	10

2. 层次 2——具有行业典型技术参数的具体过程的计算公式计算 CO_2 排放

层次 2 方法计算直接 CO_2 排放，通过计算每个过程的 CO_2 排放后计算总排放量。1.3 部分的公式描述了计算预焙技术排放的计算方法，1.4 部分描述了电解槽技术的排放计算公式。

3. 层次 3——利用企业监测数据计算 CO_2 排放的方法

最准确的 CO_2 排放清单是利用项目所在地或公司的具体数据计算出来的（层次 3 方法），这些数据可能来自现场监测或提供者提供的数据，计算公式为层次 2 中描述的公式。但是，利用的是设备或公司的具体数据，而不是行业的数据。利用设备或公司具体数据的计算公式增加到了 4.3 的 Excel 计算工具中。

4.2.1.3 计算预焙烘过程的 CO_2 排放

CWPB 和 SWPB 技术排放 CO_2 的来源包括电解和阳极焙烘。

1. 电解过程中消耗的预焙烘阳极产生的 CO_2 排放

式 4.1 为计算电解过程预焙烘阳极消耗产生的 CO_2 排放的公式。

$$E_{CO_2}=\left[MP\times NAC\times\left(\frac{100-Sa-Asha}{100}\right)\right]\times\frac{44}{12} \quad (4.1)$$

式中 E_{CO_2}——CO_2 年排放量，t；

MP——总金属产量，t 铝；

NAC——净阳极消耗量，t/t 铝；

Sa——焙烘的阳极硫含量，wt%；

$Asha$——焙烘的阳极中灰分含量，wt%；

44/12——碳向 CO_2 转化的因子。

公式 4.1 所用参数及电解过程中预焙烘阳极消耗 CO_2 排放计算的行业数据请见表 4.3。

表 4.3 利用层次 2 和层次 3 方法计算预焙槽 CO_2 排放的数据源和不确定性

参数	层次 2 方法		层次 3 方法	
	数据源	不确定性（±%）	数据源	不确定性（±%）
MP：总产量，（t 铝/年）	现场记录	2	现场记录	2
NAC：＝净阳极消耗量（t/t 铝）	现场记录	5	现场记录	5
Sa：焙烘的阳极中硫含量（wt%）	利用行业数据 2	50	现场记录	10
$Asha$：焙烘的阳极中灰分含量（wt%）	利用行业数据 0.4	85	现场记录	10

2. 焙烘炉 CO_2 排放

焙烘炉的排放来自以下 3 个来源：

（1）炉内化石燃料燃烧；

（2）焙烘过程中释放的挥发成分燃烧；

（3）焙烘炉填充材料的燃烧。

1）焙烘炉中烧制所用的燃料

焙烘炉中燃料燃烧产生的CO_2排放可用WRI/WBCSD能源与电力温室气体排放计算工具计算。

2）树脂挥发成分燃烧中挥发物质的氧化

公式4.2为挥发物质燃烧的CO_2排放计算的公式。

$$E_{CO_2}=\left[\frac{H_W\times GA}{100}-BA-WT\right]\times\frac{44}{12} \tag{4.2}$$

式中 E_{CO_2}——CO_2年排放量，t；

GA——安装的生阳极重量，t；

GAW——生阳极重量，t；

BAW——焙烘的阳极重量，t；

BA——焙烘的阳极产量，t/年；

H_W——阳极含水量，wt%；

WT——收集的废焦油量，t；

44/12——CO_2分子量：碳原子量，比例。

其中 $$GA=\frac{GAW}{BAW}\times BA \tag{4.3}$$

式中 GA——安装的生阳极重量，t；

GAW——生阳极重量，t；

BAW——焙烘的阳极重量，t；

BA——焙烘的阳极产量，t/年。

公式4.2包含的参数以及典型的行业参数请见表4.4。

表4.4 层次2和层次3方法计算焙烘炉树脂挥发成分燃烧CO_2排放所用参数的数据来源

参数	层次2方法		层次3方法	
	数据来源	数据不确定性（±%）	数据来源	数据不确定性（±%）
GAW：生阳极重量（t）	现场记录	2	现场记录	2
BAW：焙烘的阳极重量（t）	现场记录	2	现场记录	2
H_W：生阳极含水量（wt%）	利用行业典型数据，0.5	50	现场记录	10
A：焙烘的阳极产量（t/年）	现场记录	2	现场记录	2
WT：收集的废焦油量（t） a）Riedhammer炉 b）其他炉型	利用行业典型数据， a）0.005 · GA b）无关紧要	50	现场记录	20

3）焙烘炉填充材料的燃烧排放

公式 4.4 为填充材料的碳氧化排放的计算式。

$$E_{CO_2}=\left[PCC\times BA\times\left(\frac{100-S_{pc}-Ash_{pc}}{100}\right)\right]\times\frac{44}{12} \tag{4.4}$$

式中 E_{CO_2}——CO_2年排放量，t；

PCC——填充碳消耗量，t/t 焙烘阳极；

BA——焙烘的阳极消耗量，t/年；

S_{pc}——填充碳的硫含量，wt%；

Ash_{pc}——填充碳的灰分含量，wt%；

44/12——CO_2分子量：碳原子量，比例。

公式 4.4 包含的参数和确定的典型行业数据请见表 4.5。

表 4.5 层次 2 和层次 3 方法计算焙烘炉填充材料氧化 CO_2 排放所用参数来源

参数	层次 2 方法		层次 3 方法	
	数据来源	数据不确定性（±%）	数据来源	数据不确定性（±%）
PCC：填充碳消耗量（t/t 焙烘阳极）	利用行业典型数据，0.015	25	现场记录	2
BA：焙烘的阳极消耗量（t/年）	现场记录	2	现场记录	2
S_{pc}：填充碳的硫含量（wt%）	利用行业典型数据，2	50	现场记录	10
Ash_{pc}：填充碳的灰分含量（wt%）	利用行业典型数据，2.5	95	现场记录	10

4.2.1.4 计算电解槽过程 CO_2 排放

公式 4.5 为电解槽技术 CO_2 排放的计算公式。

$$E_{CO_2}=\left[\begin{array}{l}(MP\times PC)-\left(CSM\times\dfrac{MP}{1{,}000}\right)-\left[\left(\dfrac{BC}{1{,}000}\right)\times PC\times MP\times\left(\dfrac{S_p+Ash_p+H_p}{1{,}000}\right)\right]\\-\left[\left(\dfrac{100-BC}{100}\right)\times PC\times MP\times\left(\dfrac{S_c+Ash_c}{100}\right)\right]-(MP\times CD)\end{array}\right]\times\frac{44}{12} \tag{4.5}$$

式中　E_{CO_2}——CO_2 年排放量，t；

MP——总金属产量，t 铝/年；

PC——阳极糊消耗，t/t 铝；

CSM——环己烷可溶物质排放，kg/t 铝；

BC——阳极糊中典型的粘结物含量，wt%；

S_p——粘结物的硫含量，wt%；

Ash_p——粘结物的灰分含量，wt%；

H_p——粘结物的氢含量，wt%；

S_c——煅烧焦炭中硫含量，wt%；

Ash_c——煅烧焦炭的灰分含量，wt%；

CD——电解槽去除灰尘中碳含量，t 碳/t 铝；

44/12——CO_2 分子量：碳原子量，比例。

公式 4.5 包含的参数以及行业中典型数值请见表 4.6。

表 4.6　层次 2 与层次 3 方法计算电解槽 CO_2 排放所用参数来源及不确定性

参数	层次 2 方法		层次 3 方法	
	数据来源	数据不确定性（±%）	数据来源	数据不确定性（±%）
MP：总金属产量（t 铝/年）	现场记录	2	现场记录	2
PC：阳极糊消耗（t/t 铝）	现场记录	2.5	现场记录	2.5
CSM：环己烷可溶物质排放（kg/t 铝）	利用行业典型数据，HSS-4.0 VSS-0.5	30	现场记录	15
BC：阳极糊中典型的粘结物含量（wt%）	利用行业典型数据，干阳极糊-24 湿阳极糊-27	25	现场记录	5
S_p：粘结物的硫含量（wt%）	利用行业典型数据，0.6	20	现场记录	10
Ash_p：粘结物的灰分含量（wt%）	利用行业典型数据，0.2	20	现场记录	10
H_p：粘结物的氢含量（wt%）	利用行业典型数据，3.3	50	现场记录	10
S_c：煅烧焦炭中硫含量（wt%）	利用行业典型数据，1.9	20	现场记录	10
Ash_c：煅烧焦炭的灰分含量（wt%）	利用行业典型数据，0.2	50	现场记录	10
CD：电解槽去除灰尘中碳含量（t 碳/t 铝）	利用行业典型数据，0.01	99	现场记录	30

4.2.1.5 基于原材料购买的过程 CO_2 清单的选择性方法

该选择性方法适用于铝生产中图 4.6 过程边界内的 CO_2 排放计算，CO_2 排放根据所消耗含碳原材料的含碳量计算出。

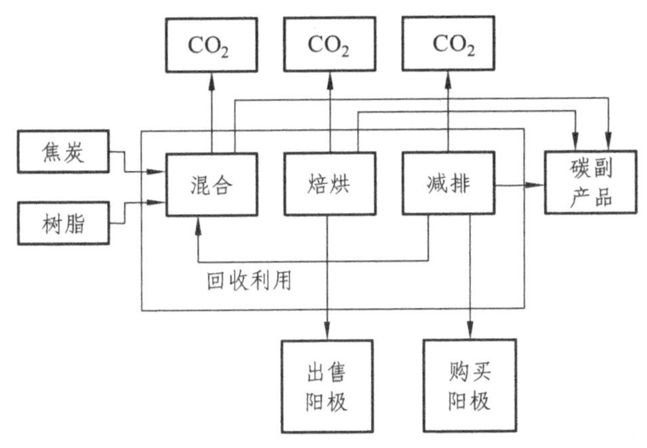

图 4.6 根据所消耗原材料含碳量计算 CO_2 排放清单的过程边界

公式 4.6 可用于计算所考虑时间段的 CO_2 排放总量，输入到该阳极过程系统边界的物质包括树脂、焦炭、购买的阳极和焙烘焦炭，燃料和电力不包括在内。输出为阳极混合和生成、焙烘和阳极消耗产生的 CO_2 排放。粉末、污泥和出售的阳极等碳副产品也是系统产出。输入的树脂、焦炭和填充焦炭中所有的碳在该边界中转化为 CO_2、残余碳、粉末和残渣。应维持碳量的平衡，假设该过程中除可鉴证的碳输出外，其余碳都转化为 CO_2，此处也假设产生的所有 CO 也进一步转化为 CO_2。树脂和焦炭中包含的非碳成分，如硫、灰分、氢等对温室气体产生没有影响的物质没有包括在计算过程中。最后，混合、生成、焙烘及阳极运输消耗的能源和电力没有包括在该阳极计算中，这些输入产生的温室气体排放已经单独计算和报告。

$$E_{CO_2}=\left[\begin{array}{l}\left(\dfrac{TPC\times PC}{100}\right)+\left(\dfrac{Coke\times CC}{100}\right)+\left(\dfrac{TPCC\times PCC}{100}\right)\\ -TWC+\left(\dfrac{PA\times PAC}{100}\right)-\left(\dfrac{SA\times SAC}{100}\right)\end{array}\right]\times\frac{44}{12} \tag{4.6}$$

式中 E_{CO_2}——CO_2 年排放量，t；

TPC——总树脂消耗量，t 树脂/年；

PC——树脂碳含量，wt%；

Coke——焦炭消耗总量，t/年；

CC——焦炭碳含量，wt%；

TPCC——填充焦炭消耗总量，t/年；

PCC——填充焦炭的碳含量，wt%；

TWC——碳副产品或废物总量，t/年；

PA——购买的阳极总量，t/年；

PAC——购买的阳极碳含量，wt%；

SA——出售阳极总量，t/年；

SAC——出售阳极碳含量，wt%；

44/12——CO_2 分子量：碳原子量，比例。

4.2.1.6 过程 CO_2 排放其他来源

1. 焦炭煅烧

对具有焦炭煅烧过程的厂家，公式 4.7 可用于计算该排放源的 CO_2 排放。

$$E_{CO_2}=\left\{\left\{\left[GC\times\left(\frac{100-H_2O_{gc}-V_{gc}-S_{gc}}{100}\right)\right]-\left[\left(CC+UCC+DE\right)\times\left(\frac{100-S_{cc}}{100}\right)\right]\right\}\times\frac{44}{12}\right\}+GC\times0.035\times\left(\frac{44}{16}\right) \tag{4.7}$$

式中 E_{CO_2}——CO_2 年排放量，t；

GC——焦炭输入量，t/年；

H_2O_{gc}——焦炭含水量，wt%；

V_{gc}——焦炭挥发性物质含量，wt%；

S_{gc}——焦炭硫含量，wt%；

CC——煅烧的焦炭产量，t/年；

UCC——准备煅烧的焦炭收集量，t/年；

DE——焦炭灰尘排放，t/年；

S_{cc}——煅烧焦炭的硫含量，wt%；

44/12——CO_2 分子量：碳原子量，比例；

44/16——CO_2 分子量：甲烷分子量，比例。

公式 4.7 包含的参数及行业典型数值请见表 4.7。

表 4.7 层次 2 和层次 3 方法计算煅烧操作 CO_2 排放所用参数来源

参数	层次 2 方法数据源	层次 3 方法数据源
GC：焦炭输入量（t/年）	现场记录	现场记录
H_2O_{gc}：焦炭含水量（wt%）	利用行业典型数据，10	现场记录
V_{gc}：焦炭挥发性物质含量（wt%）	利用行业典型数据，10	现场记录
S_{gc}：焦炭硫含量（wt%）	利用行业典型数据，3	现场记录
CC：煅烧的焦炭产量（t/年）	利用行业典型数据，$0.8 \cdot GC$	现场记录
UCC：准备煅烧的焦炭收集量（t/年）	利用行业典型数据，0	现场记录
DE：焦炭灰尘排放（t/年）	利用行业典型数据，$0.075 \cdot GC$	现场记录
S_{cc}：煅烧焦炭的硫含量（wt%）	利用行业典型数据，2.5	现场记录

焦炭煅烧消耗的燃料消耗已经包括在设备总燃料消耗中，所有以上计算中不包括这一部分。

2. 苏打粉使用

公式 4.8 可用于铝生产所用的苏打粉产生的 CO_2 排放。

$$E_{CO_2} = Q_{soda\_ash} \times P_{soda\_ash} \times \frac{44}{106} \tag{4.8}$$

式中 E_{CO_2}——CO_2 年排放量，t；

Q_{soda_ash}——苏打粉消耗量，t/年；

P_{soda_ash}——苏打粉纯度，十进制小数；

44/106——CO_2 分子量：碳酸钠分子量，比例。

公式 4.8 所包含参数及行业典型数值请见表 4.8。

表 4.8 层次 2 和层次 3 方法计算铝生产过程中苏打粉使用产生 CO_2 排放所用参数来源

参数	层次 2 方法数据源	层次 3 方法数据源
Q_{soda_ash}：苏打粉消耗量（t/年）	现场记录	现场记录
P_{soda_ash}：苏打粉纯度（十进制小数）	利用行业典型数据，0.95	现场记录

3. 石灰生产

公式 4.9 可用于铝生产相关的石灰生产的 CO_2 排放。

$$E_{CO_2}=\left(Q_i\times P_i\times\frac{44}{56}\right)+\left(Q_s\times P_s\times\frac{44}{74}\right) \quad (4.9)$$

式中 E_{CO_2}——CO_2年排放量，t；

Q_i——生石灰产量，t/年；

P_i——生石灰纯度，十进制小数；

Q_s——熟石灰产量，t/年；

P_s——熟石灰纯度，十进制小数；

44/56——CO_2分子量：生石灰分子量，比例；

44/74——CO_2分子量：熟石灰分子量，比例。

公式 4.9 所包含参数及行业典型数值请见表 4.9。

表 4.9 层次 2 和层次 3 方法计算石灰生产 CO_2 排放所用参数来源

参数	层次 2 方法数据源	层次 3 方法数据源
Q_i：生石灰产量（t/年）	现场记录	现场记录
P_i：生石灰纯度（十进制小数）	利用行业典型数据，0.95	现场记录
Q_s：熟石灰产量（t/年）	现场记录	现场记录
P_s：熟石灰纯度（十进制小数）	利用行业典型数据，0.95	现场记录

4.2.2 PFC 排放计算

电解铝生产过程中产生两种 FPC 气体——CF_4和C_2F_6。

反应 8：

$$4Na_3AlF_6+3C\rightarrow 4Al+12NaF+3CF_4$$

反应 9：

$$4Na_3AlF_6+4C\rightarrow 4Al+12NaF+3C_2F_6$$

以下 PFC 排放计算方法与 IPCC 清单指南一致。

4.2.2.1 计算 PFC 排放的方法

三个连续步骤可用于计算电解铝生产中 PFC 排放的 CO_2 当量排放。

（1）首先计算每吨电解铝生产对应的两种 PFC 气体排放量；

（2）每吨铝的排放率乘以清单编制对应时间段的铝总产量；

（3）PFC 排放总量乘以对应的温室气体潜能（GWP）得到 CO_2 当量排放。

以下介绍了计算吨铝 PFC 排放的方法及其相关的不确定性等级。如图 4.5 所示，如果 PFC 排放占设备温室气体排放的重要部分，则 4.2 强力推荐层次 3 的方法。

1. 层次 1——默认排放因子法

估计目前运行中的所有电解铝生产线都会收集和存档阳极反应过程数据，用于以上两种 PFC 计算排放方法。但是，如果只能获得铝产量数据，而阳极反应的数据不可得，可用默认 CF_4 和 C_2F_6 排放因子法，PFC 排放总量和 CO_2 排放当量，可用本节介绍的层次 2 和层次 3 方法的公式 4.14、公式 4.15 和公式 4.16 计算。

表 4.10 铝生产 PFC 排放计算的默认因子和不确定性水平

技术	CF_4		C_2F_6	
	R_{CF_4}（kg/t Al）[a]	不确定性（%）[b]	$R_{C_2F_6}$（kg/t Al）[c]	不确定性（%）[d]
GWPB	0.4	−99/+380	0.04	−99/+380
SWPB	1.6	−40/+150	0.4	−40/+150
VSS	0.8	−70/+260	0.04	−70/+260
HSS	0.4	−80/+180	0.03	−80/+180

a 默认 CF_4 排放因子是利用国际铝业协会 1990 年调查数据的阳极反应中间值计算的；
b 该不确定性由根据国际铝业协会 1990 年阳极反应调查数据计算的 CF_4 排放范围确定；
c 默认 C_2F_6 值是利用全球平均 C_2F_6 与 CF_4 比率，乘以默认 CF_4 排放因子；
d 不确定性范围是基于各种技术全球平均 C_2F_6 与 CF_4 比率，乘以国际铝业协会 1990 年调查数据计算出的最低和最高 CF_4 排放；
说明：该默认排放因子只能用于层次 2 和层次 3 所需数据不可获得时的情形。

2. 层次 2——计算 PFC 排放的方法

该方法是基于阳极反应或过压过程的现场监测数据，但计算使用的是根据实测 PFC 数据计算的行业平均系数。PFC 排放率及其 CO_2 当量排放应根据层次 3 方法，利用公式 4.14 和公式 4.15 计算。目前推荐的平均排放率和过压系数请见表 4.11。

表 4.11 PFC 排放平均排放率和过压系数

技术[a]	排放率系数[b, c] [(kg $_{PFC}$/t_{Al})/(AE-mins/cell-day)]		过压系数[b, c, d, e] [(kg$_{CF_4}$/t_{Al})/(MV)]		C_2F_6 与 CF_4 比率	
	S_{CF_4}	不确定性(±%)	OVC	不确定性(±%)	$F_{C_2F_6/CF_4}$	不确定性(±%)
CWPB	0.143	6	1.16	24	0.121	11
SWPB	0.272	15	3.65	43	0.252	23
VSS	0.092	17	NR	NR	0.053	15
HSS	0.099	44	NR	NR	0.085	48

a 中心预焙 centre worked prebake(CWPB),侧预焙 side worked prebake(SWPB),vertical stub soderberg(VSS)垂直自焙铝电解槽,horizontal stub soderberg(HSS)水平自焙铝电解槽;

b 来源:向国际铝业协会报告的监测数据,US EPA 赞助的监测和多地点监测;

c 每个排放率和过压系数估算基于以下假设的排放收集率:CWPB98%,SWPB90%,VSS85%,HSS90%。这些收集率是基于监测的 PFC 收集比例、监测的氟化物收集率和外部意见;

d 该参数反映了部分生产线记录正过压和代数过压的监测,正过压和代数过压间还没有建立有力的关联。相对于代数过压,正过压比与 PFC 排放有更好的关联性;

e 过压参数与 VSS 和 HSS 技术不相关(NR)。

3. 计算 PFC 排放的层次 3 方法

该方法是基于利用实测阳极反应过程数据、铝产量数据和现场直接测量的 PFC 参数的计算方法。确定参数基于的监测应根据 PFC 监测议定书中优良做法的描述。

4.2.2.2 铝生产过程 PFC 排放计算

1. 步骤 1——计算吨铝 PFC 气体排放量

吨铝 PFC 排放,可根据现场记录的阳极反应过程数据类型,选择排放率法或过压法计算。

1)利用阳极反应分钟数计算吨铝 CF_4 和 C_2F_6 的排放率(排放率法)

排放率系数:生产每吨铝的 CF_4 排放量,利用每天阳极反应分钟数获得。由于 PFC 排放利用每吨铝的产量计量,排放率系数包含电解槽安培数和电压的影响,这两个参数决定槽中电解铝的产量。

如果阳极反应分钟数是与排放率相关的阳极反应过程数据,可利用公式

4.10 和公式 4.11 计算。每个运行中的电解槽都应使用两个公式计算，以获得各电解槽的吨铝排放量。

$$R_{CF_4} = AEM \times S_{CF_4} \tag{4.10}$$

$$R_{C_2F_6} = R_{CF_4} \times F_{\frac{C_2F_6}{CF_4}} \tag{4.11}$$

式中　R_{CF_4}——CF_4 排放率，kg CF_4/t 铝；

AEM——一电解槽的日阳极反应分钟数，AE 分钟数/槽-天；

S_{CF_4}——CF_4 排放率系数，Kg CF_4/阳极反应分钟数；

$R_{C_2F_6}$——C_2F_6 排放率，kg C_2F_6/t 铝；

$F_{C_2F_6/CF_4}$——C_2F_6 与 CF_4 的重量比率。

注：术语“槽-天”是指运行的电解槽数与运行时间数的乘积。

2）利用阳极反应过压计算吨铝 CF_4 和 C_2F_6 排放率（过压法）

过压系数：部分过程控制系统通过计算阳极反应过压（AEO）描绘阳极反应，AEO 定义为电解槽中高出操作所需电压的部分，通过合计监测期间的高于所需电压水平的电压和时间计算，并将该数值除以监测时间。

如果阳极反应过压为排放率相关的过程数据，可用公式（4.12）和公式（4.13）计算。与上文的排放率法一样，应将每个电解槽的排放利用这两个公式计算出。

$$R_{CF_4} = OVC \times \left(\frac{AEO}{CE}\right) \tag{4.12}$$

$$R_{C_2F_6} = R_{CF_4} \times F_{\frac{C_2F_6}{CF_4}} \tag{4.13}$$

式中　R_{CF_4}——CF_4 排放率，kg CF_4/t 铝；

OVC——CF_4 过压系数，根据 PFC 监测议定书中的指南监测的现场数据计算获得；

AEO——阳极反应过压，mV；

CE——铝生产的电流功效，%；

$R_{C_2F_6}$——C_2F_6 排放率，kg C_2F_6/t 铝；

$F_{C_2F_6/CF_4}$——C_2F_6 与 CF_4 的重量比率。

2. 步骤 2——计算每种 PFC 气体的公斤排放量

PFC 排放总量应利用公式 4.14 和公式 4.15 计算。运行中各槽排放的每种 PFC 气体的排放率（步骤 1 计算得到）乘以该槽的铝产量得到 PFC 排放量。汇总所有的排放得到总 PFC 排放量。

$$E_{CF_4} = R_{CF_4} \times MP \qquad (4.14)$$

$$E_{C_2F_6} = R_{C_2F_6} \times MP \qquad (4.15)$$

式中 E_{CF_4}——CF_4 排放量，kg CF_4/年；

$E_{C_2F_6}$——C_2F_6 排放量，kg C_2F_6/年；

R_{CF_4} 和 $R_{C_2F_6}$——CF_4 和 C_2F_6 排放率，kg/t 铝产量；

MP——金属产量，t 铝/年。

3. 步骤 3——计算 PFC 排放的 CO_2 排放当量

PFC 排放的 CO_2 当量，通过汇总各 PFC 气体的产量与其温室效应潜能（GWP）乘积计算出。用于计算的 GWP 在 IPCC 第二次报告中已经列出。

$$E_{CO_2\text{-ep}} = \frac{(6\ 500 \times E_{CF_4}) + (9\ 200 \times E_{C_2F_6})}{1\ 000} \qquad (4.16)$$

式中 $E_{CO_2\text{-ep}}$——年 CO_2 当量排放，t/年；

E_{CF_4}——CF_4 排放量，kg CF_4/年；

$E_{C_2F_6}$——C_2F_6 排放量，kg C_2F_6/年。

4.2.3 修改历史排放数据及解决清单时间序列数据缺失问题的指南

该部分为以下两个问题提供了指南，一个是通过更新排放因子或修改计算方法重新计算历史排放，另一个是部分所需数据不可得时如何建立时间序列。一个清单阶段中最好采用同一种方法以保证变化趋势能体现排放变化而不是计算方法改变。该部分提出的原则更适用于 PFC 排放而不是 CO_2 排放。多数厂商都会记录阳极或阳极糊消耗量，但当两个数据缺失时，CO_2 排放量只能用层次 1 方法根据铝产量计算出，准确性会有所降低。对 PFC 排放，推荐使用更高层次的计算方法，只要高层次方法使用的支持数据可以获得。为准确评价排放趋势，排放时间序列的完整性非常重要，不管是当前数据还是历史数据，数据更新时，包括层次 2 和层次 3 方法合适排放系数的排放因子也应得到更新。自愿议定书和法规要求都应基于最容易获得的数据和方法，最理想状态为，在整个协议阶段或承诺期内保持方法的一致性。但是，部分区域或法规要求调整计算方法，以满足某些特殊要求。

该议定书认为这些指南在不同环境的应用应具有灵活性，在这些情形中，推荐厂商在更新历史数据时应用并评估专业判断。

为协助鉴证活动和/或未来可能存在的重新计算，公司应证明和维持以下记录：

（1）铝产量；

（2）明确规定的阳极反应分钟数（电解槽的日阳极反应分钟数、阳极反应频率（AEF）、阳极反应持续时间（AED）或阳极反应过压（AEO）；

（3）当前和历史 PFC 排放率和/或过压系数；

（4）计算 PFC 的方法，包括所用的层次和公式；

（5）厂商所有 PFC 排放监测的细节；

（6）重大的过程变化；

（7）PFC 计算。

有关时间序列一致性的更多指南请见 IPCC2006 国家温室气体清单指南。

计划 2010 年国际铝业协会（IAI）公布 4.2 的更新版，WRI/WBCSD 议定书变化或行业内变化可能在此之前导致 4.2 系数的更新。最近的更新内容，可见国际铝业协会网站。

4.2.3.1 层次 1 排放因子变化导致的修正

层次 1 排放因子计算，是利用 1990 年国际铝业协会阳极反应调查报告中层次 2 的排放率或过压系数，计算出的各种技术类型的阳极反应的中值。层次 2 系数的任何修改都会导致层次 1 排放因子的修改。当层次 1 排放因子修改后，应利用新的排放因子重新计算基准年的历史排放清单。

4.2.3.2 将层次 1 方法变换至层次 2 方法导致的修正

阳极反应过程数据在多数厂家都可得，使层次 2 方法的使用成为可能。4.2 强烈不支持使用层次 1 方法，除非没有阳极反应过程数据可以获得。当不能获得完整的阳极反应数据以支持清单时间序列内所有年份都使用层次 2 方法时，使用下文介绍的“拼接”方法也优先于层次 1 方法。只有当以下“拼接”方法都不合适时，才能根据层次 1 方法确定历史排放。

1. 替代技术

当所需要的过程参数的历史数据都不完整时，AEF 数据在整个时间段内可能是可获得的。在有 AEF 数据记录、没有 AED 或 AEO 数据记录的情形，PEF 排放可根据 AEF 趋势估算出，其准确性也明显高于层次 1 方法。而且，基于层次 2 和层次 3 方法系数的 PFC 排放率（kg CF_4/t AL），可以根据公式 4.17 中的关联性用于早先的年份的计算。

$$R_{(period\ n-1)} = R_{(period\ n)} \times \frac{AEF_{(period\ n-1)}}{AEF_{(period\ n)}} \tag{4.17}$$

式中 $R_{(\text{period }n-1)}$——完整的阳极反应过程数据不可得时的 CF_4 排放率，kg CF_4/t Al；

$R_{(\text{period }n)}$——完整的阳极反应过程数据可得时的 CF_4 排放率，kg CF_4/t Al；

$AEF_{(\text{period }n-1)}$——阳极反应频率，$n-1$ 阶段每个电解槽每天的阳极反应分钟数的加权平均数；

$AEF_{(\text{period }n)}$——阳极反应频率，n 阶段每个电解槽每天的阳极反应分钟数的加权平均数。

利用替代技术估算吨铝 CF_4 排放后，吨铝 C_2F_6 的排放就可以通过乘以层次 2 和层次 3 方法中 C_2F_6 与 CF_4 的比率计算出，像有完整的阳极反应数据计算。

如果只能获得 AEF 数据，应利用替代技术而不是插入或推断技术，这与 4.1.8 中指南利用一定时间内最易获得的数据要求一致。

2. 插入技术

当 AEO，AED 或 AEF 数据在过去部分年份可获得，其余年份不可获得，可以利用线性插入技术，提供层次 2 和层次 3 方法使用时所需的连续性统计数据。该拼接技术的准确性部分取决于插入年的实际活动是如何发生的，这对 AE 表现会产生影响。

3. 趋势推断技术

当 AEO，AED 和 AEF 数据都不存在，且没有专门管理 AEO，AED 或 AEF 的行动时，推荐利用层次 2 或层次 3 方法的第一个年份的排放数据，推断历史吨铝 PFC 排放率。这里对之前年份的推断基于一个假设，即 AEO，AED 和 AEF 数据保持不变，根据产量变化推断排放量。该推断方法应该可以达到高于层次 1 方法的准确性。

4. 重新计算的其他方法

部分情形可能需要专门制定的方法重新计算历史排放，因为并不是所有情形都可以直接用现有方法计算。例如，在报告时间范围内技术改变，以上方法就不再适用。此时，如果足够的支持性数据是可获得的，可以利用专业判断确定一种方法。该方法的需求和利用，以及前面所介绍的方法，都应清晰的说明。

4.2.3.3 层次 2 系数改变导致的修订

如果层次 2 的排放率或过压系数修改了，修改过的系数应该用于重新计算基准年排放，这样所报告的排放变化才能反映真实的阳极反应情形而不是系数的变化。但是，如该部分介绍所述，抵消系数变化影响的规定可能是必要的，这样可以使层次 2 系数修改前确定的承诺或议定书维持原有的目标。应对各种现场环境收集可能相关的专家意见。

4.2.3.4 由层次 2 方法转变为层次 3 方法导致的修订

由层次 2 方法转变为层次 3 方法不会对重新计算和时间序列一致性带来显著影响，只要运营技术没有较大的变化。层次 2 和层次 3 方法都使用铝产量、阳极反应分钟数（由 AED 和 AEF 的结果）或 AEO 作为排放计算的主要输入数据。层次 2 方法转变为层次 3 方法时，新层次 3 方法具体参数使用时应尽量追溯原有的阳极反应数据和铝产量数据，除非重大程序变化等情形使层次 3 系数在一定阶段内比层次 2 系数代表性更差。追溯使用相同系数的目的是使排放清单反映具体排放情景，而不是反映方法的变化。如上所述，在整个报告和承诺阶段应保持一致性。应对各种现场环境收集可能相关的专家意见。

4.2.3.5 层次 3 现场具体系数变化导致的修订

如果后续安装设备的 PFC 监测数据计算的公式参数与之前确定的参数除测量误差外（一般小于 20%）没有其他差别，之前确定的参数可继续使用，无需对历史数据重新计算。

如果新计算的公式系数不同于之前的系数，且没有显著的过程变化，历史数据应利用新确定的、经审核过的层次 3 系数重新计算。

如果新确定的公式系数是由于显著的过程变化，对基于新测量数据的新系数，应从过程改变开始之日起使用，旧系数应当用于过程改变之前的时间。

如前文所述，专业指导可能有助于具体情形的管理。

4.2.3.6 过压法向排放率法转变或排放率法向过压法转变导致的修订

如果排放率方法和过压法两种计算间的一致关系可随着时间得到证明，可利用重叠的方法计算排放因子，可以从排放率法向过压法转变或从过压法向排放率法转变。假设类似的关联性也存在于之前的时间段，应建立连续的时间序列。这种情形下，过去几年的排放数据可根据在叠加阶段发现的关联性按比例调整。

1. 用层次 2 计算的方法改变

层次 2 过压法向层次 2 排放率法转变，或相反方向转变，可以利用选择性的 CF_4 参数（过压法或排放率法的）计算吨铝 CF_4 排放实现。对两种类型数据都可得的时间段，应计算两种方法得到的两个 CF_4 排放率的比率。两种排放率的比率应该用于调整可选择方法计算的 CF_4 排放率。C_2F_6 排放通常利用 CF_4 排放乘以 C_2F_6 与 CF_4 的重量比例计算。

2. 利用层次 3 计算的方法改变

如果阳极反应过压和阳极反应分钟数在 PFC 监测中记录并用于确定合适的参数，只能从层次 3 过压法转变至层次 3 排放率法。此时新参数可用于重新计算可以获得合适的阳极反应分钟数或过压数据的第一年的历史排放。4.2.3.6.1 部分描述的重叠方法可利用早期阶段新要求的方法重新建立时间序列。

4.2.3.7 从利用代数过压向正过压过程数据的改变

与代数过压数据相比，正过压数据与 PFC 排放更加相关。但是，整个 PFC 清单编制阶段的正 AEO 过程数据可能不可得。该情形下，可能建立一个准确的正过压与代数过压的关联性。该关联性收应是经证明过的，且是用于利用正过压重新计算历史排放的关联性。

4.3 计算电解铝生产 CO_2 当量排放总量的 Excel 表格与指南

4.3.1 综　述

4.3.1.1 目的和应用范围

本部分内容是为工厂经理和现场负责人员编制的，以促进企业电解铝生产过程直接温室气体排放的定期计算和报告。燃料消耗（如电力生产和氧化铝生产）的 CO_2 排放指南已经在 WRI/WBCSD 能源电力温室气体排放工具中提供。一个分步骤的方法涵盖了数据收集和报告中的计算程序。在一些实例中以多个表格的形式提出了可选择的方法，以计算电解铝生产过程各步骤的当量排放。存在可达到同一结果的多重方法是由于不同生产者要求的多样性，如自愿性或国家报告要求、不同历史数据收集方法等。

图 4.7 包括一个流程图，帮助使用者从手册中的各种表格工具中选择计算电解铝排放的方法。过程边界应根据温室气体议定书：公司核算和报告标准中的原则详细制定。

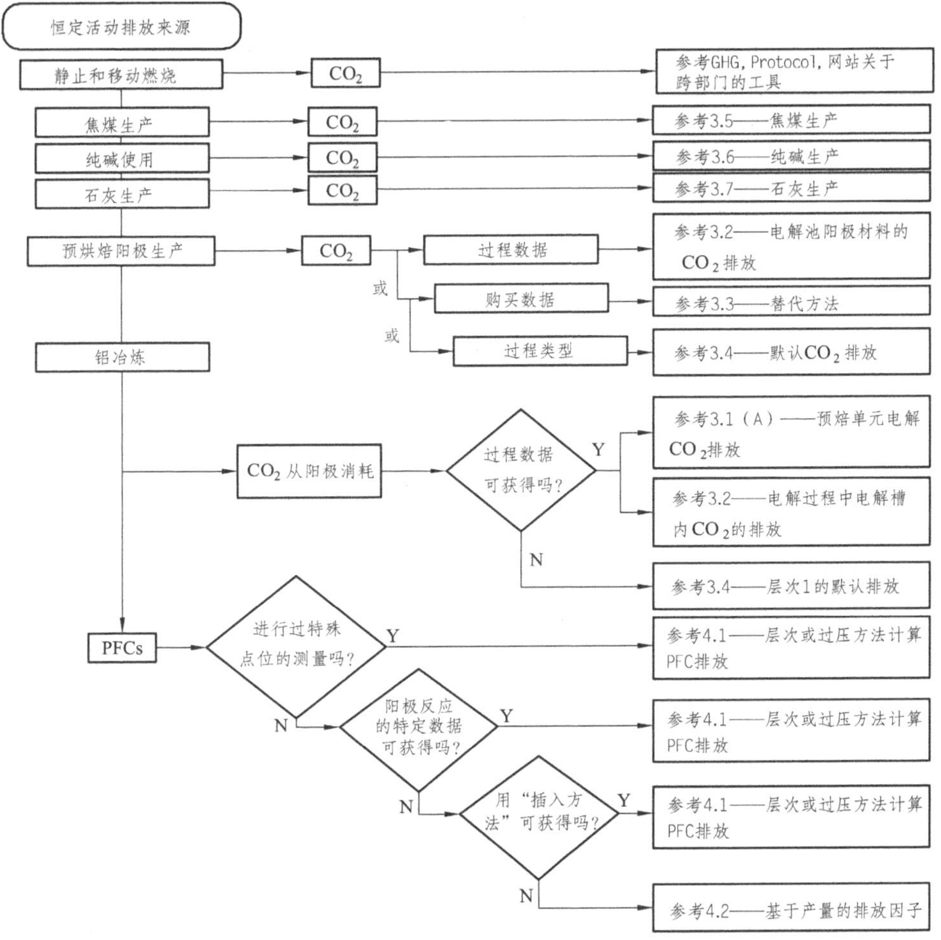

图 4.7　评估电解铝生产排放的计算工具

该指南中推荐的方法是根据温室气体排放类型制定的。铝生产中主要排放两类的温室气体，CO_2在阳极与氧化铝的电解反应中生成，两种 PFC 气体（CF_4和C_2F_6）在阳极反应中生成。电解反应中不排放SF_6气体，该气体在铝生产过程中很少使用，只有在专用的镁铝合金中才能少量排放。

4.3.1.2　电解铝过程介绍

电解铝生产分两步，首先，矾土矿经研磨、净化和钙化后，生产出氧化铝（也叫铝氧化物，Al_2O_3），这一步的 CO_2 排放不包括在本文中，使用者可在 WRI/WBCSD 能源电力温室气体排放计算工具中找到合适的方法和指南计算氧化铝生产的 CO_2 排放。

第二步，电解铝在电解槽中被电解成铝。电解槽装有溶化在电解池中的氧化铝，这些电解槽被装在有碳衬里钢架上，衬里作为电解的阴极，碳作为阳极部分淹没在池中且在反应中消耗。阳极可以在单独过程中预焙，阳极被黏贴在连接棒上并浸入池中（预焙槽单元），或将投入到槽中的包含树脂和焦炭的阳极糊自我焙烘形成（电解槽单元）。氧化铝电解产生融化状态的铝，沉积在阴极上，碳阳极氧化产生 CO_2。

4.3.1.3 过程排放

多数 CO_2 由碳阳极反应生成，如反应 10。

反应 10：

$$2Al_2O_3+3C \rightarrow 4Al+3CO_2$$

阳极与空气在高温下反应也生成（反应 11 和 12）部分 CO_2，该反应发生于单元操作，以及制铝设备的阳极生产中预焙的电极。

反应 11：

$$CO_2+C \rightarrow 2CO$$

反应 12：

$$2CO+O_2 \rightarrow 2CO_2$$

预焙单元的阳极焙烘和阴极材料的挥发性物质的氧化也会产生 CO_2。计算焙烘过程相关的燃料消耗 CO_2 排放的表格工具没有包括在电解铝工作手册中，但使用者可以参考 WRI/WBCSD 能源电力温室气体排放计算工具。

部分生产设备已经整合了苏打粉使用、焦炭煅烧和石灰石生产的操作，每个过程都产生 CO_2。

PFC 气体在电解过程中间歇性产生，该反应在阳极反应的时间内发生（反应 13 和 14）。

反应 13：

$$4Na_3AlF_6+3C \rightarrow 4Al+12NaF+3CF_4$$

反应 14：

$$4Na_3AlF_6+4C \rightarrow 4Al+12NaF+3C_2F_6$$

4.3.2 活动数据和排放因子选择

该部分指出了活动数据（4.3.2.1）和排放因子（4.3.2.2）选择有关的具体问题，可用于排放计算。因为铝生产设备通常记录相关数据，使层次 2 和层次 3 方法可用于排放计算，而不是利用层次 1 方法，所以铝生产的直接 CO_2 排放因子不会相差太大，而且利用层次 1 方法的错误率在 ± 6%以内。

4.3.2.1 活动数据

所需的数据可以通过监测铝产量、过程数据记录或相关财务记录获得。

4.3.2.2 排放因子和排放率/过压系数

表 4.12 列出了预焙和电解池单元的默认排放因子。

表 4.12 计算阳极或阳极糊消耗的 CO_2 排放的技术特定排放因子

技术	排放因子（t CO_2/t Al）	不确定性（±%）
预焙	1.6	10
电解池	1.7	10

表 4.13 列举了计算 PFC 排放的合适的平均排放因子。

表 4.13 各铝生产技术类型 PFC 排放计算的默认排放因子和不确定性范围

技术	CF_4		C_2F_6	
	R_{CF_4}（kg/t Al）[a]	不确定性范围（%）[b]	$R_{C_2F_6}$（kg/t Al）[c]	不确定性范围（%）[d]
CWPB	0.4	−99/+380	0.04	−99/+380
SWPB	1.6	−40/+150	0.4	−40/+150
VSS	0.8	−70/+260	0.04	−70/+260
HSS	0.4	−80/+180	0.03	−80/+180

a 默认 CF_4 排放因子由 1990 年国际铝业协会阳极反应调查数据中值计算出；
b 不确定性基于 1990 年国际铝业协会阳极反应调查数据计算的分技术 CF_4 排放范围；
c 分技术的全球平均 C_2F_6：CF_4 比率乘以默认 CF_4 排放因子计算的默认 C_2F_6 排放因子；
d 利用全球平均 C_2F_6：CF_4 比率乘以利用 1990 年国际铝业协会调查数据计算的 CF_4 最低和最高排放水平。
说明：默认排放因子只能在缺少层次 2 和层次 3 数据时使用。

PFC 的排放率和过压法使用行业平均公式系数（见表 4.14）。对更准确的清单，直接 PFC 监测应在具体设备上进行，以建立熔炉级的具体操作参数之间的关联性（如阳极反应的频率和持续时间或阳极反应过压）。

表 4.14　利用 AE 数据计算吨铝 PFC 排放的分技术排放率和过压系数

技术[a]	排放率系数[b, c] [（kg_{PFC}/t_{AL}）/（阳极反应数/槽-天）]		过压系数[b, c, d, e] [（kg CF_4）/mV]		重量比例 C_2F_6/CF_4	
	S_{CF_4}	不确定性范围（±%）	OVC	不确定性范围（±%）	$F_{C_2F_6/CF_4}$	不确定性范围（±%）
CWPB	0.143	6	1.16	24	0.121	11
SWPB	0.272	15	3.65	43	0.252	23
VSS	0.092	17	NR	NR	0.053	15
HSS	0.099	44	NR	NR	0.085	48

a 中心预焙 centre worked prebake （CWPB），侧预焙 side worked prebake （SWPB），vertical stub soderberg （VSS）垂直自焙铝电解槽，horizontal stub soderberg（HSS）水平自焙铝电解槽；

b 来源：向国际铝业协会报告的监测数据，US EPA 赞助的监测和多地点监测；

c 每个排放率和过压系数为假设的如下排放收集率：CWPB98%，SWPB90%，VSS85%，HSS90%。这些收集率基于监测的 PFC 收集比例、监测的氟化物收集率和外部意见；

d 参数反应部分设施报告正过压和其他代数过压的监测，正过压和代数过压间还没有建立有力的关联。正过压比代数过压与 PFC 排放有更好的关联性；

e 过压参数与 VSS 和 HSS 技术不相关（NR）。

如果层次 3 方法相对于层次 2 方法，PFC 排放在整个设备温室气体清单中不会有显著的改善（层次 2 计算显示 PFC 排放低于 0.04 kg/t 铝），可任意选择两种方法之一计算。

4.3.2.3　温室气体排放源的完整性

这里规定的指南包含铝生产和支持过程的排放 CO_2 和 PFC 排放。电力生产、电解铝下游生产过程，如铝锭铸造或产品制造、矾土矿开采、矾土矿精炼和利用再生资源的铝生产，相关化石燃料燃耗相关的排放包含在 IPCC2006 国家温室气体清单指南中。

4.3.3 碳阳极反应的直接 CO_2 排放

电解铝预焙单元 CO_2 排放计算用工作表 1。

如果知道阳极材料含碳量[重量/单位报告时间段或单位产品（t）]，电解池单元用工作表 2。

工作表 3 可用于预焙或电解池单元，而且提供了计算 CO_2 排放的一种可选择方法，该方法是基于含碳材料的购买记录。

着重指出电解铝生产导致的 CO_2 排放产生于上文介绍的电解过程，以及能源需求过程（如果能量是由化石燃料燃烧生产的）。如果电是由化石燃料产生的，利用 WRI/WBCSD 能源与电力温室气体排放计算工具计算电解 CO_2 排放。

4.3.3.1 如果预焙单元的阳极材料数量是知道的

工作表 1 计算过程：

提示：使用者应注意指南中在此描述的各列内容及表格计算工具内容与所加的标注一致，而不是内在的 Excel 列的名称。

A 部分——预焙单元电解 CO_2 排放

（1）在 A 列输入报告阶段的电解铝产量（t），在不同行输入各槽的数据；

（2）在 B 列输入各槽的吨铝净阳极消耗；

（3）在 C 列输入可获得的焙烘的阳极非碳成分含量数据。如果没有硫和灰分含量数据输入，行业典型数值将在计算中作为默认值使用；

（4）在 D 列，报告阶段各槽的 CO_2 排放量会自动计算出来；

（5）总排放量在 D 列底部自动计算出来。

B 部分——阳极焙烘炉过程 CO_2 排放

（1）在 A 列输入生阳极和焙烘阳极的平均重量（t），阳极焙烘重量损失因子从这些数据中自动计算出来；

（2）在 B 列输入报告阶段生产的焙烘阳极的总重量（t）；

（3）在 C 列，装载的生阳极重量自动计算出来（t）；

（4）在 D 列输入生阳极的平均氢含量（重量百分比），该数值可以乘以生阳极中树脂含量及树脂氢含量计算出。如果没有输入氢含量数据，行业典型数值在计算中作为默认值使用（生阳极重量的 0.5%）；

（5）在 E 列输入炉中收集的废焦油重量（t），如果没有数据可得，输入以下数值：Riedhammer 炉-生阳极 0.5%，其他炉型 0；

（6）在 F 列输入可得的生产每吨焙烘阳极的填充碳消耗量，如果没有数据输入，行业典型数值在计算中作为默认值使用；

（7）在G列输入填充碳的非碳成分，如果没有硫和灰分含量数据输入，行业典型数值在计算中作为默认值使用；

（8）在H列，所报告阶段各炉的 CO_2 排放量将自动计算出来；

（9）焙烘阶段的总 CO_2 排放在 H 列底部计算出。焙烘消耗燃料的 CO_2 排放不包括在此，这些排放应利用WRI/WBCSD能源电力温室气体排放工具计算。

4.3.3.2 如果知道电解池阳极材料数量

工作表2计算过程：

（1）在 A 列输入电解槽的类型——垂直自焙铝电解槽（VSS）或水平自焙铝电解槽（HSS），利用下拉式列表框输入，在不同行输入各电解槽的数据；

（2）在B列输入报告阶段电解铝产量（t），与A列输入的技术类型对应；

（3）在C列输入生产每吨铝使用的阳极糊重量（t）；

（4）在D列输入可获得的生产每吨铝的环己烷可溶物质的排放量（kg）。如果没有数据输入，行业典型数值在计算中作为默认值使用；

（5）在 E 列输入阳极糊中粘合剂平均含量（重量百分比），如果没有可得数据，输入以下数值：干阳极糊 - 24，湿阳极糊 - 27；

（6）F和G列输入树脂和焦炭在阳极生成中的消耗量，如果H和G列没有输入数据，行业典型数据（VSS或HSS）将用于计算；

（7）H列输入可得的生产每吨铝的碳粉尘排放重量（t），如果没有数据输入，行业典型数值在计算中作为默认值使用；

（8）在I列，将根据输入的数据自动计算各电解槽的 CO_2 排放；

（9）所有槽的总排放量在I列底部自动计算出来。

4.3.3.3 根据含碳原料消耗量计算 CO_2 排放的选择性方法

工作表3计算过程：

（1）在A至F列输入各报告阶段含碳原材料消耗量（t）和含碳原料的碳含量（重量百分比），如果B、D和F列中没有输入碳含量数据，行业典型数据将用于计算；

（2）G列输入报告阶段碳副产品或碳废物的输出量，该输入会降低原材料消耗的 CO_2 排放量；

（3）在 H 至 K 列输入购买或出售的阳极量（t）及其相应的碳含量（重量百分比），以便根据阳极的出售或购买做相应调整，如果 I 和 K 列没有输入碳含量数据，行业典型数据将用于计算；

（4）在 I 列，将自动计算出各报告阶段所消耗原材料的 CO_2 排放量；

（5）所有阶段的总排放量在 I 列底部自动计算出来。

4.3.3.4 层次 1 默认 CO_2 排放

如果不知道含碳原材料数量，用工作表 4 计算，用表 4.11 所列数据计算出的排放因子。较好的做法为将默认排放因子利用作为最后的手段，只有金属产量数据可获得的时候使用。

工作表 4 计算过程：

（1）在 A 列输入电解槽类型（预焙或电解池），每种槽在不同行输入；

（2）在 B 列输入报告阶段的铝产量（t），在不同行输入不同过程的数值；

（3）在 C 列输入过程类型后，C2 列会自动输入表 4.11 中相应的排放因子，或者也可以在 C1 列输入专门确定的排放因子；

（4）D 列自动计算出铝重量（B 列）与排放因子（C 列）的乘积；

（5）所有阶段总排放在 D 列底部计算。

4.3.3.5 焦炭煅烧 CO_2 排放

对有运营焦炭煅烧设施的厂家，应利用工作表 5 计算 CO_2 排放量。煅烧过程燃料消耗的 CO_2 排放不包括在此，这些排放应利用 WRI/WBCSD 能源与电力温室气体排放计算工具计算。

工作表 5 计算过程：

（1）在 A 列输入报告阶段煅烧的生焦炭数量（t）；

（2）在 B 列输入生焦炭的非碳成分（水、挥发性物质和硫含量，重量百分比），如果没有数据输入，行业典型数值在计算中作为默认值使用；

（3）在 C 列输入 A 列输入的生焦炭生产出的煅烧过的焦炭产量；

（4）D 至 F 列输入煅烧焦炭的代表性参数，包括硫含量（重量百分比）、回收的未煅烧的焦炭和灰分排放（t），如果 D 至 F 列没有数据输入，行业典型数值在计算中作为默认值使用；

（5）G 列根据输入的数据自动计算 CO_2 排放量；

（6）G 列底部将自动计算总排放量。

4.3.3.6 铝生产过程苏打粉使用产生的排放

工作表6计算过程：

（1）在A列输入各报告阶段的苏打粉消耗量（t）；

（2）在B列以小数形式输入消耗的苏打粉纯度，如果没有数据输入，行业典型数值在计算中作为默认值使用；

（3）C列中将根据所输入数据自动计算各报告阶段的CO_2排放；

（4）CO_2排放总量在C列自动计算出。

4.3.3.7 石灰生产CO_2排放

工作表7计算过程：

（1）在A列输入各报告阶段的生石灰产量（t）；

（2）在B列以小数点形式输入生石灰的纯度。如果没有数据输入，将利用行业典型数值；

（3）在C列输入各报告阶段的熟石灰产量（t）；

（4）在D列以小数点形式输入熟石灰的纯度。如果没有数据输入，将利用行业典型数值；

（5）E列中将自动根据所输入数据计算各报告阶段的CO_2排放；

（6）CO_2排放总量在E列自动计算出。

4.3.4 电解反应产生的直接PFC排放

电解铝生产会排放CF_4和C_2F_6两种PFC气体，当氧化铝含量过低、而电解池中电解继续进行，会发生“阳极反应”并产生这两种气体。这导致反应13和反应14，PFC排放会随着阳极反应频率、强度和持续时间增加而增加。

为计算电解铝生产过程的PFC排放，根据可获得的数据类型提出两种计算方法。

4.3.4.1 排放率法或过压法

对大部分电解铝生产设备，利用阳极反应的PFC反应比率（kg PFC/t Al）计算的排放率系数是计算PFC排放的合适因子。但是，对于利用过压控制技术记录过压的中心预焙和侧预焙，应使用过压法。最合适方法的选择结果应当用在工作表8。

最合适的PFC排放计算是基于排放率、过压和比例因子（根据用优良做法现场监测的CF_4和C_2F_6数据准确建立的排放和过程数据的联系，直接PFC

排放监测实施的信息见 USEPA/IAIPFC 监测方法）。

工作表 8 计算过程：

1）阳极反应分钟数（排放率法）

（1）在 A 列，在下拉式菜单中输入槽类型和报告阶段的铝产量，在不同行输入不同类型槽的数据；

（2）在 B 列输入平均阳极反应分钟数，为计算平均阳极反应持续时间（B2），阳极反应频率也可以输入 B1 列；

（3）C 列包含了 IPCC 推荐的 CF_4 层次 2 排放率因子，如果已经根据优良做法监测了，可输入层次 3 排放率因子代替该数值；

（4）在 D 列，CF_4 排放将根据排放率法自动计算出；

（5）E 列包含 IPCC 推荐的层次 2 的 C_2F_6 对 CF_4 的重量比例，如果已经根据优良做法监测了，可输入层次 3 排放率因子代替该数值；

（6）C_2F_6 排放根据 E 列中 C_2F_6 对 CF_4 的重量比例自动计算出；

（7）D 列的 CF_4 排放乘以 6.5、F 列的 C_2F_6 排放乘以 9.2，得到 CO_2 当量排放量（t），各排放类型 PFC 排放的 CO_2 当量排放总量在 G 列自动计算出来。

（8）总 CO_2 当量排放也在 G 列自动计算出来。

2）阳极反应过压法（只用于具有佩希内控制系统的预焙槽线）

（1）在 A 列，在下拉式菜单中输入单元类型和报告阶段的铝产量，在不同行输入各类型电解槽的数据；

（2）在 B 列输入平均阳极反应过压（每单元 mV）和铝生产电流效率（%）；

（3）C 列包含了 IPCC 推荐的 CF_4 层次 2 过压系数，如果已经根据优良做法监测了，可输入层次 3 排放率因子代替该数值；

（4）在 D 列，CF_4 排放将根据过压法自动计算出；

（5）E 列包含 IPCC 推荐的层次 2 的 C_2F_6 对 CF_4 的重量比例，如果已经根据优良做法监测了，可输入实际监测数据代替该数值；

（6）C_2F_6 排放根据 E 列中 C_2F_6 对 CF_4 的重量比例在 D 列自动计算出；

（7）D 列的 CF_4 排放乘以 6.5、F 列的 C_2F_6 排放乘以 9.2，得到 CO_2 当量排放量（t），各排放类型 PFC 排放的 CO_2 当量排放总量在 G 列自动计算出来；

（8）总 CO_2 当量排放也在 G 列自动计算出来。

4.3.4.2 基于产量的排放因子

如果没有电解槽的阳极反应分钟数或阳极反应过压数据，用工作表 9 计算。并利用表 4.12 中列出的数值计算出的 CF_4 排放因子。较好的做法为将默认排放因子利用作为最后的手段，只有金属产量数据可获得的时候使用。

工作表 9 计算过程：

（1）在 A 列，在下拉式菜单中输入电解槽类型和报告阶段的铝产量（t），在不同行输入不同槽的数据；

（2）在 B 列，排放的 CF_4 气体的重量按照表 4.12 中适当的排放因子自动计算出来，或者选择输入专门确定的排放因子；

（3）在 C 列，排放的 C_2F_4 气体的重量按照表 4.12 中适当的排放因子自动计算出来，或选择输入专门确定的排放因子；

（4）B 列的 CF_4 排放乘以 6.5，C 列的 C_2F_6 排放乘以 9.2，得到 CO_2 当量排放量（t），各生产线 PFC 排放的 CO_2 当量总量在 D 列自动计算出来；

（5）总 CO_2 当量排放在 G 列自动计算出来。

4.3.5 总 CO_2 当量排放

整个公司的铝生产排放的 CO_2 当量可用工作表 10 计算。

工作表 10 计算过程：

（1）工作表 1 至工作表 9 的 CO_2 值会自动输入到 A 列中；

（2）输入到 A 列的所有数值相加，该值会自动计算出。

4.3.6 质量控制

为确保清单的可信度，应执行严格的 QA/QC 程序以保证准确、透明和计算的可鉴证性，必须解决以下问题：

（1）核对过程应保证使用最合适、最准确的排放因子，如果有专门确定的排放因子，该数值与默认值是否存在显著差别？

（2）采用什么方法计算公司或设备排放因子？

（3）是否与 IPCC 指南一致？

（4）是否用文件证明了排放因子来源？

4.3.7 报告和文件

所包含的工作表并不足以提供完全透明的报告。为提高透明度，较好的做法为报告 CF_4 和 C_2F_6 气体的排放量和 CO_2 当量排放。所用的温室效应潜能（GWP）应与执行京都议定书减排目标的 UNFCCC 指南一致，目前为 CF_4 6500，C_2F_6 9200。

尽管 IPCC 第三次报告更新了包括 CF_4 和 C_2F_6 在内的多种温室气体的温

室效应潜能，但京都议定书决议 2/CP.3——京都议定书相关的技术问题第三段，重申参与方所用的温室效应潜能应是 IPCC 第二次报告中的数值（1995IPCC GWP 值），这些数值根据 100 年的温室气体曲线、考虑了温室效应潜能计算包括的内在复杂的不确定性。

4.4 铝行业相关定义

4.4.1 阳极反应

阳极反应（AE）是指由于电解液中氧化铝含量过低导致铝电解池中过程不稳定性情形。阳极反应伴随着 CF_4 和 C_2F_6 的排放。需要采取干涉措施使电解池恢复到正常运行水平，通常是通过继续添加和溶解氧化铝，或阳极与金属衬垫之间临时短路将气膜移至阳极以下。

阳极反应开始于电压快速提高并超过额定电压（A），通常 6 ~ 10 V。

在电压降低并在一段时间内（通常 15 min）维持在另一电压值（B，通常为 4.5 ~ 8）以下时，就可认为阳极反应停止了。

4.4.2 阳极反应分钟数

每电解槽的日阳极反应分钟数为 24 h 内监测的电解槽阳极反应（高于额定电压 A）的总分钟数。

4.4.3 正阳极反应过压（AEO）

阳极反应中，AEO 计算是时间与高于额定电压值 B 的电压的总和除以数据收集的时间（小时、天、月等）。

4.4.4 代数阳极反应过压

阳极反应中，AEO 计算为时间与高于和低于额定电压值 B 的电压的总和除以数据收集的时间（小时、天、月等）。

4.4.5 非正常排放

新槽投入运行段阶的特殊情况下，高压操作的不算做是阳极反应，尽管该情形也会产生 CF_4 和 C_2F_6 排放。

4.4.6 铝熔炼技术

铝熔炼技术包括电解槽和预焙两种技术，两种技术的主要区别在于所用阳极不同。电解槽利用持续的单一阳极，通过向阳极结构阶段性添加含有焦炭和树脂的阳极糊持续生成阳极。槽内的高温会将阳极糊烤成固体阳极。预焙技术使用的是用焦炭和树脂形成的阳极糊生产的阳极，首先压缩成“生阳极”，然后在专用炉中进行煅烧或燃烧。预焙的阳极黏贴在“棒”上并悬挂在槽中。新阳极会替换使用过的旧阳极（阳极头），会再利用到新阳极中。

4.4.7 水平自焙铝电解槽（HSS）技术

HSS 技术最显著的特点为电力连接件或螺柱的放置，它们被水平放于阳极中，其长度达到槽的两侧。通常水平自焙铝电解槽有罩盖，有四个可移动的门。阳极反应可用手动或自动控制。为了在阳极和槽侧面之间手动添加氧化铝，手动停止阳极反应，必须打开槽门。

4.4.8 垂直自焙铝电解槽（VSS）技术

VSS 技术中螺柱被垂直安放在阳极顶端，如图 4.8 所示。槽中排出的气体被阳极边上的窄“气环绕”和为电解池其他部分形成“覆盖”的冻结室的收集。阳极反应控制包括手动或自动向阳极和槽的侧面间添加氧化铝，以及手动和自动阳极反应停止。

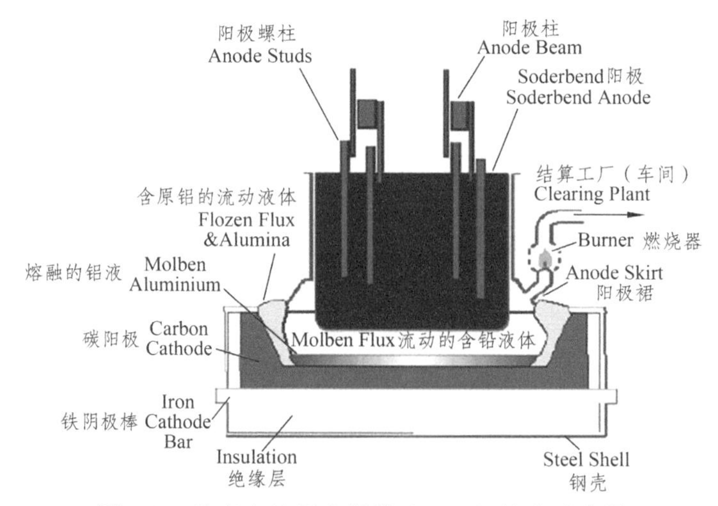

图 4.8 垂直自焙铝电解槽（VSS）技术示意图

4.4.9 侧预焙（SWPB）技术

SWPB 技术的特点为氧化铝添加和其他活动都在电解槽侧面进行。电解槽各侧通常有可提升的嵌板覆盖。阳极反应控制包括手动和自动氧化铝添加系统，以及自动的阳极移动设备。向池内手动添加氧化铝时，必须将嵌板打开。

4.4.10 中心预焙（CWPB）技术

CWPB 技术的特点为氧化铝添加和其他活动都在电解槽中心进行。如图 4.9 所示，电解槽有多个小嵌板覆盖。有关阳极反应的主要特点为一个自动的单个氧化铝添加系统，以及自动阳极移动设备。添加氧化铝时无需打开槽门，因为所有的添加都是通过槽内的漏斗进行的。

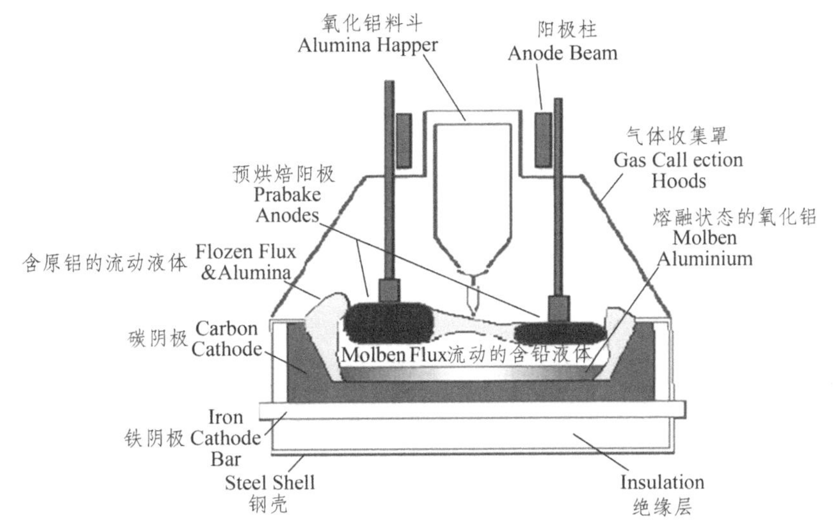

图 4.9　中心预焙（CWPB）技术示意图

5

氨生产中 CO_2 排放量的计算工具表使用指南

5.1 概　述

5.1.1 工具使用目的和范围

氨生产中 CO_2 排放量的计算工具表的使用指南是帮助计算从氨（NH_3）生产中 CO_2 的直接排放量。这个文件要连同其他两个附件一起使用：

（1）计算工具表——氨生产中 CO_2 的排放量计算（2.0 版本）；

（2）温室气体议定书报告标准与指南。

按部就班的步骤将覆盖从数据收集到报告的整个计算过程的每个阶段。

这是特定行业的工具，适合所有涉及氨生产的公司使用。

5.1.2 工具中使用的估算法

总的来说，有两种估算方法可以用于计算一个公司的温室气体排放：

（1）基于排放因子的方法；

（2）直接测量法。

两个都是用于估算温室气体排放的优良方法。通常公司会选择基于排放因子的方法。直接测量法更多地被用在测量非二氧化碳过程的排放量。如果在设施中已经安装了直接检测系统，那么检测出的相关数据也可以很好地估算出二氧化碳排放量。

这个工具是建立在基于排放因子的方法上，用活动数据（工厂生产氨的产量）乘以排放因子，这个排放因子代表生产 1 t 氨所需要的能量的数量。能量消耗的估计结果确定了以碳含量的数据来计算氨生产厂排放的二氧化碳的排放量。

5.1.3 过程描述

无水氨是通过氢与氨按照 3∶1 的摩尔比例进行反应合成的。通过液态空气蒸馏或者空气燃烧氧化，回收残留的氮而得到氮元素。尽管可以从其他一些碳氢化合物，例如石油和煤，或者水，得到氢元素，但是大多数的氢元素来自天然气（主要成分是甲烷）。碳氢化合物的碳含量分布在氨合成过程的几个阶段，主要是蒸汽重组阶段和转化替换阶段，被转化成二氧化碳而去除掉。

这些二氧化碳是主要的潜在直接温室气体排放，尽管用于捕获二氧化碳和冷凝水抽提的二氧化碳萃洗剂再生也是其他的二氧化碳排放源。实际的或者潜在的二氧化碳排放量取决于碳贮存量与存储技术和尿素合成的范围与程度。

需要注意：在氨生产中，从固定源燃料燃烧和原料使用的排放之间没有区别。这是因为在氨生产行业，燃料既可以作为能量使用，也可以作为过程原料使用。

5.1.4 假　设

这个指南所基于的假设是：在氨生产中，所有作为原料使用的碳含量都是以二氧化碳的形式排放到空气中的（EPA，1993）。

5.2 排放因子的选择

最好的方式是使用能反应用户特征的排放因子。用户化的因子可以从氨合成工艺所使用的技术的供应商处得到。他们也可以通过每一个工厂来计算得到，但是工厂必须有生产氨所使用能量的数量时间序列数据和产品产量的时间序列数据。如果使用了用户化的因子，在报告的时候最好要清楚地申明，并且解释用户化因子是如何得到的。这个工具也提供了标准的排放因子范围供用户更加快捷地计算二氧化碳排放量。然而，这些标准因子值代表对燃料特性的估计值。也请注意，缺省因子是适用于天然气（特别是甲烷），因为天然气是氨生产厂最主要的原料。

5.3 排放量计算

为了计算直接二氧化碳排放量，你需要知道生产氨的量、一个合适的排放因子、在氨合成中原料的碳被氧化的含量、通过碳贮存量与存储技术和尿素合成被捕获的二氧化碳的量。

下面就是使用 Excel 工作表计算二氧化碳排放量的步骤：

（1）在 A 栏中输入报告工厂所使用的生产过程。

（2）在 B 栏中输入所生产氨的量（单位为 t），为了增加透明度，推荐分别输入每一种原料的数据与燃料类型，换句话说，公司尽可能按照生产过程和使用的原料分解他们的生产数据。

（3）在D栏中输入燃料化的排放因子和过程化的排放因子，在Excel工作表的“方法”标签中，可以找到标准排放因子的列表，尽管经常推荐使用用户化的排放因子可以得到更加准确的数据。排放因子应该与燃料输入使用的数据相一致，例如，应该与输入的产品数据的单位相同。

（4）在E栏中输入合适的碳含量因子，在F栏中输入合适的碳氧化因子。这些数值是燃料特征化的，燃料特征化的缺省值在工作表“附录A”中有给出，在“附录B”中包含一个计算工具可以用于导出用户化的碳含量因子，在“附录C”中包含一个经常使用的转化比例，可以帮助用户按照想要的单位表达自己的数据。

注意：请确定碳含量因子和燃料要求的排放因子都是使用低位发热值LHV或者高位发热值HHV表达的数据，不能两者混淆使用。低位发热值也叫净热值，高位发热值也叫总热值。热值描述的是当燃料完全燃烧时，所释放的能量数量，低位发热值和高位发热值代表用不同的方法去测量释放能量的数量。高位发热值是指当所有燃烧的产物冷却到大气温度和压力下所产生的热值；低位发热值指的是燃烧产物冷却之后，水仍然以蒸汽状态存在所产生的热值。因此一种燃料，通常都有两个热值，一个LHV，一个HHV。然而高位发热值通常在美国和加拿大使用，其他的国家都使用低位发热值。固体或者液体燃料的低位发热值大约是燃料高位发热值的95%，然而气体燃料的低位发热值，如天然气，是燃料高位发热值的90%。

（5）分别在G栏和H栏输入在碳贮存量与储存技术和尿素合成所分离出的二氧化碳的量。

5.4 质量控制

5.4.1 数据误差鉴定

为了鉴定计算误差和遗漏，推荐依据温室气体盘查议定书第8章关于所有排放量估算执行质量保证程序的指南。对于氨生产中，活动数据、排放因子和计算可以使用很多种方法进行鉴定：

（1）与之前年份相同设备计算得到的排放数据进行比较。如果无法用活动水平的改变或者燃料的转化解释现在数据域之前数据的含义，那么就很可能存在计算误差。同样，如果计算过程涉及燃料使用数据和排放因子的转化，你将返回并重新检查是否存在转化错误发生。

（2）特殊来源与设备所消耗的燃料数据可以与购买燃料的数据相互比较。

（3）如果是通过烟气排放连续监测系统得到的排放量估算，这个数据可以与视同燃料分析法所得到的排放量进行比较。

（4）如果任何的排放因子是通过燃料供应商计算或者获得的，这些数据可以与国家或者国家排放因子缺省值进行比较。

5.4.2 不确定性评估

氨生产工艺中，从化石燃料使用情况估算排放量的准确性绝大多数取决于使用或者购买燃料数量数据的可获得性。如果燃料的能量含量是直接检测或者计量的，那么结果的不确定性将会很低；如果必须转化为以质量或者体积检测的燃料数据为能量单位，那么不确定性将会增加；如果用美元数量来估算燃料的消耗量，那么不确定性将会进一步地增加。与燃料购买数据相关的最主要不确定性就是购买的燃料数量，并不是使用的燃料数量。这将导致排放量的过高估计。

与排放因子相关的不确定性主要是因为测量与供货源的可变性的精确度。

5.5 报告与文件

为了保证估算是可以检验的，需要保存以下的文件。这些信息收集起来是为了以后的审计和核查，并不要求报告或者在报告中提供出来。其涵盖的内容有：

（1）数据。

（2）文件来源。

（3）燃料消耗数据。

包括：采购票据、交货收据、买卖合同或者公司买卖记录、库存目录文件、燃料检测文件。

（4）不采用提供的缺省值，以及所使用的热含量和排放因子。

包括：采购票据、交货收据、买卖合同或者公司买卖记录，IPCC，IEA，国家或者行业报告、检验报告；

（5）用于转化购买燃料货币量为购买消耗燃料的数量或者能量含量的价格。

包括：采购票据、交货收据、买卖合同或者公司买卖记录、IPCC，IEA，国家或者行业报告。

（6）在估算燃料消耗量、热含量和排放因子时所作的假设。

（7）所有可提供的来源。

（8）温室气体盘查议定书第10章所提供的外部报告指南。

6

氟制冷剂（HCFC—22）的生产过程中三氟甲烷（HFC—23）的逸散排放计算工具指南

6.1 综　述

6.1.1 工具的目的及适用范围

本指南是写给工厂管理层及基层人员，针对测量和报告在生产氟制冷剂（HCFC-22 或 CHClF2）时直接排放的三氟甲烷（HFC-23 或 CHF3）。此指南适用于一切涉及氟制冷剂的生产的项目。

此行业指南仅包含三氟甲烷（HFC-23）流程相关的排放，而不包含：

（1）在生产氟制冷剂（HCFC-22）时化石燃料燃烧的直接排放。

（2）在购买用以制造氟制冷剂（HCFC-22）的电能的间接排放。这些温室气体排放计算方法包含于跨行业的固定燃烧指南文件。

6.1.2 过程描述

氟制冷剂（HCFC-22）是一种用于制冷及温控系统的气体，在泡沫塑料及合成聚合物的生产中作为发泡剂。因为它是一种臭氧消耗物质，所以大部分的发达国家正将 HCFC-22 列为急需清除的化学原料。

氢氯氟烃（HCFC-22）的生产涉及三氯甲烷（$CHCl_3$）及氢氟化物（HF）的化学反应，此反应应用到了五氯化锑（$SbCl_5$）作催化剂。此过程会产生副产品 HFC-23，但所释放的气体量取决于车间的具体条件及产生的氢氯氟烃（HCFC-22）量。HFC-23 在近 100 年来的全球变暖潜势值（GWP）为 11 700，因此对于气候变化的影响非常显著。在美国，HFC-23 构成了第二大高变暖潜势的气体的一部分（包括 HFCs，PFCs 和 SF_6）。

6.1.3 此工具的适用性

由 HCFC-22 分解后，其分解产物中，大约 98%～99%的 HFC-23 是通过冷凝器而自然挥发的，压缩机、阀门及法兰盘的泄漏是逸散排放的主要源头，但这样的源头相对较小以至于在之后的文章中不会讨论。

6.2 计算方法，活动数据和排放因子

HFC-23 的排放量可以基于生产方所提供的数据。本指南描述了四种由简至难的处理方法，以方便报告出具者结合实际情况选择计算 HFC-23 的排放。其中，最佳方法的选择取决于所要求的精确度，以及数据的完整度。以下四种处理方法以精确度递减的方式排列。

方法 1：最精确的计算 HFC-23 排放的方法。它使用排放持续监测机制（CEM）。如果车间采用此方法，则必须保证数据的完备性。一些 CEM 科技，例如质量流量计和累加器被欧美及日本的很多生产者加以应用。因此，在数据完备时应采用此方法。此方法暂不提供更多的计算指导。

方法 2：如果方法 1（CEM）不能加以应用，则 HFC-23 的排放量可以用整合车间单位时间内气流排出量及排出浓度的方法计算。因为在此方法中排放量不是持续监测的，因此有必要在排放量出现显著变化时做分析及抽样调查，因为频繁出现排放量的显著变化会影响 HFC-23 的产生率，所以我们要确保数据采集环境是恒定的。

此方法可总结为如下的公式 6.1：

$$HFC-23\text{的排放率}=\sum_i(\text{流通率}\times\text{浓度}\times\text{流通时间})\times(1-\text{消除率}\times\text{利用率})\times\text{换算因子} \tag{6.1}$$

式中 i——设备中的蒸汽流；

流通率——蒸汽流中的 HFC-23 流通，m^3/min；

浓度——蒸汽流中的 HFC-23 浓度，g/m^3；

流通时间——蒸汽流中存在 HFC-23 流通的时间，min；

消除率（%）——被回收装置消除的百分比（如果有）；

利用率（%）——回收装置的利用率（如果有）；

换算因子——由 g 换算为 t 的换算因子，$1\ t/10^6\ g$。

此外，本方法在 EXCEL 中有应用实例。典型抽样的指南可从 EIIP 手册中取得：http：//www.epa.gov/ttn/chief/eiip/techrep.htm#pointsrc。一般地，排放监测及相关计算方法需建立完备的草案及质量控制程序。

方法 3：如果方法 2 不可行，则车间需要用到生产过程中氟与碳的平衡率数据来计算 HFC-23 排放。此方法同时需要预估 HCFC-22 生产效率的部分损失，此损失是由于 HFC-23 作为副产品出现，并未经处理就向大气中逸散。此方法的应用体现在 EXCEL 中，并且默认参数也在其中予以提供。

此方法可总结为如下的公式 6.2：

$$E_{HFC123}=Q_{HCFC122}\times EF_{approach3}\times T\times 11\ 700 \tag{6.2}$$

式中 E_{HFC123}——HFC-23 的排放量，t；

$Q_{HCFC122}$——车间生产的 HCFC-22 量，t；

$EF_{approach3}$——HFC-23 生产的排放因子；

T——HFC-23 未经处理向大气中排放的时间；

11 700——HFC-23 的全球变暖潜势，此数值是 HFC-23 在 100 年间相对于 CO_2 的全球变暖潜势值。

其中，排放因子 E_{HFC123} 可推断如式（6.3）：

$$EF_{\text{approach 3}}=\frac{1}{2}\left[\left(100-\frac{CB}{100}\times E_{\text{loss}}\times CC\right)+\left(100-\frac{FB}{100}\times E_{\text{loss}}\times FC\right)\right] \tag{6.3}$$

式中 CB——生产过程的碳平衡率（默认值 = 90%）；

CC——碳含量因子（默认值 = 0.81）；

FB——生产过程的氟平衡率（默认值 = 90%）；

FC——含氟量因子（默认值 = 0.54）；

E_{loss}——由于副产品 HFC-23 出现而导致的 HCFC-22 的生产效率损失（默认值 = 1.0）。

方法 4：最简单粗略，但是是最通常的做法，只需要提供 HCFC-22 的生产数据、合适的 HFC-23 排放因子以及 HFC-23 在未经处理的情况下直接逸散的时间信息。生产数据可由设备提供。此方法及其所用默认排放因子在 EXCEL 中有所体现。

此方法可总结如式（6.4）：

$$\text{HFC-23 的排放量}=(\text{HCFC-22 产量}\times EF)\times T\times 11\,700 \tag{6.4}$$

式中 HCFC-22 产量——设备所制造的 HCFC-22 总量，t；

EF——HFC-23 的排放因子，HFC-23 t/HCFC-22 产量；

T——HFC-23 气流在未经处理情况下直接逸散时长；

11 700——HFC-23 的全球变暖潜势，此数值是 HFC-23 在 100 年间相对于 CO_2 的全球变暖潜势值。

6.3 清单质量

为识别错误与遗漏，所用排放数据质量应予以严格控制。下面推荐两个简便有效的方法：

（1）排放数据比较。

对于同一生产设备，对比其所用数据与之前所统计数据；当生产层次或是生产技术变革不能对现有数据及历史数据的差异进行解释时，很可能就意味着存在计算错误。

（2）方法层级检验。

如果运用方法 1 或方法 2 对排放量进行计算，报告人员可用方法 3 中介绍的方法检查结果是否在合理范围内。

7

钢铁生产中的温室气体排放量计算

7.1 概　述

7.1.1 工具的目的

本工具提供了估算与钢铁生产相关联来源的温室气体（GHG）排放的指南。可在 www.ghgprotocol.com 下载相关计算工具表。这些文件一并构成钢铁行业计算工具，是温室气体议定书倡议中众多可用的计算工具之一，是世界资源研究所和世界可持续发展工商理事会的一个联合项目。此钢铁工具可供企业内部或公开报告所使用，或为参与温室气体项目提供参考。上述温室气体项目，包括自愿或强制性的项目和排放交易计划。

本指南阐述了实施排放计算方法的最佳实践操作，以及收集、归档和数据的质量控制。它通常会提供不同的方法来计算单一来源的排放，以满足不同用户能够严格和详细掌握排放清单的需要及目标。本指南已经规范化，以便任何企业在任何经验或来源情况下都能对其排放做出可靠的估算。特别地，方法学中的几乎所有参数都提供了缺省值，例如，企业只需要提供生产数据或燃料消耗数据。

此工具更新了 2002 年发布的企业标准指南中钢铁的部分。在这次更新中主要的修订包括为整个钢铁制造流程中特定的工业活动提供方法。例如，现在或许直接对还原铁和烧结生产、焦炭生产所产生的排放进行计算。此外，这次更新包括扩大覆盖了固定燃烧源，例如再热炉，它可能对钢铁设施的总体排放有显著地影响。

使用温室气体议定书倡议的此工具及其他工具的用户应该参考企业标准（www.ghgprotocol.org），它大概描述了一般温室气体核算问题的最佳操作方法。特别地，企业标准解释了为什么钢铁企业需要在编写清单之前清晰设定它的组织和运营边界。因为设定边界是温室气体核算的一个关键问题，它应该在使用这个工具之前考虑，在 7.2 节总结了一些与设定边界有关的基本概念。用户应该参考企业标准更进一步地获得指导和信息。

7.1.2 应用领域

钢铁生产是一个能源密集型活动，会在生产过程中的不同阶段产生二氧化碳（CO_2），甲烷（CH_4），和氧化亚氮（N_2O）排放（图 7.1）。尽管 CO_2 是主要的温室气体排放，但 N_2O 和 CH_4 排放不一定是微不足道的。因此，钢铁工具尽可能为这三种温室气体提供整合方法。图 7.1 总结了在此工具中与工业活动有联系的温室气体排放。

请注意本工具没有对运输车辆（移动燃烧）或外购电力、热量及蒸汽的排放提供计算指南。另外，用户如对这些来源的排放计算方法有兴趣，可以到协议书网站（www.ghgprotocol.org）参考相关工具。

如图 7.1 所示，二氧化碳、甲烷、氧化亚氮的排放源被认为是与钢铁生产相关的主要温室气体排放源。其他在这里没有提到的来源也可能对设施的总体排放有较大影响,包括现场材料运输和外购电力、热量及蒸汽的消耗。图根据 2006 年 IPCC 国家温室气体清单指南修订。

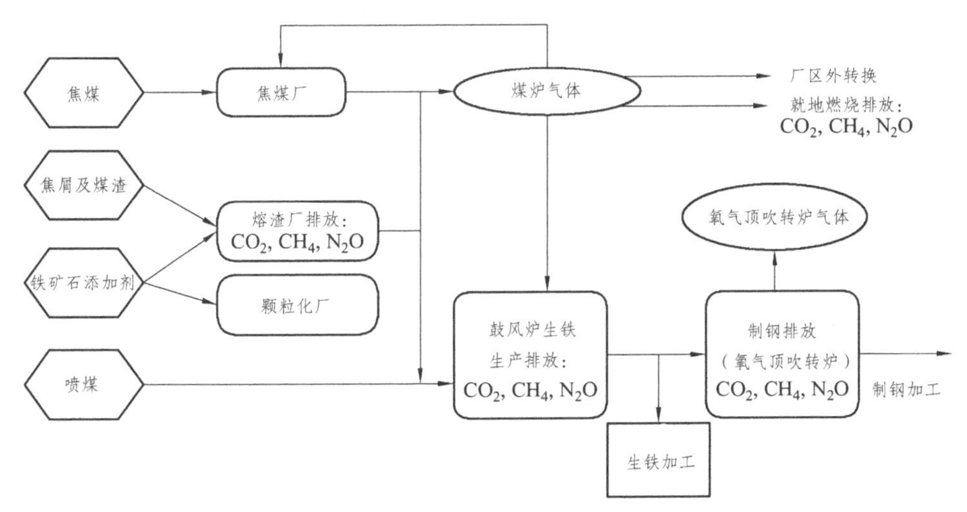

图 7.1　钢铁生产过程中的排放

7.2　组织和运营边界

组织和运营边界的设定方式决定了这些源的排放被包含于报告企业的清单中。因为组织设定的重要性，企业需要设定连续并可信的边界，这里对组织和运营边界进行了简洁的讨论。强烈建议用户参考企业标准进一步获得指导。

7.2.1　组织边界

清单中排放源的准确核算取决于其企业属与全资企业、合资企业、子公司或者其他法定实体。企业标准为设定边界提供了两种方法。

1. 股权比例方法

企业报告某源的温室气体排放比例反映了其拥有此源的财务所有权比例。与固定资产投资相关的一个例外：当一个企业只拥有某源的一小部分股权且不对其施加重大财务影响，此企业不用核算对此源的排放。

2. 控制权法

一个企业报告它所控制的源的 100%排放量。下面提供两个标准用以定义控制权：

（1）财务控制。如果公司有能力在获得经济利益的前提下，对源的财务和运营策略进行管理，则其对源具有财务控制权。

（2）经营控制。如果它对源有充分的权利来主导和实施运营政策。则公司对源有经营控制权。

企业标准鼓励公司在自愿报告方案中同时使用股权比例法和控制权方法。然而，合同安排需要确定所有权和温室气体排放报告的要求，以及可能会影响方法选择各种因素：

责任和风险管理。在评估风险时，股权比例法和财务控制可能是最合适的选择。

管理信息和业绩。控制权法使管理层对所控制的活动进行核算。

报告的完整性。采用经营控制权法情况下，由于可能没有相匹配的记录或者金融资产清单未能证明业务包括在组织边界内。企业可能会发现证明报告的完整性很困难。

一旦确定一个适当的方法，它应该连续适用于报告公司所控制的所有设施和单位。

7.2.2 运营边界

确立了组织边界，公司就能够确立排放源的范围（或者运营边界）。准确的运营边界设定将帮助公司更好地管理存在于价值链中的全部类型的温室气体风险和机会。特别地，范围概念的引入帮助公司满足了企业报告程序、自愿注册的温室气体项目和其他温室气体项目的要求。

排放可归类于三种范围之一。范围一是直接排放；也就是说，是报告企业直接拥有或控制的排放源。范围二和范围三是指间接排放，由第三方控制的排放源，但它们仍然与报告企业的活动相关。范围二排放源来自于消耗外购电力、热力及冷气，范围三排放来自于其他所有间接来源，尤其是第三方运输原材料。

在本工具中没有考虑范围二排放，但考虑了来自焦炭、石灰石和白云石生产过程中的范围三排放。另外，在本工具中的方法还涉及范围一排放。

7.3 方法论

7.3.1 简　介

7.3.1.1 层　级

本章内容所中描述的方法可被分类于以下三个层级。一般地，各方法下的等式在不同层级间不变。但是，构成这些等式的参数取值会变化，以及在反映企业活动时参数取值也会有所不同。从层级 1 增加至层级 3 过程中，各参数对于报告企业来说更加精确，这样也就使得排放量计算精确度增加。应用层级系统，可强调特定设施数据收集、使用的优点，同时区别不同方法可获得缺省因子的不同集合（例如，层级 1 和层级 3 对再热炉都提供了缺省排放因子）。

（1）层级 1：层级 1 方法通过将生产数据相乘来估算排放，例如已使用燃料的体积或制造的钢铁量，可用工业具体的缺省排放因子与之相乘。在适当的情况下，将提供层级 1 的缺省数据。

（2）层级 2：层级 2 方法中，所需数据更加具体。例如，一个层级 2 排放因子可能会反映一国内默认的工业方法，相比之下，层级 1 因子反映的是国际缺省值。特定设施数据在层级 2 中不予考虑。层级 2 数据可从国家统计机构或工业协会获得。

（3）层级 3：层级 3 方法要求特定设施数据，例如设备所用燃料的组成，或设备使用的具体技术类型。

须保证在计算设备的一种排放源排放时，仅使用一种方法，以避免排放量的双重计算。应特别关注有双能源和过程用途的燃料，可以为工业过程供应能源的工业过程产物也应同样关注，如，高炉气体、烧结气体、焦炉气体等。鼓励企业使用可能的最精确方法。

7.3.1.2 CO_2 与 CH_4/N_2O 的区别

二氧化碳排放的建议计算方法常常与氧化亚氮、甲烷的有所不同。这是因为二氧化碳排放在很大程度上取决于所消耗材料的碳含量，而氧化亚氮、甲烷排放则更多地受工业设备使用的排放/燃烧控制技术影响。相应地，二氧化碳排放量估算的最佳方法是利用物料平衡方法追溯工业过程中碳的流动过程来确定排放量，而氧化亚氮、甲烷排放量估算的最佳方法是利用设备或过程的特定排放因子来确定排放量。本指南中使用的方法将区别对待二氧化碳以及氧化亚氮、甲烷。

氧化亚氮仅在涉及固定燃烧时会被本工具考虑。这是因为工业过程中特定钢铁行业氧化亚氮排放被认为是微不足道的。

7.3.1.3 全球暖化潜势

温室气体的全球暖化潜势（GWP）是一个度量方法，我们用它来度量一定量的气体会对全球暖化产生多大的影响。全球暖化潜势是基于相对尺度给出的,可以将其他气体与二氧化碳作比较,而二氧化碳的全球暖化潜势为 1.0。在 100 年的时间内甲烷的全球暖化潜势是 21，而氧化亚氮的 GWP 为 310（IPCC 第二次评估报告）。

本工具中，每种温室气体的排放都需要乘以一个相应的 GWP 值以确定这些排放对全球暖化的潜在影响。相乘后的结果会以二氧化碳当量为单位给出（二氧化碳吨数）。与本指南一同的试算表程序使得设备可同时计算温室气体的净排放及其二氧化碳当量。

7.3.2 固定燃烧

固定燃烧排放构成了钢铁企业总排放的近乎一半，排放的温室气体包括二氧化碳、甲烷以及氧化亚氮。固定燃烧源有下列四类：

（1）电力生产，例如自备锅炉发电站；

（2）再热炉（其他煤及石油使用），例如，轧机部分；

（3）焦炭生产；

（4）喷焰燃烧。

7.3.2.1 电力制造及再热炉的排放

1. CO_2

发电及再热炉的二氧化碳排放的计算需要碳含量的数据、热值以及所消耗燃料的氧化比例。层级 1 中各因子的缺省值已提供。

下面一部分提供了这些因子以及燃料消耗数据收集方法的相关信息。

1）燃料消耗数据

车间需收集报告年的燃料消耗量的数据，然后以燃料类型进行分类。这些数据可直接由厂区内计量燃料输入或输出的燃烧量获得。另外，数据可由购买或运输记录计算得来，这种情形下企业需格外关注其库存变化的计算。

$$\text{年度总燃料消耗} = \text{年度燃料购买} - \text{年度燃料卖出} + \text{年初燃料库存量} - \text{年末燃料库存量} \quad (7.1)$$

2）燃料的碳含量及热值

燃料的碳含量是涉及燃料的总量或原子数量的碳原子分数或总数；如此一来，碳含量便是一个测量燃料燃烧的二氧化碳排放的度量方法。

特定燃料的碳含量会根据时间及空间而有所不同（参考例子中的图 7.2）。变化的区间可能取决于所选的表达碳含量的单位——如果所选单位基于能量，则往往变化性较小（例如，kg carbon/MJ 或 tonnes carbon/ million Btu），相反，如果所选单位基于数量（例如，kg C/kg fuel），则变化性较大。碳含量值可通过热值或发热量被转换为能量单位。

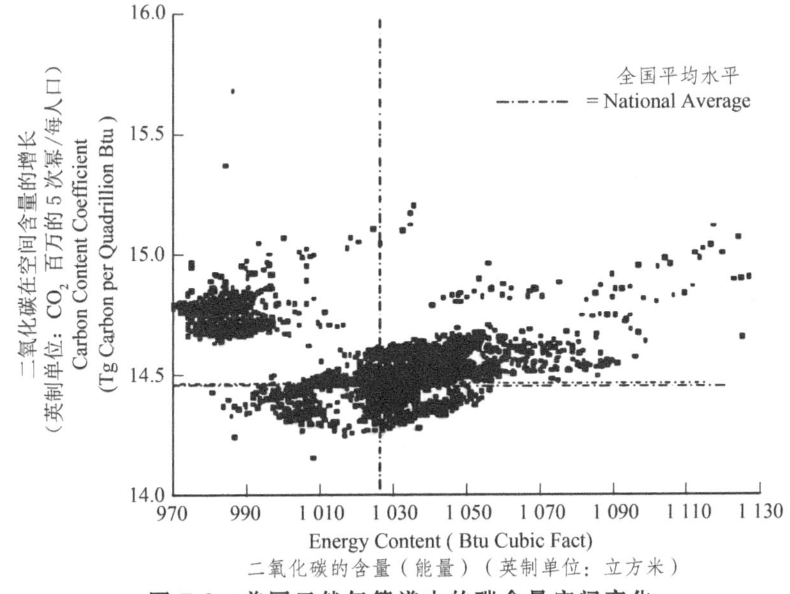

图 7.2　美国天然气管道中的碳含量空间变化

来源：（美）能源信息管理局（1994），美国温室气体排放。1987～1992.

一种燃料的热值是指一定量燃料在燃烧时所释放的热量（典型单位是MJ/kg，thousand Btu/lb，MMBtu/bbl）。另外两种热值的计量方法也可被用来调整碳含量数据：低位热值[LHV；也称作净热值（NGV）]以及高位热值[HHV；也称作总热值（GCV）]。这两个度量方法的不同在于它们如何考虑水在燃烧后的不同的物理状态（液态或气态）。HHV 包含了燃烧后水冷凝的潜在能量，而 LHV 是通过燃烧过程中的高位热值减去用于将水蒸发的热量得来。更具体地说：

$$LHV = HHV - 0.212H - 0.0245M - 0.008Y \qquad (7.2)$$

式中 M——水蒸气含量；

H——氢气含量；

Y——氧气含量。

通常 LHV 及 HHV 之间数据转换的算法是针对诸如煤和石油的固态燃料，假设 LHV 是 HHV 的 95%；但是针对例如天然气的气态燃料，假设 LHV 是 HHV 的 90%。

采用 LHV 占 HHV 的百分比这一做法的优点在于，如果使用前者，则碳含量与热值的关系会更加直接。这是因为 LHV 是一个关于燃料湿度的函数，而湿度的变化很大。在北美，通常做法是使用 HHV，而 LHV 则更多地被北美以外地区采用。

使用热值以及公式 7.3，碳含量因子可被转换为能量尺度：

$$F_{c,h} = \frac{F_c}{HV_f} \qquad (7.3)$$

式中 $F_{c,h}$——燃料基于热值单位的碳含量；

F_c——燃料基于质量或体积单位的碳含量；

HV_f——燃料的热值。

总的来说，在已知燃料组成成分存在变化性的前提下，鼓励企业使用层级 3，也即设备具体（设备层面）的碳含量和热值数据。理想地，碳含量因子在表达时应使用基于高热值的度量。层级 3 的信息可由供应商或所购燃料的材料数据表获得。如果设备具体的数据不可获得，车间可使用附录 I 中层级 1 的缺省数据。企业在一次计算中也可混合使用设备具体数据以及缺省数据（例如自定义碳含量因子，但是缺省 HHV 的数据）。层级 2 数据可从国家统计机构和其他国家级组织获得。

3）燃料馏分碳氧化因子

燃料碳含量中的小部分可免于被氧化，继续在燃烧后作为固态，具体存在形式为灰或烟尘（对固态燃料而言），再或者以微粒排放（对天然气以及其他气态燃料而言）。这些未氧化的部分是一系列因子的函数，包括燃料种类、燃烧技术、设备使用年限以及操作方法。可假设这部分不产生二氧化碳排放，因此可以很容易地予以修正。本工具中静态燃烧的二氧化碳计算方法使用一个“氧化因子”来计算未氧化部分（完全氧化 = 1.00）。总的来说，气态及液态燃料的氧化因子变化较小，而固态燃料的氧化因子较大。例如，一项由澳大利亚进行的关于燃煤锅炉的研究表明，氧化因子介于 0.88 ~ 0.99 之间（IPCC，2006）。

对于层级 3 的设备具体的氧化因子来说，推荐做法是计量燃烧过程固态燃料的残余量，然后分析残留物的碳含量。但是，如果不可行，可使用层级 1 中的缺省值 1.00。

4）二氧化碳排放的计算

须保证在计算设备排放量时单位一致（7.6 节提供了单位转换比率）。建议在对设备使用公式 7.4 计算排放之前，使用 HHV 数值表达层级 2 或层级 3 的碳含量数据。另外，当这些数据基于质量或体积时使用公式 7.5。层级 1 中涉及公式 7.4 和公式 7.5 的缺省数据在 7.4 节中予以提供。

基于质量：$E = A_{\mathrm{f,v}} \cdot F_{\mathrm{c,v}} \cdot F_{\mathrm{ox}} \cdot \dfrac{44}{12}$

基于体积：$E = A_{\mathrm{f,m}} \cdot F_{\mathrm{c,m}} \cdot F_{\mathrm{ox}} \cdot \dfrac{44}{12}$ （7.4）

式中 E——CO_2 排放量；

$A_{\mathrm{f\ v}}$——燃料消耗量（体积）；

$A_{\mathrm{f\ m}}$——燃料消耗量（质量）；

$F_{\mathrm{c\ v}}$——体积基准下的燃料碳含量；

$F_{\mathrm{c\ m}}$——质量基准下的燃料碳含量；

F_{ox}——氧化因子；

44/12——二氧化碳与碳的质量比。

$$E = A \cdot HV_{\mathrm{f}} \cdot F_{\mathrm{c,h}} \cdot F_{\mathrm{ox}} \cdot \frac{44}{12} \quad (7.5)$$

式中 E——二氧化碳排放量；

A——燃料消耗量（体积）；

HV_f——燃料的热值；

F_{ch}——燃料在热值基准下的碳含量；

F_{ox}——氧化因子；

44/12——二氧化碳与碳的质量比。

2. 甲烷和氧化亚氮排放

由电力生产及再热炉产生的甲烷及氧化亚氮的排放可使用公式 7.6 予以计算。本工具提供了两套缺省排放因子，这两套因子都可用于公式 7.6。在 7.5 节中列出了层级 1 燃料特定缺省因子。表 7.1 列出了层级 3 中的特定设施因子。鼓励车间在可能的前提下使用层级 3 因子，不过在数据不可靠时，可使用层级 1 中的因子。层级 2 是燃料特定或者国家特定的因子，非特定设施的，前两者可以交叉使用；这些数据可从国家统计机构或其他国家级组织获得。请注意氧化亚氮的缺省因子常常是基于有限的测量所得到的，因此有较大的不确定性。

$$\text{层级 1：} E = A_f \cdot HHV_f \cdot EF \cdot GWP$$

$$\text{层级 3：} E = A_f \cdot HHV_f \cdot ESEF \cdot GWP \qquad (7.6)$$

式中 E——甲烷或氧化亚氮的排放量；

A_f——基于质量或体积的燃料燃烧量；

EF——层级 1 的燃料特定的排放因子（缺省数据请参考 7.5 节）；

$ESEF$——层级 3 特定设施的排放因子（缺省数据请参考表 7.1）；

GWP——甲烷：21，氧化亚氮：310。

表 7.1 固定燃烧源层级 3 特定设施的甲烷及氧化亚氮缺省排放因子

技术			LHV/NCV 单位：kg/TJ 燃料		HHV/GCV 单位：kg/TJ 燃料	
基础技术		配置	CH_4	N_2O	CH_4	N_2O
液体燃料	残留燃料油锅炉		3.000	0.300	3.158	0.316
	汽油/柴油锅炉		0.200	0.400	0.211	0.421
	大型固定式柴油引擎 >600 hp（447 kW）		4.000	N/A	4.211	N/A
	液化石油气（LPG）锅炉		0.900	4.000	0.947	4.211

续表 7.1

技术			LHV/NCV 单位：kg/TJ 燃料		HHV/GCV 单位：kg/TJ 燃料	
基础技术		配置	CH_4	N_2O	CH_4	N_2O
固体燃料	其他沥青/次沥青火上加煤机锅炉		1.000	0.700	1.053	0.737
	其他沥青/次沥青火下加煤机锅炉		14.000	0.700	14.737	0.737
	其他沥青/次沥青粉末	固态排渣，墙式燃烧	0.700	0.500	0.737	0.526
		固态排渣，切向燃烧	0.700	1.400	0.737	1.474
		液态排渣	0.900	1.400	0.947	1.474
	其他沥青抛煤机		1.000	0.700	1.053	0.737
	沥青/其他沥青流化床燃烧室	循环床	1.000	61.000	1.053	64.211
		鼓泡流化床	1.000	61.000	1.053	64.211
天然气	锅炉		1.000	1.000	1.111	1.111
	燃气的燃气轮机 >3 MW		4.000	1.000	4.444	1.111
	燃气活塞式发动机	2-行程稀薄燃烧	693.000	N/A	770.000	N/A
		4-行程稀薄燃烧	597.000	N/A	663.333	N/A
		4-行程富油燃烧	110.000	N/A	122.222	N/A
生物量	木材/木材废弃物锅炉*		11.000	7.000	11.579	7.368

来源：IPCC 2016，第二卷，章节 2

7.3.2.2 焦碳制造的排放

1. CO_2

本指南针对焦碳的生产提供了两种计算二氧化碳排放的方法。企业可根据使用的焦碳是否产自厂区以内自主选择其中一种。这是因为焦碳生产的副产品可能会涉及在工业活动中的应用。那些消耗焦碳的设备，如果焦碳是厂区以外生产的则不应计为副产品的排放；否则，这些副产品的排放有可能被双重计算。

对于焦碳生产，对厂内和厂外的排放须分别考虑，这一做法允许了基于所有权的排放的区分。换言之，如果焦碳购自报告企业的组织边界以外的实体，相关的排放则属于范围 3，而非范围 1。同样的，如果焦碳生产设备是厂区以外的，但在报告企业的组织边界内，则设备的排放归为范围 1。图 7.3 说明了这个原则，即焦炭生产设备的二氧化碳排放量取决于这些设备是否在报告企业的组织边界内。

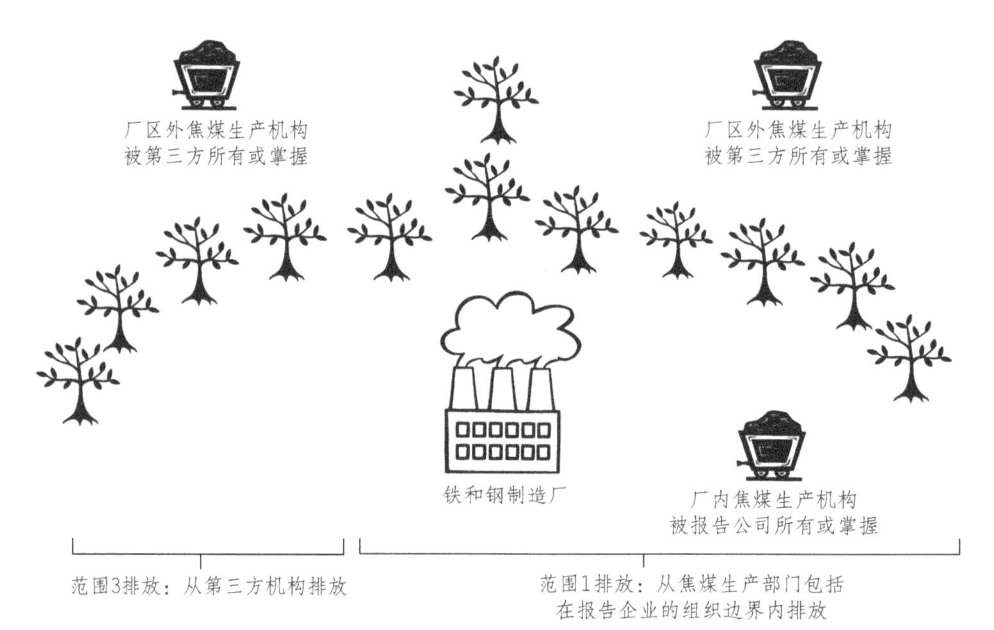

图 7.3

厂区内焦碳生产中释放的二氧化碳应分别应用公式（7.7）和公式（7.8）予以计算。这两个公式都要求提供输入焦碳车间的原材料的碳含量数据。在数据可获得的情况下，建议企业使用特定设施（层级 3）的数据。但是，如果数据不可获得，也可以使用层级 1 中的缺省数据（参见表 7.2）。

$$E_{CO_2,\text{energy}}=\left[\begin{array}{c}CC\cdot C_{CC}+\sum_{a}(PM_{a}\cdot C_{a})+BG\cdot C_{BG}- \\ CO\cdot C_{CO}-COG\cdot C_{COG}-\sum_{b}(COB_{b}\cdot C_{x})\end{array}\right]\cdot\frac{44}{12} \qquad (7.7)$$

式中 $E_{CO_2,\text{energy}}$——厂区内焦碳生产的二氧化碳排放，t；

CC——厂区内综合钢铁生产设备中焦碳生产所消耗的焦化煤量，t；

PM_a——其他过程材料 a 的用量，非作为单独术语列出的材料。例如为厂区内焦碳、熔渣以及钢铁的生产设备所消耗的天然气及原油，t；

BG——焦炉中消耗的高炉煤气量，m^3；

CO——厂区内钢铁生产设备生产的焦碳量，t；

COG——厂区外转化的焦炉煤气量，m^3；

COB_b——厂区外转化至其他设备的焦碳炉副产品量 b，t；

C_x——投入或产出材料 x 的碳含量，t C/t。

$$E_{CO_2,energy}=\left[\begin{array}{l}CC\cdot C_{CC}+\sum_a(PM_a\cdot C_a)-NIC\cdot C_{NIC}-\\COG\cdot C_{COG}-\sum_b(COB_b\cdot C_x)\end{array}\right]\cdot\frac{44}{12} \tag{7.8}$$

式中 $E_{CO_2,energy}$——厂区外焦煤生产的二氧化碳释放量，t；

CC——非完整焦碳生产设备中焦化煤的使用量，t；

PM_a——其他过程用料的使用量，非焦化煤，例如国家在非完整焦碳生产中使用的天然气及石油，t；

NIC——一国的厂区外非完整焦碳生产设备所生产的焦碳量，t；

COG——厂区外非完整焦碳生产设备所生产的焦煤气体量，t；

COB_b——焦碳炉副产品 b 的数量，一国厂区外非完整设备中生产，从厂区外转移至其他设备，t；

C_x——投入或产出材料 x 的碳含量，t C/t。

表 7.2　过程源中消耗材料的碳含量

过程材料	碳含量*（kg C/kg）
鼓风炉煤气	0.17
木炭 [a]	0.91
煤	0.67[1]
煤焦油	0.62
焦炭	0.83
焦炉煤气	0.47
炼焦煤	0.73

续表 7.2

过程材料	碳含量*（kg C/kg）
直接还原铁（DRI）	0.02
白云石	0.13
EAF 碳电极 [2]	0.82[2]
EAF 装料碳 [3]	0.83[3]
燃料油 [4]	0.86[4]
气焦	0.83
热压块铁	0.02
石灰石	0.12
天然气	0.73
氧气吹炼钢炉煤气	0.35
石油焦	0.87
购买的生铁	0.04
废铁	0.04
钢	0.01

来源及注意事项：

* 缺省值与 IPCC 2006 指南（卷 2）相一致，它们是基于以下假设计算得来的：

[1] 假定其他沥青煤

[2] 假定 80%的石油焦、20%的煤焦油

[3] 假定炼焦炉

[4] 假定天然气/柴油

[a] 木炭的二氧化碳排放可使用这个碳含量值进行计算，但是在国家温室气体清单中应报告为零。（参见第 1 卷第 1.2 节）。

2. CH_4

焦煤生产中的甲烷排放可通过公式 7.9 予以计算，在使用公式 7.9 时无需考虑焦煤是厂区内\厂区外生产的。

$$E_{CH_4} = EF_{CH_4} \cdot Coke \quad (7.9)$$

式中　E_{CH_4}——焦煤生产中甲烷的排放量；

EF_{CH_4}——甲烷排放因子；

$Coke$——焦煤的生产量。

甲烷的缺省排放因子，0.1 g/t 焦炭。

7.3.2.3 喷焰燃烧的排放

喷焰燃烧是固定燃烧中较特殊的一种，首先是因为它并不是出于能源制造的目的，其次它在相对低燃烧效率下出现（例如，喷焰燃烧可能有较大比例的未燃烧燃料）。喷焰燃烧在钢铁制造中不常见，因为多数钢铁制造车间在生产中循环利用焦炉和高炉气体。异常情况出现时，工业操作应立即中断、装置须脱机。

喷焰燃烧的 CO_2 及 CH_4 排放应分别使用以下公式 7.10 和公式 7.11 进行计算。暂时没有计算喷焰燃烧的 N_2O 排放的方法。

1. CO_2

$$CO_2\text{排放量} = Q \times 5.16 \times 10^{-5} \times C_{\text{mole ratio}} \tag{7.10}$$

式中 CO_2 排放量——喷焰燃烧的年度排放量，t/年；

Q——燃烧的气体体积，scf/年（1 scf = 0.0283168 m^3）；

$C_{\text{mole ratio}}$——Σ（1 bmole HC_i/1 bmole gas ×1 bmoles C/1 bmole HC_i），

HC_i =烃分子 i；

5.16×10^{-5}——1/摩尔体积（1 bmole 379.3scf）×燃烧效率（0.98）×1 1 bmoles CO_2/lbmole C × MW_{CO_2}（44 1 b/lb mole）× tonne/2 204.6 1 b）。

2. CH_4

$$CH_4\text{排放} = Q_{fg} \times 3.83 \times 10^{-7} \times CH_4\text{摩尔比} \times GWP \tag{7.11}$$

式中 CH_4 排放——喷焰燃烧的年度排放量，t/年；

Q_{fg}——燃烧的气体体积，scf/yr；

CH_4 摩尔比——lbmole CH_4/lbmoles gas；

3.83×10^{-7}——1/摩尔体积（lbmole 379.3scf）×0.02（%未燃烧 CH_4/100）× MW_{CH_4}（16 lb/lbmole）×tonne/2 204.6 lb）；

GWP——21。

7.3.3 工业过程排放

会释放温室气体的四个主要来源：

（1）熔渣生产；

（2）芯块生产；

（3）钢铁生产；

（4）直接还原铁生产。

CO_2以及CH_4是来源于上述过程主要的温室气体排放。同时也会有N_2O排放，但是氧化亚氮的排放相对较少，因此在本工具中不再考虑。

7.3.3.1 过程来源的 CO_2 方法学

这些方法要求提供工业过程中所用材料的碳含量数据。鼓励企业使用层级 3 特定设施的数据。但是，如果相应数据不可获得，企业也可使用表格 7.2 中提供的层级 1 缺省数据。

1. 熔渣生产

其二氧化碳排放应使用下面公式 7.12 予以计算：

$$E_{CO_2} = \begin{bmatrix} CBR \cdot C_{CBR} + COG \cdot C_{COG} + BG \cdot C_{BG} + \\ \sum_a (PM_a \cdot C_a) - SOG \cdot C_{SOG} \end{bmatrix} \cdot \frac{44}{12} \qquad (7.12)$$

式中　E_{CO_2}——熔渣生产的二氧化碳排放量，t；

CBR——熔渣生产所用的购买和现场生产的焦碳渣数量，t；

COG——熔渣生产中在鼓风炉内消耗的焦炉气数量，m^3；

BG——熔渣生产中消耗的鼓风炉气体数量，m^3；

PM_a——熔渣生产中其他过程材料 a 的消耗的数量，作为单独术语列出的天然气和燃油以外的材料，t；

SOG——熔渣烟气转移到钢铁生产设备或其他生产设备中的量，m^3；

C_x——输入或输出材料 x 的碳含量，t C/（单位材料 x）[如，t C/t]（参考表 7.2 中提供的缺省值）。

2. 钢铁生产

钢铁生产的二氧化碳排放应使用下面公式 7.13 予以计算：

$$E_{CO_2} = \begin{bmatrix} PC \cdot C_{PC} + \sum_a (COB_a \cdot C_a) + CI \cdot C_{CI} + L \cdot C_L + D \cdot C_D + CE \cdot C_{CE} + \\ \sum_b (O_b \cdot C_b) + COG \cdot C_{COG} - S \cdot C_S - IP \cdot C_{IP} - BG \cdot C_{BG} \end{bmatrix} \cdot \frac{44}{12} \qquad (7.13)$$

式中　E_{CO_2}——钢铁生产的二氧化碳排放量，t；

PC——钢铁生产中焦煤的消耗量（不包括炉渣生产），t；

COB_a——鼓风炉中消耗的现场焦炉副产品 a 的数量，t；

CI——直接注入鼓风炉中的焦煤数量，t；

L——钢铁生产中消耗的石灰石数量，t；

D——钢铁生产中消耗的白云石数量，t；

CE——EAFs 中消耗的碳电极数量，t；

O_b——钢铁生产中消耗的其他碳气溶胶和过程材料 b 是数量，例如熔渣或废塑料，t；

COG——钢铁生产中在鼓风炉内消耗的焦炉气的数量，m^3；

S——生产的钢数量，t；

IP——未转化为钢的铁产量，t；

BG——高炉煤气中转移出的数量，m^3；

C_x——投入或产出材料 x 的碳含量，t C/t（参考表 7.2 中的缺省值）。

3. 直接还原铁的生产（DRI）

直接还原铁生产中燃料的燃烧、焦碳渣、冶金焦以及其他含碳物质的二氧化碳排放。可使用公式 7.14 计算其排放。

$$E_{CO_2} = (DRI_{NG} \cdot C_{NG} + DRI_{BZ} \cdot C_{BZ} \cdot DRI_{CK} \cdot C_{CK}) \cdot \frac{44}{12} \qquad (7.14)$$

式中 E_{CO_2}——二氧化碳排放量，t；

DRI_{NG}——直接还原铁生产使用的天然气量，GJ；

DRI_{BZ}——直接还原铁生产使用的焦碳渣量，GJ；

DRI_{CK}——直接还原铁生产使用的冶金焦量，GJ；

C_{NG}——天然气的碳含量，t C/GJ；

C_{BZ}——焦碳渣的碳含量，t C/GJ；

C_{CK}——冶金焦的碳含量，t C/GJ。

7.3.3.2 过程来源的 CH_4 方法学

钢铁生产中的甲烷排放被认为是微不足道的，因此在这里不予讨论。但是本工具给出了熔渣生产、生铁生产以及直接还原铁生产中甲烷排放的计算方法。此方法需分别使用公式 7.15、公式 7.16 和公式 7.17。

公式 7.15 和公式 7.17 中使用的排放因子层级 1 缺省数据在表 7.3 中提供。这些数据仅在设备具体的数据不可获得时可以应用。请注意，未能提供生铁生产的缺省数据（公式 7.16）。

$$E_{CH_4} = SI \cdot EF_{SI} \cdot GWP \tag{7.15}$$

$$E_{CH_4} = PI \cdot EF_{PI} \cdot GWP \tag{7.16}$$

$$E_{CH_4} = DRI \cdot EF_{DRI} \cdot GWP \tag{7.17}$$

式中　E_{CH_4}——甲烷排放量，kg；

SI——熔渣产量，t；

PI——生铁产量，包括转化及未转化为钢的铁，t；

DRI——直接还原铁的产量，t；

EF_X——排放因子，kg CH_4/t X；

GWP——21。

表 7.3　层级 1 过程排放源的甲烷的排放因子

过程	排放因子
熔渣生产	0.07 kg 生产的熔渣
DRI 生产	1 kg/TJ（基于净发热值上）

来源：IPCC 2006（卷 3，章节 4）。

7.3.4　石灰石及白云石生产

下面，提供了两种计算石灰石及白云石生产的 CO_2 排放的方法。至于选择哪一种进行计算，取决于数据的可获得性及生产是否发生于报告企业的组织边界内。如果相关排放是直接排放（范围 1）则应使用范围 1 方法。如果相关排放是间接排放（范围 3），并且报告企业不具备获取范围 1 方法所需数据的能力，则报告企业应使用范围 3 方法。

7.3.4.1　范围 1 排放

范围 1 方法要求石灰生产中碳酸盐的种类、数量以及碳酸盐的相应排放因子数据。使用公式 7.18 计算其排放量。请注意本方法假定没有 LKD 回收到石灰窑，因为在实际情况中，LKD 很少回收至石灰窑。

$$E_{CO_2}=\sum_i(EF_i\cdot M_i\cdot F_i)-M_d\cdot C_d\cdot(1-F_d)\cdot EF_d \tag{7.18}$$

式中　E_{CO_2}——石灰生产的二氧化碳排放量，t；

EF_i——碳酸盐 i 的排放因子，t CO_2/t 碳酸盐（参考表 7.4 中的缺省数据）；

M_i——消耗的碳酸盐 i 的重量或质量，t；

F_i——碳酸盐 I 的煅烧比例，分数（见下文）；

M_d——LKD 的重量和质量，t；

C_d——LKD 中原始碳酸盐的重量比例，分数（见下文）；

F_d——LKD 的煅烧比例，分数（见下文）；

EF_d——LKD 中未煅烧的碳酸盐的排放因子，t CO_2/t 碳酸盐（见下文）。

鼓励企业在应用公式 7.18 时使用设备具体的数据。但是，层级 1 的缺省数据可在设备具体数据不可获得时予以应用。具体地：

（1）碳酸盐排放因子（EF_i），参考表 7.4 中提供的数值；

（2）碳酸盐煅烧比例（F_i），可假定为数值 1.0（例如，100%煅烧）；

（3）LKD 煅烧比例（F_d），可假定为数值 1.0（例如，100%煅烧）；

（4）LKD 中的原始碳酸盐重量分数（C_d），因为碳酸钙是石灰石及白云石生产所需原材料中占主导地位的碳酸盐，所以可假设设施中残留的 LKD 是由 100%的碳酸盐构成。因此，C_d 的层级 1 缺省数据等同于原材料中烧窑给料的碳酸钙。

表 7.4　常见碳酸盐种类的层级 1 排放因子

碳酸盐	矿石名称（s）	排放因子（tonnes CO_2/tonne carbonate）
$CaCO_3$	方解石或文石	0.44
$MgCO_3$	菱镁石	0.52
$CaMg(CO_3)_2$	白云石	0.48
$FeCO_3$	菱铁矿	0.38
$Ca(Fe, Mg, Mn)(CO_3)_2$	铁白云石	0.41 ~ 0.48
$MnCO_3$	菱锰矿	0.38
Na_2CO_3	碳酸钠或纯碱	0.41

来源：IPCC 2006 指南，卷 3，表格 2.1。

7.3.4.2　范围 3 排放

报告企业应使用公式 7.19 对石灰生产中的范围 3 二氧化碳排放（间接排

放）进行计算。这是一个基于产出的方法，本方法要求提供设备的石灰给料量数据。这些数据之后将与排放因子相乘，此排放因子是基于化学计量比以及 CaO/CaO · MgO 的组合类型，本组合类型在石灰生产工业具有代表性。未回收至烧窑的氢氧化钙及其他 LKD 会修正相应的 CO_2 排放结果。

$$E_{CO_2}=\sum(M_L\cdot EF_{lime})\cdot[1-(H_{fraction}\cdot H_{water})]\cdot LKD_{CF} \quad (7.19)$$

式中 E_{CO_2}——从石灰生产中排放的 CO_2，t；

EF_{lime}——进口特定类型的石灰排放因子，缺省值为 0.75 t CO_2/ t 石灰生产；

M_L——石灰生产的重量，t；

$H_{fraction}$——进口石灰的水化比例，缺省值：0.1；

H_{water}——熟石灰的含水量（比例），缺省值：0.1；

LKD_{CF}——石灰窑尘（LKD）生产的修正因子不是回到石灰窑，缺省值：1.02。

缺省排放因子假设生产石灰 85%是高钙石灰，15%是白云石石灰（见公式 7.20）。报告企业能够获得更准确的信息，它应该根据公式 7.20 和表 7.5 来调整缺省排放因子，以反映实际的结合进口石灰的石灰类型和 CaO/CaO · MgO 种类的内容。

$$EF_{lime}=(Proportion_i\cdot EF_i)+(Proportion_i\cdot EF_i)+\cdots \quad (7.20)$$

式中 EF_{lime}——石灰生产的聚合排放因子；

$Proportion_i$——报告企业的石灰进口类型石灰 i 的比例；

EF_i——石灰类型 i 的排放因子，t CO_2/t 石灰（见表 7.5）。

表 7.5 各种石灰类型的属性

石灰类型	化学计量比（t CO_2/t CaO 或 CaO · MgO）（1）	CaO 含量范围（%）	MgO 含量范围（%）	CaO 或 CaO · MgO 缺省值（比例）（2）	缺省排放因子（t CO_2/ t 石灰）（1）·（2）
高钙石灰	0.785	93～98	0.3～2.5	0.95	0.75
白云石石灰	0.913	55～57	38～41	0.95 或 0.85	0.86 或 0.77
水硬石灰	0.785	65～92	NA	0.75	0.59

来源：2006 年 IPCC 指南，卷 2，表 2.1。

7.4 估算燃料固定燃烧的 CO_2 排放因子缺省值

表 7.6 和表 7.7 包含了各种燃料属性的一级缺省值（燃料热值，碳含量和碳氧化分数）能够使公司计算燃料燃烧所排放的 CO_2。

表 7.6　碳含量的一级默认值

燃料		碳含量		
		%基准（% w/w）	能量基准（=碳含量/热值）	
			低位热值（LHV）/净热值（NCV）基准（kg/GJ）	高位热值（HHV）/总热值（GCV）基准（kg/GJ）
原油和衍生物质	原油	0.85	20	19.00
	沥青质矿物燃料	0.58	21	19.95
	天然气液体	0.77	17.5	16.63
	车用汽油	0.84	18.9	17.96
	航空汽油	0.85	19.1	18.15
	喷气机汽油	0.85	19.1	18.15
	喷气机煤油	0.86	19.5	18.53
	其他煤油	0.86	19.6	18.62
	页岩油	0.76	20	19.00
	气体/柴油	0.87	20.2	19.19
	残留燃料油	0.85	21.1	20.05
	液化石油气	0.81	17.2	15.48
	乙烷	0.78	16.8	15.12
	石油精	0.89	20	19.00
	地沥青	0.88	22	20.90
	润滑剂	0.80	20	19.00
	石油焦	0.86	26.6	25.27
	炼油厂原料	0.86	20	19.00
	炼油气	0.78	15.7	14.13
	固体石蜡	0.80	20	19.00
	石油溶剂 & SBP	0.80	20	19.00
	其他石油产品	0.80	20	19.00

续表 7.6

燃料		碳含量		
		%基准（% w/w）	能量基准（=碳含量/热值）	
			低位热值（LHV）/净热值（NCV）基准（kg/GJ）	高位热值（HHV）/总热值（GCV）基准（kg/GJ）
煤及衍生产品	无烟煤	0.72	26.8	25.46
	炼焦煤	0.73	25.8	24.51
	其他沥青煤	0.67	25.8	24.51
	次沥青煤	0.50	26.2	24.89
	褐煤	0.33	27.6	26.22
	油页岩和焦油沙	0.26	29.1	27.65
	棕色煤压块	0.55	26.6	25.27
	专利燃料	0.55	26.6	25.27
	焦炉焦炭/ 褐煤焦 / 碎焦炭	0.82	29.2	27.74
	煤气焦炭	0.82	29.2	27.74
	煤焦油	0.62	22	20.90
	煤气公司煤气	0.47	12.1	10.89
	焦炉煤气	0.47	12.1	10.89
	鼓风炉煤气	0.17	70.8	63.72
	氧气吹炼钢炉煤气	0.35	49.6	44.64
天燃气	天燃气	0.73	15.3	13.77
非生物质废弃物	城市废弃物（非生物量比例）	0.25	25	23.75
	工业废弃物	NA	39	NA
	废油	0.80	20	19.00
泥炭	泥炭	0.28	28.9	27.46
生物质废弃物	木材/木材废料	0.48	30.5	28.98
	亚硫酸盐碱液（黑液）	0.31	26	24.70
	其他主要固体生物量	0.32	27.3	25.94

续表 7.6

燃料		碳含量		
		%基准（% w/w）	能量基准（=碳含量/热值）	
			低位热值（LHV）/净热值（NCV）基准（kg/GJ）	高位热值（HHV）/总热值（GCV）基准（kg/GJ）
生物质废弃物	木炭	0.90	30.5	28.98
	生物汽油	0.52	19.3	18.34
	生物柴油	0.52	19.3	18.34
	其他液体生物燃料	0.59	21.7	20.62
	填埋气体	0.75	14.9	13.41
	污泥气体	0.75	14.9	13.41
	其他生物气体	0.75	14.9	13.41
	城市废弃物（生物量比例）	0.32	27.3	25.94

表 7.7　燃料热值和碳氧化因子的一级缺省值

燃料		热值		碳氧化因子（%）
		高位热值（HHV）/总热值（GCV）单位（thousand Btu / lb）	低位热值（LHV）/净热值（NCV）units MJ/kg/TJ/Gg	
原油和衍生物质	原油	21.31	42.3	100
	沥青质矿物燃料	13.85	27.5	100
	天然气液体	22.26	44.2	100
	车用汽油	22.31	44.3	100
	航空汽油	22.31	44.3	100
	喷气机汽油	22.31	44.3	100
	喷气机煤油	22.21	44.1	100
	其他煤油	22.06	43.8	100
	页岩油	19.19	38.1	100

续表 7.7

燃料		热值		碳氧化因子（%）
		高位热值（HHV）/总热值（GCV）单位（thousand Btu / lb）	低位热值（LHV）/净热值（NCV）units MJ/kg/TJ/Gg	
原油和衍生物质	汽油/柴油	21.66	43	100
	残留燃料油	20.35	40.4	100
	液化石油气	25.15	47.3	100
原油和衍生物质	乙烷	24.67	46.4	100
	石油精	22.41	44.5	100
	地沥青	20.25	40.2	100
	润滑剂	20.25	40.2	100
	石油焦	16.37	32.5	100
	炼油厂原料	21.66	43	100
	炼油气	24.93	49.5	100
	固体石蜡	20.25	40.2	100
	石油溶剂 & SBP	20.25	40.2	100
	其他石油产品	20.25	40.2	100
煤及衍生产品	无烟煤	13.45	26.7	100
	炼焦煤	14.20	28.2	100
	其他沥青煤	12.99	25.8	100
	次沥青煤	9.52	18.9	100
	褐煤	5.99	11.9	100
	油页岩和焦油沙	4.48	8.9	100
	棕色煤压块	10.43	20.7	100
	专利燃料	10.43	20.7	100

续表 7.7

燃料		热值		碳氧化因子（%）
		高位热值（HHV）/总热值（GCV）单位（thousand Btu / lb）	低位热值（LHV）/净热值（NCV）units MJ/kg/TJ/Gg	
煤及衍生产品	焦炉焦炭/褐煤焦/碎焦炭	14.20	28.2	100
	煤气焦炭	14.20	28.2	100
	煤焦油	14.10	28	100
	煤气公司煤气	20.58	38.7	100
	焦炉煤气	20.58	38.7	100
	鼓风炉煤气	1.31	2.47	100
	氧气吹炼钢炉煤气	3.75	7.06	100
天燃气	天燃气	25.52	48	100
非生物质废弃物	城市废弃物（非生物量比例）	5.04	10	100
	工业废弃物	NA	NA	100
	废油	20.25	40.2	100
泥炭	泥炭	4.92	9.76	100
生物质废弃物	木材/木材废弃物	7.86	15.6	100
	亚硫酸盐碱液（黑液）	5.94	11.8	100
	其他主要固体生物量	5.84	11.6	100
	木炭	14.86	29.5	100
	生物汽油	13.60	27	100
	生物柴油	13.60	27	100
	其他液体生物燃料	13.80	27.4	100
	填埋气体	26.80	50.4	100
	污泥气体	26.80	50.4	100
	其他生物气体	26.80	50.4	100
	城市废弃物（生物量比例）	5.84	11.6	100

7.5 估算燃料固定燃烧排放的 CH_4 和 N_2O 的一级默认值

表 7.8

		低位热值（LHV）/ 净热值（NCV）基准				高位热值（HHV）/ 总热值（GCV）基准			
		kg GHG/TJ 燃料		kg GHG/t 燃料		kg GHG/TJ 燃料		kg GHG/t 燃料	
燃料		CH_4	N_2O	CH_4	N_2O	CH_4	N_2O	CH_4	N_2O
原油和衍生物质	原油	3.000	0.600	0.134	0.027	2.850	0.570	0.127	0.025
	沥青质矿物燃料	3.000	0.600	0.087	0.017	2.850	0.570	0.083	0.017
	天燃气液体	3.000	0.600	0.140	0.028	2.850	0.570	0.133	0.027
	车用汽油	3.000	0.600	0.140	0.028	2.850	0.570	0.133	0.027
	航空汽油	3.000	0.600	0.140	0.028	2.850	0.570	0.133	0.027
	喷气机汽油	3.000	0.600	0.140	0.028	2.850	0.570	0.133	0.027
	煤油	3.000	0.600	0.139	0.028	2.850	0.570	0.132	0.026
	其他煤油	3.000	0.600	0.138	0.028	2.850	0.570	0.131	0.026
	页岩油	3.000	0.600	0.120	0.024	2.850	0.570	0.114	0.023
	汽油/柴油	3.000	0.600	0.136	0.027	2.850	0.570	0.129	0.026
	残留燃料油	3.000	0.600	0.128	0.026	2.850	0.570	0.121	0.024
	液化石油气	1.000	0.100	0.053	0.005	0.900	0.090	0.047	0.005
	乙烷	1.000	0.100	0.052	0.005	0.900	0.090	0.046	0.005
	石油精	3.000	0.600	0.141	0.028	2.850	0.570	0.134	0.027
	地沥青	3.000	0.600	0.127	0.025	2.850	0.570	0.121	0.024
	润滑剂	3.000	0.600	0.127	0.025	2.850	0.570	0.121	0.024
	石油焦	3.000	0.600	0.103	0.021	2.850	0.570	0.098	0.020
	炼油厂原料	3.000	0.600	0.136	0.027	2.850	0.570	0.129	0.026
	炼油气	1.000	0.100	0.055	0.006	0.900	0.090	0.050	0.005
	固体石蜡	3.000	0.600	0.127	0.025	2.850	0.570	0.121	0.024
	石油溶剂 & SBP	3.000	0.600	0.127	0.025	2.850	0.570	0.121	0.024
	其他石油产品	3.000	0.600	0.127	0.025	2.850	0.570	0.121	0.024

续表 7.8

燃料		低位热值（LHV）/净热值（NCV）基准				高位热值（HHV）/总热值（GCV）基准			
		kg GHG/TJ 燃料		kg GHG/t 燃料		kg GHG/TJ 燃料		kg GHG/t 燃料	
		CH_4	N_2O	CH_4	N_2O	CH_4	N_2O	CH_4	N_2O
煤及衍生产品	无烟煤	1.000	1.500	0.028	0.042	0.950	1.425	0.027	0.040
	炼焦煤	10.000	1.500	0.297	0.045	9.500	1.425	0.282	0.042
	其他沥青煤	10.000	1.500	0.272	0.041	9.500	1.425	0.258	0.039
	次沥青煤	10.000	1.500	0.199	0.030	9.500	1.425	0.189	0.028
	褐煤	10.000	1.500	0.125	0.019	9.500	1.425	0.119	0.018
	油页岩和焦油沙	10.000	1.500	0.094	0.014	9.500	1.425	0.089	0.013
	棕色煤压块	10.000	1.500	0.218	0.033	9.500	1.425	0.207	0.031
	专利燃料	10.000	1.500	0.218	0.033	9.500	1.425	0.207	0.031
	焦炉焦炭和褐煤焦炭	10.000	1.500	0.297	0.045	9.500	1.425	0.282	0.042
	煤气焦炭	1.000	0.100	0.030	0.003	0.950	0.095	0.028	0.003
	煤焦油	10.000	1.500	0.295	0.044	9.500	1.425	0.280	0.042
	煤气公司煤气	1.000	0.100	0.043	0.004	0.900	0.090	0.039	0.004
	焦炉煤气	1.000	0.100	0.043	0.004	0.900	0.090	0.039	0.004
	鼓风炉煤气	1.000	0.100	0.003	0.000	0.900	0.090	0.002	0.000
	氧气吹炼钢炉煤气	1.000	0.100	0.008	0.001	0.900	0.090	0.007	0.001
天然气	天然气	1.000	0.100	0.053	0.005	0.900	0.090	0.051	0.005
非生物质废弃物	城市废弃物(非生物量比例)	30.000	4.000	0.316	0.042	28.500	3.800	0.300	0.040
	工业废弃物	30.000	4.000	N/A	N/A	28.500	3.800	N/A	N/A
	废油	30.000	4.000	1.269	0.169	28.500	3.800	1.206	0.161
泥炭	泥炭	2.000	1.500	0.021	0.015	1.900	1.425	0.020	0.015
生物质废弃物	木材/木材废弃物	30.000	4.000	0.493	0.066	28.500	3.800	0.468	0.062
	亚硫酸盐碱液（黑液）	3.000	2.000	0.037	0.025	2.850	1.900	0.035	0.024

续表 7.8

		低位热值（LHV）/净热值（NCV）基准				高位热值（HHV）/总热值（GCV）基准			
		kg GHG/TJ 燃料		kg GHG/t 燃料		kg GHG/TJ 燃料		kg GHG/t 燃料	
燃料		CH_4	N_2O	CH_4	N_2O	CH_4	N_2O	CH_4	N_2O
生物质废弃物	其他主要固体生物量	30.000	4.000	0.366	0.049	28.500	3.800	0.348	0.046
	木炭	200.000	4.000	6.211	0.124	190.000	3.800	5.900	0.118
	生物汽油	3.000	0.600	0.085	0.017	2.850	0.570	0.081	0.016
	生物柴油	3.000	0.600	0.085	0.017	2.850	0.570	0.081	0.016
	其他液体生物燃料	3.000	0.600	0.087	0.017	2.850	0.570	0.082	0.016
	填埋气体	1.000	0.100	0.056	0.006	0.900	0.090	0.050	0.005
	污泥气体	1.000	0.100	0.056	0.006	0.900	0.090	0.050	0.005
	其他生物气体	1.000	0.100	0.056	0.006	0.900	0.090	0.050	0.005
	城市废弃物（生物量比例）	30.000	4.000	0.366	0.049	28.500	3.800	0.348	0.046

7.6 单位转换比率

表 7.9

质量			
1 磅（lb）	453.6 克（g）	0.453 6 公斤（kg）	0.000 453 6 吨（t）
1 公斤（kg）	2.205 磅（lb）		
1 美吨（ton）	2 000 磅（lb）	907.2 公斤（kg）	
1 吨（t）	2 205 磅（lb）	1 000 公斤（kg）	1.102 3 美吨（tons）
体积			
1 立方英尺（ft^3）	7.480 5 加仑（gal）	0.178 1 桶（bbl）	
1 立方英尺（ft^3）	28.32 公升（L）	0.028 32 立方米（m^3）	
1 加仑（gal）	0.023 8 桶（bbl）	3.785 公升（L）	0.003 785 立方米（m^3）
1 桶（bbl）	42 加仑（gal）	158.99 公升（L）	0.158 9 立方米（m^3）

续表 7.9

体　积			
1 公升（L）	0.001 立方米（m^3）	0.264 2 加仑（gal）	
1 立方米（m^3）	6.289 7 桶（bbl）	264.2 加仑（gal）	1 000 公升（L）
能　量			
1 千瓦小时（kWh）	3 412Btu（btu）	3 600 千焦（KJ）	
1 兆焦（MJ）	0.001gigajoules（GJ）		
1 焦耳（GJ）	0.947 8 百万 Btu（百万 btu）	277.8 千瓦小时（kWh）	
1Btu（btu）	1 055 焦耳（J）		
1 百万 Btu（million btu）	1.055 焦耳（GJ）	293 千瓦小时（kWh）	
1 千卡（therm）	100 000btu	0.105 5 焦耳（GJ）	29.3 千瓦小时（kWh）
其　他			
千	1 000		
兆	1 000 000		
千兆	1 000 000 000		
tera	1 000 000 000 000		
1 磅/平方英寸	0.068 95 巴		
1kgf/cm^3（techatm）	0.980 7 巴		
1atmosphere（atm）	1.013 25 巴	101.325 千克帕斯卡	14.696 每磅平方英寸（psia）
1 英里（statue）	1.609 千米		
1 吨 CH_4	21 吨 CO_{2e}		
1 吨 N_2O	310 吨 CO_{2e}		
1 吨 C	3.664 吨 CO_{2e}		

8

石灰生产过程中二氧化碳的排放计算

8.1 概　述

1. 工具的目的和适用范围

本指南是写给工厂管理层和现场人员，针对石灰制造生产中的温室气体直接排放的测量和书面报告。此行业指南可应用于所有涉及石灰生产的行业。

2. 过程描述

石灰在各种工业、化工和环境等行业应用广泛。主要的消耗源自炼钢、在燃煤发电厂排气脱硫、建筑材料、纸浆和纸张生产、水净化等。石灰生产的三个步骤：原材料准备、煅烧和水化。石灰石的煅烧过程，主要是碳酸钙（$CaCO_3$）在窑炉中高温受热产生生石灰（CaO）。二氧化碳是该反应过程的副产物，通常都是排放到大气中。然而，一些设施能够回收一部分排放量。例如用于糖精炼和沉淀碳酸钙生产。高钙石灰是由包含 0% ~ 5%质量氧化镁的石灰石而生产出来的，因此有较高钙含量。相比之下，白云石石灰通常包含 35% ~ 45%的氧化镁。水硬性石灰与水反应形成局部硬化，所以不同于非水硬性石灰，它们可以置于水下。

3. 工具的适用性

在窑炉的加热过程中，燃料燃烧会排放温室气体。这些排放量并不在下列指导方针的描述内。这些排放量的估算请详见固定燃烧指南。

8.2 方法的概述

这个工具提供两种石灰生产过程中 CO_2 排放量的计算方法，和相关应用的电子文档。

1. 方法 1

利用生产数据估算排放量。根据石灰的生产类型，估算其分解时产生的排放量。排放量的计算考虑了 CaO 和 CaO · MgO 对于每个石灰类型的化学计量比。这个化学计量比，是衡量一吨特定类型的石灰煅烧时 CO_2 的释放量。最后，用排放量估算来校正剩余的熟石灰及未被回收的石灰窑尘（LKD）的 CO_2 排放量。

方法 1 是根据下面的公式：

$$E_{CO_2} = [Q_i \cdot (SR_i \cdot CaO_i)] \cdot [1 - (H_i \cdot H_2O_i)] \cdot CF \qquad (8.1)$$

式中　E_{CO_2}——石灰生产中 CO_2 的排放量，t；

Q_i——i 型石灰的产量，t；

SR_i——i 型石灰；

CaO_i——i 型石灰中 CaO 和 CaO · MgO 的含量（分数）；

H_i——i 型石灰中熟石灰的比例（分数）；

H_2O_i——i 型石灰中熟石灰的含水量；

CF——石灰窑尘（LKD）的校正系数。

如果工厂生产石灰的 H_i、H_2O_i 和 CaO_i 比值无效，可以使用工具提供的默认值。

2. *方法 2*

利用石灰窑中原材料的碳酸盐成分估算排放量。排放物可在生产所用碳酸盐、校正后的石灰窑尘（LKD）及尚未煅烧的每种碳酸盐含量的基础上分解。方法 2 在计算过程中需要比方法 1 更多具体的数据，能够更准确地估算 CO_2 的排放量。

方法 2 是根据下面的公式：

$$E_{CO_2} = \sum (EF_i \cdot M_i \cdot F_i) - M_d \cdot C_d \cdot (1 - F_d) \cdot EF_d \tag{8.2}$$

式中　E_{CO_2}——石灰生产中 CO_2 的排放量，t；

EF_i——i 型碳酸盐的排放因子，t CO_2/t 碳酸盐；

M_i——i 型碳酸盐消耗量，t；

F_i——i 型碳酸盐达到的煅烧比例（分数）；

M_d——石灰窑尘（LKD）质量，t；

C_d——石灰窑尘（LKD）中原始碳酸盐的重量比例（分数）；

F_d——对石灰窑尘（LKD）达到的煅烧比例（分数）；

EF_d——石灰窑尘（LKD）中未煅烧碳酸盐的排放因子，t CO_2/t 碳酸盐。

如果工厂提供的 EF_i、F_i、C_d、F_d 和 EF_d 比值无效，可以使用工具提供的默认值。

8.3　石灰生产过程中燃料燃烧的二氧化碳排放量

在石灰生产的煅烧过程中会消耗各种燃料。这些与燃料燃烧相关的温室气体排放不直接计入石灰生产的方法论，请根据固定燃烧指南来估算这些温室气体排放量。

9

硝酸生产中氧化亚氮排放的计算工具指南

9.1 概　述

1. 工具的目的和适用范围

此指南针对工厂管理层与基层人员测量和报告由硝酸导致的温室气体直接排放。这种循序渐进的方法用于从数据收集到报告的每个计算阶段。

此指南包含硝酸生产过程中相关氧化亚氮的排放。然而，这个指南没有包含：

① 硝酸产品发生化学氧化而造成的直接排放；

② 外购能源（电力或者蒸汽）用于硝酸生产而造成的间接排放。

这些温室气体排放计算方法包含于跨行业的固定燃烧指南文件。

2. 工具的适用性

硝酸生产排放的氧化亚氮取决于硝酸的产量、车间设计、燃烧情况和根据氧化亚氮在后续消除过程中的减少量。

许多硝酸生产商已经考虑如何减少氮氧化物的排放。在欧洲，最普遍的氮氧化物减排技术是使用选择性的催化减少，这个技术不会降低氧化亚氮的排放，有时还会导致其增加。在美国和加拿大，许多工厂使用非选择性的催化减少技术来减少氮氧化物的排放,并且这项技术也会减少氧化亚氮的排放。

9.2 活动数据和排放因子的选择

本指南包含一个多层级的方法，给报告者测量氧化亚氮在硝酸生产中的排放提供简单或者更加先进的方法选择。

这个精确的排放数据能够通过对氧化亚氮的直接检测获得。

使用设置的特定排放因子是第二好的解决方案。最不精确的结果是通过使用默认值的排放因子获得的。

9.3 计算氧化亚氮的排放

方法一：直接监控氧化亚氮的排放。

氧化亚氮的排放因车间不同而具有多样性。氧化亚氮的排放很大程度上取决于一些特定因素，例如车间设计、生产条件以及减排技术。因此，直接监测产生的排放数据是很精确的。

精确地对氧化亚氮的直接排放进行监测需要测量已经存在的输出流 1 和不受控制的输出流 2。然而，当仅有输出流 1 的测量数据时，数据质量也是令人满意的。为了从直接监测中获得氧化亚氮的排放数据，当烟气中的污染物浓度已经测得时，这个浓度乘以烟气的流速得到一个质量排放率，这个质量排放率可以按年折算以获得全年或者一个不同报告期间的排放。

氧化亚氮的排放数据通常在持续监测的基础上获得的。如果一个工厂的监测没有持续进行，就有必要在它经常显著变化时进行抽样和分析，以确保操作条件恒定。很多不同的技术能够用于监测直接排放。当应用直接测量技术时，应密切关注技术供应商和/或环境监管部门提供的使用说明。

方法二：使用氧化亚氮特定场所排放因子（见表 9.1）。

方法三：使用氧化亚氮缺省排放因子（见表 9.1）。

表 9.1 硝酸生产过程氧化亚氮特定场所排放因子

生产过程	N_2O 排放因子（与 100%硝酸有关）
具有 NSCR[a] 的工厂（所有过程）	2 kg N_2O/t 硝酸±10%
具有集成过程或尾气 N_2O 去除的工厂	2.5 kg N_2O/t 硝酸±10%
大气压力工厂（低压）	5 kg N_2O/t 硝酸±10%
中等压力燃烧工厂	7 kg N_2O/t 硝酸±20%
高压工厂	9 kg N_2O/t 硝酸±40%

注：上标 a 为非选择性催化还原（NSCR）。

氧化亚氮的排放因车间不同而具有多样性。氧化亚氮的排放很大程度上取决于特定因素，如车间设计、生产条件和减排技术。因此，使用特定排放因子生成的数据比使用缺省排放因子生成的数据更准确。缺省排放因子只能提供粗略的排放估计，不能单独反映每个装置的实际排放情况。氧化压力和生产每吨 HNO_3 造成氧化亚氮的排放水平之间是否存在相关性仍然是行业所讨论的问题。

特定排放因子可能来自于排放的直接测量。如果一个工厂的监测没有持续进行，就有必要在它经常显著变化时进行抽样和分析，以确保操作条件恒定。

表 9.1 是基于下面的公式：

$$\text{氧化亚氮的排放量} = \text{硝酸产量} \times \text{氧化亚氮排放因子} \times (1 - (\text{氧化亚氮消除因子} \times \text{减排技术使用因子})) \quad (9.1)$$

在此，还需要确定如下数据：

• 硝酸产量（t）;

• 氧化亚氮排放因子（kg 氧化亚氮/t 硝酸生产）;

• 如果选择不使用缺省排放因子也需要减排系统的减排效率数据以及此系统的使用时间。这两种数据应以分数的形式输入到试算表。

提供了五种不同类型硝酸生产工厂的缺省因子。某些缺省值来源于使用特定减排技术的假设，工厂需不需要提供它们减排系统的数据，取决于所使用的缺省值。

（1）可受控制的输出流：局限于通风口的排放，因此相对容易衡量。

（2）不受控制的输出流：无局限的排放，因此难以衡量。

工具表的使用过程：

① 在 A 列填入硝酸的产量（t）。

② 在 B 列提供了氧化亚氮的缺省排放因子。使用特定氧化亚氮排放因子优先于缺省值，这些值填入 C 列。D 列自动选择自定义氧化亚氮排放因子。

③ 根据选择的不同类型的排放因子，输入特定减排效率数据以及减排技术的数据。在常规排放因子及缺省排放因子选定的情况下，上述数据是必须提供的。在硝酸生产车间，氧化亚氮可在工业废气或氮氧化过程或尾气中被清除。氧化亚氮消除因子取值范围在 0～1 之间。例如，如果清除装置运行 950 小时而硝酸生产装置运行 1 000 小时，则其消除因子是 0.95。

④ G 列及 H 列所取数值是自动计算生成的。

9.4 清单质量

为识别计算错误及遗漏，所得排放数据的质量必须予以控制。推荐以下两个简便有效的方法：

1. 排放数据比较

对于同一生产设备，对比其所用数据与之前所统计数据；当生产层次或是生产技术变革，不能对现有数据及历史数据的差异进行解释时，很可能就意味着存在计算错误。

2. 方法层级检查

如果运用方法 1 或方法 2 对排放量进行计算，报告人员可用方法 3 中介绍的方法检查结果是否在合理范围内。

10

估算纸浆生产和造纸厂温室气体排放的计算工具

10.1 执行摘要

本核算工具及报告内容包含了估算纸浆生产和造纸厂温室气体排放的计算工具，其版本 1.1 由国家改善大气与河流委员会为国际林纸协会联合会制定。该版本与 2001 年发布的版本 1.0 的不同，在附录 G 中描述。这些特定工业的工具的目的在于与温室气体计量议定书配合使用，上述“温室气体计量议定书”如下：WRI / WBCSD 发布的温室气体议定书、美国环境保护署（USEPA）发布的温室气体盘查议定书核心模块的指导意见、由自愿挑战与登记发布的“实体或基于设施报告的挑战注册指南”以及其他企业温室气体清单议定书。

这些工具反映了许多知名且被广泛接受的议定书的特征。此外，他们预计了一系列造纸厂在开发设施层级或企业层级库存清单时所必须解决的问题。为保证此工具与政府间气候变化专门委员会（IPCC）和 WRI/WBCSD 发布的指南一致，已做出了特别的努力。

这些工具是根据化石燃料燃烧中燃料含碳量（或可比的排放因子）和燃料消耗量数据去估算 CO_2 的排放量。生物质燃烧排放的二氧化碳不计为温室气体排放，这是本报告所检查的大多数议定书约定并俗成的，但如果企业选择报告生物质燃烧的排放，那么可以对它们单独报告。对于那些希望遵守 WRI/WBCSD 温室气体议定书的企业来说，应包括这些生物质燃烧所产生的 CO_2 排放，并且应将其与直接温室气体排放分别报告。不管选择哪种报告方法，清楚地区分源自生物质燃烧的 CO_2 排放以及化石燃料的 CO_2 排放都相当重要。在估算化石燃料和生物质燃料所产生的甲烷和氧化亚氮排放时，须使用排放因子和活动数据。为估算硫酸盐制浆造纸厂石灰窑和煅烧炉所产生的化石二氧化碳、甲烷和氧化亚氮排放，本指南提供了相应的方法。在估算垃圾填埋场和污水处理厂的温室气体排放时，如同估算车辆和其他化石燃料设备的排放量，须使用 IPCC 建议的方法。然而，在所有的情况下，企业可以使用场地特定的信息估算温室气体排放量，从而可产出比本报告列出的工具更精确的结果。

使用这些工具时，与外购电力或蒸汽相关的间接排放被包含于清单结果中，但是需要与直接排放区分。归因于输出电力或蒸汽的排放，是直接排放的一部分，为了表明在一些设施中所产生的直接排放是与输出的能量流相关的，本报告进行了明确的描述。报告中使用了 WRI/WBCSD 的“效率方法”去估算热电联产系统的温室气体排放。

本计算工具允许企业开发自身的排放清单，此清单包括所有组织边界内的直接排放源。例如企业拥有的运输车队，以及组织边界外的间接排放源，例如源自购买和消耗的电力、热力及蒸汽的排放，以及组织边界外的现场纸浆和造纸生产操作。可以理解的是，企业根据清单目标而报告最适当的间接排放源。对多数工厂来说，其温室气体简介主要由化石燃料的静态燃烧排放以及外购电力和蒸汽的排放所构成，这些排放在 10.9 和 10.13 中予以讨论。

对于那些仅考虑了 CO_2 排放的清单来说（即 CH_4 及 N_2O 的排放不包含于排放清单中），在估算排放时仅基于设施层级的燃料消耗量活动数据和 CO_2 排放因子可能会更合适。在某些特定情况下，也可以利用设施层级的活动数据对 CH_4、N_2O 排放量进行充分的估算。

为有助于理解清单结果，这些工具建议在结果中包含清单的运营边界的描述以及用于估算排放所用的排放因子。建议的企业清单结果报告的格式中可以将直接排放（源自企业拥有或控制的排放）与间接排放（是该公司的活动结果，但是发生源是由另一个公司控制或拥有）分别报告。企业可自行选择确定排放所有权的方法，但该方法应在清单结果中予以解释。用户可根据 WRI/ WBCSD 温室气体议定书的指导，来确定部分拥有或部分控制排放源的所有权。

为协助执行本报告所描述的计算，报告中提供了一个 Excel 工作簿。

10.2 计算工具（版本 1.1）

10.2.1 引　言

为了改进估算纸浆和造纸厂温室气体排放的方法，2001 年国际森林和造纸业协会（ICFPA）同意将国际工具发展为：

（1）启用统一收集可信、透明和可比的全球数据；

（2）注明林产工业的独特属性；

（3）建立一个框架，使得此框架有助于实施一系列可能会用到碳清单数据的项目。

为达到这个目的，ICFPA 气候变化工作组雇佣了国家改善大气与河流委员会研究中心（NCASI），以审查现有温室气体议定书及协助发展用于估算温室气体排放的计算工具。

本报告包含该成就的结果。版本 1.0 的这些计算工具发布于 2001 年 12 月。附录 G 显示了对此计算工具所做的修正。本报告的正文中描述了这些计算工具。附录汇总了一系列现有议定书中计算工具的相关特征，并且对估算方法提供了更多细节。

本材料仅包含纸浆和造纸厂的生产相关的排放。碳汇和森林封存相关的排放并没有解决。

这些计算工具将帮助企业开发温室气体排放清单用于各个目的，包括公司内部基准、公众报告、产品描述、碳交易。但是，决定温室气体清单编制的原则会根据项目而有实质的不同，所以计算工具的使用者需要清楚其清单预期用途的要求。

这些特定工业的工具应该与可接受的温室气体计量议定书（如：WRI/WBCSD 发布的“温室气体议定书”、USEPA 发布的“温室气体盘查议定书核心模块的指导意见”、VCR 发布的“实体或基于设施报告的挑战注册指南”或其他的温室气体清单议定书）结合使用。这些议定书对从定义温室气体清单目标到检查工业范围以外的结果的特定工具选项，这一范围内的问题提供了有价值的信息。佐治亚—太平洋公司的议定书便是一个公司自行开发林产工业特定议定书的例子。

10.2.2 林产工业温室气体排放情况

林产工业在全球碳循环中扮演着重要而复杂的角色。森林为行业提供了主要原材料。其可持续化的管理固定了大量的碳，并且提供了可用的产品，这些产品在使用和废弃过程中对碳库作出了重要贡献。此外，森林提供了多重的环境、社会及经济方面的效益。

在多数发达国家扩大林地面积的努力和发展中国家建立的新种植园，正在增加碳汇。正在进行研究以确认森林管理实践能够在现有森林优化碳汇的同时保持或者加强森林生产力并保护环境。

在森林生产出所需的产品时，碳也得以存储，因为大多数产品在使用及废弃后延长了碳储存的时间。回收利用是碳循环的一个重要组成部分，因为它可以帮助延长产品储存碳的时间。据估计，全球在森林产品中储存的碳每年增加 1.39 亿吨（Winjum，Brown 和 Schlamadinger，1998）。

林产工业严重依赖于取代了化石燃料的生物质燃料，后者是引起大气中二氧化碳含量上升的主要原因。在许多国家，使用生物质燃料可满足半数以上行业的能源需求。那些不可经济地回收的森林产品是生物质燃料的一个来源。

纸浆和造纸行业是使用热电联产系统（CHP）的全球领导者，它也被称为废热发电系统。热电联产系统使用相同燃料生产电能和热能，相比普通生产电力和蒸汽的方法，可产生两倍或更多的电力和蒸汽。因此可通过减少化石燃料使用量来减少温室气体排放。在一些国家，纸浆和造纸工业一半以上的能量来源于热电联产系统。

该行业与全球碳循环的相互作用是广泛而复杂的。因此，重要的是，该行业的温室气体排放不可被独立看待。只有在森林产品碳循环的整体环境中，才能对行业的排放的重要性进行适当的评估。

10.2.3 这些计算工具与其他温室气体议定书的关系

有很多关于温室气体排放的估算及报告议定书。大多数现有议定书是基于一套通用的一般原则的，它们的主要差异在于不同的议定书有不同的目的（例如国家清单、企业清单等）。

温室气体清单开发的一般原则是很重要的，并且应在准备清单时予以说明。但是，本报告并没有对这些问题有太多关注，因为这些原则是通用的且信息可在其他地方查找到。

在开发清单时一些特别有用的信息来源：

（1）联合国政府间气候变化专门委员会（IPCC）（IPCC 1997a，b，c，2000a）；

（2）世界资源研究所/世界可持续发展工商理事会（WRI/WBCSD）（WRI 2001，2004a）；

（3）皮尤全球气候变化中心（Loreti，Wescott，and Isenberg 2000；Loreti，Foster，and Obbagy 2001）；

（4）美国环境保护署（USEPA 2003）；

（5）加拿大气候变化自愿挑战与登记（VCR 2004）。

在企业使用这些计算工具时，WRI/WBCSD 和 PEW 中心的文献资料尤其相关，因为他们注重企业层级的报告。如何获取这些文件包含于文献引用中，WRI/WBCSD 和 PEW 中心的文献资料提供了下列通用并且重要的信息：

（1）温室气体报告原则（如：相关性、一致性、完整性、透明性、准确性）；

（2）定义企业目标清单（如：公开报道、自愿行动、碳交易）；

（3）建立组织和运营边界；

（4）建立历史参考数据和跟踪气体排放；

（5）清单质量管理；

（6）核查。

纸浆和造纸工业计算工具在这个报告中的目的是：帮助企业寻找满足于一系列议定书的数据，这些议定书包括 WRI/WBCSD 温室气体议定书。

鉴于 WRI/WBCSD 温室气体议定书的广泛认可，在使用这些计算工具时需要重点注意：它计算出来的信息可能无法完全满足温室气体议定书的报告要求。具体来说，温室气体议定书建议企业在清单中报告由空调和制冷设备排放的氢氟碳化物(HFCs),但是在纸浆和造纸业计算工具中并没有提及 HFC 的估算。 WRI/WBCSD 有一个用来估算 HFC 和 PFC 排放的计算工具（计算制造、安装、操作和处理制冷和空调设备中 HFC 和 PFC 排放的工具，版本 1.0), 温室气体议定书网站可提供下载(WWW.GHGPROTOCOL.ORG)。IPCC 也发出声明，企业如果想估算这些排放，则可能会在以上网站发现有用的温室气体排放计算工具（ IPCC 1997c，Section 2.17.4.2)。

WRI/WBCSD 温室气体议定书和这里介绍的计算工具会存在其他差异，存在这些差异的原因在于这些工具提供了温室气体议定书未要求的额外信息，或是提供了略微不同的格式。

也许与 IPCC 的建议方法仅有的一处显著差异来自估算垃圾填埋场排放的方法。IPCC 的计算方法依赖于通用的估算方法，而我们介绍的计算工具中，需要基于厂区特定的气体收集数据对温室气体排放量进行估算。

10.2.4 计算工具概述

10.2.4.1 应用计算工具所涉及的步骤

总的来说，计算工具需要用户执行以下步骤，其中大部分将在本报告的后续章节中进行详尽描述。

（1）确定清单的目标。

大多数开发企业温室气体清单的协议（包括 WBCSD 温室气体议定书),可以帮助企业了解温室气体清单结果的各种用途。温室气体清单的构思和执行将在很大程度上取决于清单结果的预期用途。因此企业在开发温室气体清单前，务必保证自己用于编制清单的方法满足于清单目标的要求。

（2）确定边界条件。

在编制温室气体清单时必须考虑两种类型的边界——运营边界和组织边界。组织边界反映的是企业的运营及法律架构的所有权和控制权。温室气体议定书（ WRI 2004a ）提供了关于确定组织边界的广泛指导。它将确立组织边界的过程描述为“选择一种估算温室气体排放的方法，然后一致地运用选定的方法，并且出于估算和报告温室气体排放的目的去定义那些构成企业的运营和商业”。温室气体议定书建议：以下两种方法都可以在设定组织边界时用来确定温室气体排放：股权比例方法和财务控制方法。温室气体议定书提供了确定组织边界的广泛讨论及例子（WRI 2004a）。

运营边界定义了那些需要满足清单目标的排放源，并将排放源分为“直接”排放源和“间接”排放源，尔后确定估算和报告间接排放的范围。“直接”和“间接”排放定义如下（WRI 2001，2004a）：

① 直接排放：报告企业拥有或控制的排放源。

② 间接排放：因企业活动而引起，但被其他组织拥有或控制的排放源。

当然，理论上能够和企业活动有相互联系的温室气体排放有一种无尽的上游下游因果关系。然而，温室气体议定书，通常要求企业的间接排放源自有限范围——如那些由企业所消耗但是由其他企业所生产的电力、蒸汽和热能，并且这些间接排放在计算工具中予以了说明。

该工具可以解决下列问题：

① 从厂区内运营产生的直接排放（例如：公司拥有的发电锅炉）；

② 从厂区外运营产生的直接排放（例如：公司拥有的采伐设备）；

③ 来自输出电力或蒸汽部分的直接排放；

④ 与外购电力或蒸汽部分相关的间接排放（例如：包括那些来自外包独立供电区）；

⑤ 不涉及电力和蒸汽传输的厂区内运营的间接排放（例如：外包的场内污水处理业务）。

那些希望满足温室气体议定书要求的报告编制企业，同时需要将所有直接排放以及那些归因于外购电力、蒸汽、沸水或冷水相关的间接排放包含于内（WRI 2004a）。

这些工具没有将非常规纸浆和造纸过程产生的运营排放包含在内，尽管企业可能会需要将其包含在内，以满足清单目标（例如：它们在企业的组织边界之内）。

（3）估算排放。

下一个步骤是估算温室气体排放。本报告中的计算工具解决下列问题：

① 来自化石燃料固定燃烧产生的二氧化碳排放；

② 来自化石燃料燃烧装置、回收炉、生物质燃烧锅炉、石灰窑炉等的甲烷和氧化亚氮的排放；

③ 来自纸浆生产过程中碳酸钙或碳酸钠添加剂使用时产生的二氧化碳；

④ 运输及移动源产生的二氧化碳、甲烷和氧化亚氮排放；

⑤ 来自造纸厂垃圾填埋场和废水厌氧处理过程的甲烷排放；

⑥ 移动源排放（例如：公司拥有的运输车队、采伐设备）；

⑦ 输出至附属碳酸钙沉淀（PCC）工厂的化石燃料源二氧化碳；

⑧ 输入的二氧化碳（例如：为酸碱中和）；

⑨ 与电力和蒸汽的输入和消耗相关的温室气体排放；

⑩ 电力和蒸汽输出所产生的温室气体排放。

这些计算工具可以估算纸浆和造纸厂生产过程中来自生物质燃烧的温室气体排放量，但这部分排放不包括在温室气体排放总量内（即需要分别处理）。生物质碳被认为是“中性碳”，因为生物质中的碳起源于大气。因此，生物质燃烧会使得碳循环至大气中，而化石燃料的燃烧会向大气中释放新的碳。温室气体议定书遵循的报告通常与国家清单所使用的相一致，即：生物质燃料燃烧所产生的二氧化碳排放会包含于报告中，但仅作为信息用途，并不将其包含于国家总排放中。10.7 中有具体明确生物质燃烧产生二氧化碳排放的估算方法。

虽然这些计算工具不能解决燃气管道系统或许会有的甲烷泄漏（例如：连接天燃气锅炉的管道），但是如果使用者希望说明这些与以上清单中列出的 GHG 排放相比很小的逸散释放，可到 USEPA 发布的《设备泄漏排放估算议定书》中寻找更多信息（USEPA 1995）。

（4）成果报告。

这个计算工具强调了结果的分类及透明性。本报告的 10.2.16 提供了一个报告清单的例子，此例子是为了给公司提供一个能够在清单中很好表达透明度和分类信息的方式（但是，企业可选择使用其他的格式来报告）。企业如果要报告生物质燃烧导致的二氧化碳排放的附加信息，请参考 10.7。

10.2.4.2 数据质量

本报告中的计算工具可根据不同的目的进行排放估算。在很大程度上，清单的编制目的将决定所需数据的品质和需要选择的估算方法。例如在收集企业基准数据时，允许使用通用的煤燃烧的排放因子，但是在碳交易计划中却需要根据具体燃煤的碳含量去估算排放。在企业编制清单之前，需注明根据清单的既定用途而对数据质量提出的要求。

在大多数情况下，企业可使用排放因子及相应的活动数据来估算温室气体排放（如：所消耗的燃油量）。对于大多数工厂来说，温室气体排放的最大来源是化石燃料固定燃烧装置。幸运的是这些设施通常有完整的化石燃料类型和消耗量记录，而这些源的二氧化碳排放与燃料的碳含量直接相关，如同在被广泛接受的排放因子中所反映的那样。

但是，对于大多数其他数据来源，由于有时只能获得极少的活动数据，以及更多情况下排放因子是基于很少的数据，导致温室气体排放的数据质量很低。由于排放因子会对温室气体清单产生重要影响，所以计算工具提供了表格（表 10.14）以鼓励企业说明用于开发清单的排放因子。

可以预见的是，在未来的时间里将对排放进行更多的测量，同时会改进排放因子来反映这些新的数据。所以排放清单的使用者需要了解这一过程以及其对排放量清单数据的影响。有一点可以肯定，估算结果的质量会随着时间的推移而逐渐提高，但是不可能预测估算会被高估或者低估。对大多数工厂而言，这些变化对其温室气体构成的影响并不重要。但是，因为温室气体最大的排放源来自大多数纸浆和造纸厂生产过程中化石燃料的固定燃烧，使得这很好理解。

10.2.4.3 单 位

不同的国家使用不同的计量单位（如：短吨与吨，美国加仑与英国加仑）。这将会产生相当大的混乱。因此需要应用全球统一的排放因子和评估技术，使用 SI（公制）系统编制报告。在 10.3 ~ 10.9 中包含国家或信息负责国所建议的排放因子及其他参数。对一些涉及计量单位的重要事项进行了额外批注。

（1）温室气体计量单位。

温室气体通常在它们造成全球变暖的估计潜力基础上相比较。全球变暖潜值（GWP）因子被开发，以用于将一定量的非二氧化碳温室气体用一个等量的变暖潜力转换为一定量的二氧化碳。虽然这些因子的推导过程依赖于一系列的假设，GWP 被普遍地用来比较温室气体之间辐射强度的影响。甲烷的 GWP 值为 21，从全球变暖的观点来看，1 克甲烷相当于 21 克的二氧化碳。氧化亚氮的 GWP 为 310。在其他地方有对这些推导的解释（IPCC，1996）。当一个排放估算是转换成等量的二氧化碳的几种温室气体组合时，那这个估算被称之为二氧化碳当量，简写为 CO_{2e}、CO_{2eq} 或 $CO_{2\text{-equiv}}$。为将二氧化碳、甲烷、氧化亚氮的排放转化为二氧化碳当量，需要将甲烷排放量乘以 21，将氧化亚氮的排放量乘以 310，然后将其分别相加。

二氧化碳当量有时也被看做在二氧化碳当量中碳的重量，通常用吨碳当量为单位（MTCEs）。MTCEs 是由二氧化碳重量（t，等于 1 000 kg）乘以 12/44 得来的，12/44 是二氧化碳中碳的质量分数。

为了保证温室气体报告的透明度和避免混淆，这些计算工具中通常报告的是每种温室气体的质量，而不是二氧化碳当量或 $MTCE_S$。然而在某些情况下，企业发现更加适合使用基于多种转换为二氧化碳当量或 $MTCE_S$ 的综合排放的排放因子。如果事先已予以说明，这是可以接受的。

（2）燃料的热含量：GCV 对 NCV。

一些国家根据其总热值（GCV）或高位热值（HCV）来衡量燃料，而其他国家则使用净热值（NCV）或低位热值（LHV）。GCV 与 NCV 的区别在于燃料燃烧过程中产生的水蒸气的形式（气态或液态）。GCV 包含燃烧后水的潜热。NCV 由生成气态水而计算（即未冷凝）。水的气化潜热在 GCV 中被减去了。当一种潮湿的燃料在燃烧时，存在两种来源的生成水：燃料中的含水和燃料中氢燃烧生成的水。

在任意湿含量下，燃料的 NCV 可由下式确定（Kitana and Hall 1989, p. 883）：

$$NCV = (1 - M_{wet})[GCV_{solids} - \lambda(M_{dry} + 9H)] \quad (10.1)$$

式中 NCV——任何湿含量下的净热值；

GCV_{solids}——干燃料总热值（零含水量）；

λ——水的气化潜热（2.31 MJ/kg，25 °C）；

M_{wet}——湿基燃料的含水量，%；

M_{dry}——干基燃料的含水量，%；

H——干燃料中氢的质量分数，%。

如果 NCV 是用干燃料来表示（例如：对应燃料的干基），则可以从干燃料的 GCV 来确定。

$$NCV_{solids} = GCV_{solids} - 9\lambda H \quad (10.2)$$

式中 NCV_{solids}——干燃料的净热值（零含水量）。

一个普遍接受的近似是：对于煤和石油来说，NCV 是 GCV 的 95%，对于天然气来说，NCV 是 GCV 的 90%（IPCC 1997c）。IPCC 没有提供生物质燃料的 NCV 和 GCV 的关系，估计是因为生物质燃料的含水量区别很大。然而，在大多数情况下，林产工业通过生物质中干燥固体的能量来描述生物质燃料的能量含量（例如：废纸浆、碎木燃料等）。因此，可使用公式 10.2 来换算干基生物质燃料的 NCG 和 GCV 之间的关系。许多木材品种的氢含量大约是 6%（占干木材比例的 0.06）。木材典型的 NCV_{solids} 值为 20 MJ/kg（IPCC 1997C）。因此：

$$NCV_{solids} = 20\ MJ/kg\ 干木 = GCV_{solids} - 9\times(2.31\ MJ/kg\ 水)\times(0.06)$$

$$4\ GCV_{solids} = 20\ MJ/kg\ 干木 + 9\times(2.31\ MJ/kg\ 水)\times(0.06) = 21.25\ MJ/kg\ 干木 \quad (10.3)$$

NCV_{solids} 和 GCV_{solids} 之间的近似关系可以使用以下公式：

$$\frac{NCV_{solids}}{GVC_{solids}} = \frac{20}{21.25} = 0.94 \approx 0.95 \quad (10.4)$$

重要的是，要意识到上面的关系仅在能量含量（表达为 GCV 和 NCV）用干基单位表示的情况下有效（例如：能量单位为生物质固体，如 20 GJ NCV 每吨干木）。

在本报告中，我们使用 NCV（LHV）。在某些情况，排放因子是由 GCV（HHV）转化的，并且使用上面所描述的近似值。在 10.3 ~ 10.9 中，能量相关的参数用发布信息的官方机构或国家采用的单位来表达。除特殊说明外，10.3 ~ 10.9 中使用 NCV（LHV）。

10.2.5 确定清单的组织边界

组织边界根据公司温室气体排放统计的用途来确定。存在大量各种可能的所有权划分方式，使得很难对如何推导组织边界给出特定指导。也许对确认组织边界的方法最彻底的讨论来自 WRI/WBCSD 温室气体议定书（WRI 2004a）。组织边界包括部分拥有或部分控制的排放源的公司会对议定书存在需求。温室气体议定书对方法的概述在此进行了总结。

当 GHG 的分配以合约形式被规定，则使用该分配。否则 WRI/WBCSD 温室气体议定书建议可用以下两种方法之一进行分配：根据控制权或股权比例。当然，如果报告企业拥有清单所考虑的所有运营权，则使用两种方法确定的组织边界是相同的。温室气体议定书还概述了不同的选择标准，这将有助于方法的选择，包括财务审计的一致性（WRI 2004a）。

使用以上的方法确定了企业的组织边界后，运营边界将会使用组织边界下的方法（所有权或控制权法）对排放源进行分类，分为直接和间接排放。对于外购电力或蒸汽的消费来说，情况相对简单，因为其排放通常来源于企业控制权或所有权外的排放源，因此是间接排放。

使用这些计算工具的公司可能遇到如下情况，清单包括的排放源只有部分排放被报告为企业层面的直接排放,因为排放源由公司共同拥有或者控制。在其他情况下（如：外包业务、不被公司拥有和控制）可报告在间接排放中。其中的一些例子包括：

（1）当工厂部分拥有生产设施的热电联产运营；

（2）独立供电区由其他公司拥有或部分拥有；

（3）所有由第三方拥有或操作的污水处理和垃圾填埋作业；

（4）工厂中的设施被多方所有。

10.2.6 识别列入清单运营范围内的纸浆和造纸生产

本报告中的表 10.11 可用于记录清单中所包含的运营边界。公司也可以使用其他格式来汇集此信息，但是建议在结果中包含对清单边界和运营的描述，这将有利于对结果的理解。

在许多议定书中（包括 WRI/WBCSD 温室气体议定书）都有确定组织边界以及确定所有权和控制权的考虑。（即设定组织边界。）

例如纸浆和造纸厂有温室气体排放潜在可能的生产过程，包括：

（1）该厂的电力锅炉、燃气涡轮机和其他燃烧装置生产蒸汽或者电力的过程；

（2）回收炉或其他燃烧造纸废液的设备；

（3）焚化炉；

（4）石灰窑炉和煅烧炉；

（5）气体或者其他化石燃料干燥器；

（6）厌氧污水处理和污泥消化操作（如果在现场或被公司拥有，则通常包含在清单的边界内）；

（7）放置造纸厂废弃物的填埋场（如果在现场或被公司拥有，则通常包含在清单的边界内）；

（8）厂内车辆和机械；

（9）供应造纸厂的收割设备（如果在现场或被公司拥有，则通常包含在清单的边界内）；

（10）工厂用于运输原材料、产品或废物的车辆（如果在现场或被公司拥有，则通常包含在清单的边界内）。

例如因纸浆和造纸厂有时消耗外购电力或者蒸气，而它们在生产时会有温室气体的间接排放产生，这些生产过程包括：

（1）制备原始纤维（公司所拥有的去皮、切片和其他贮木场作业）；

（2）制备再生纤维，包括脱墨；

（3）机械制浆；

（4）化学制浆；

（5）半化学制浆；

（6）其他化学制浆工艺；

（7）化学还原处理；

（8）纸浆过滤、增稠和洗涤；

（9）原始纤维漂白和回收纤维漂白及增白；

（10）现场生产二氧化氯和其他漂白化学品；

（11）纸和纸板的生产，包括存货盘点和完善；

（12）涂层，包括挤压涂层；

（13）修边、包卷、切纸等；

（14）工厂雇员的正常办公和建造；

（15）传入过程的水处理及废物处理过程的设备使用；

（16）非化石燃料燃烧排放控制设备（例如：静电除尘器、生物过滤器）。

有几种类型的辅助操作可能与工厂设施相关，但在某些情况下，它们并不在清单的组织和运营边界范围内。是否包含这些源的排放取决于清单边界范围。这些辅助操作有关的例子包括：

（1）位于制造现场的化工厂；

（2）主要业务是向邻近的工厂出售电力的商业发电厂；

（3）多数不在工厂内进行的加工操作。

10.2.7 实质性和重大排放问题

温室气体议定书通常允许企业忽视一些不会显著影响总排放量的排放。“实质性”的概念来源于财务报告，当报告值和审计值偏差在 5%（尽管这不是一个绝对的标准）以上时被认为存在实质性偏差（Loreti，Foster 和 Obbagy 2001）。在温室气体清单中，实质性没有普遍公认的标准（Loreti，Foster 和 Obbagy 2001）。温室气体议定书提供一般性的指导，“信息被认为是实质性的，如果因其被包含或排除，会对信息使用者的决定或行为产生影响”（WRI 2004a）。温室气体议定书继续讨论说，“当实质性的概念涉及值的判断，应预先定义在什么程度上偏差被认为是具有实质性（实质性限值）。一般来说，如果错误超过了被核查的组织的总清单的5%，则被认为是实质性误导”。但是，“实质性限值不同于最低排放，或一个公司可允许的在清单中略去的排放量。”它还指出，为了使用实质性的定义，特定排放源或活动的排放必须被量化，以确保它们低于限值。但是，排放量一旦被量化，那么使用限值的多数优点则会丢失（WRI 2004a）。

这些工具没有具体建议如何确定排放量是否已经很小，以至于可以忽略，而不会对清单产生实质性影响，但是这些工具中包含排放因子和计算实例，有助于企业决定哪些排放对于报告来说是实质性的。是否或者如何报告排放估计的讨论取决于企业或者他们向谁报告。这个决定可能会部分取决于产生公司清单报告时所用数据的质量和清单结果的使用目标。但是在清单的结果中，企业应该声明那些基于实质性考虑而排除的排放。此外，需要认识到如果数个单个不具备实质性的小排放源在清单中都被忽略时，累积效果可能会超过清单的5%而成为实质性遗漏。

表10.1中提供了本章节中具有代表性的排放因子。该信息可以帮助企业确定哪些排放源必须包含在清单中，以及哪些排放源很小而可以忽略。此报告的后续部分提供了来自IPCC和其他参考资料的排放因子。表10.1中的因子清楚地说明了在化石燃料燃烧过程中二氧化碳排放的重要性。在大多数情况下，甲烷和氧化亚氮的排放对企业温室气体库存清单的贡献相对较小，即使是使用二氧化碳当量基准也是如此。此外，对于其他非化石燃料燃烧源来说，它们的贡献也很小。本章节包含的计算实例，有助于确定那些次要的排放源。但是最终是否包含此排放的决定，必须要由公司或在温室气体报告程序指南中指出。

表10.1中不包括生物质燃烧中二氧化碳的排放。因为在温室气体议定书中，如果是国家清单，不需要报告在温室气体总量里，应该单独报告。

在清单结果中，公司应该识别那些被估算的太小以至于不会对清单结果造成实质性影响的排放。本报告中所呈现的报告格式允许通过将其报告为“非实质性”或“NM”，以识别这些情况。公司还应在报告中说明清单所使用的决定是否为非实质性排放的标准。例如可以用脚注来表明排放是非实质性的，是因为他们所占工厂或公司的直接排放小于一定比例。

表 10.1　用于识别重要和不重要温室气体源的排放因子的范围

	单位	化石-CO_2	CH_4	N_2O	默认值
			（CO_2 当量*）		
天然气用于锅炉	$kgCO_2$ 当量/TJ	56 100 ~ 57 000	13 ~ 357	31 ~ 620	2 4 5
锅炉用残油	$kgCO_2$ 当量/TJ	76 200 ~ 78 000	13 ~ 63	93 ~ 1 550	2 4 5
锅炉用煤	$kgCO_2$ 当量/TJ	92 900 ~ 126 000	15 ~ 294	155 ~ 29 800$^{\Theta}$	2 4 5
树皮和木柴废料	$kgCO_2$ 当量/TJ	0	<21 ~ 860	<310 ~ 8 060$^{\Theta}$	8
纸浆黑液	$kgCO_2$ 当量/TJ	0	42 ~ 630	1 550	8
石灰窑	$kgCO_2$ 当量/TJ	取决于燃料	21 ~ 57	0$^{\psi}$	2 6
石灰煅烧炉	$kgCO_2$ 当量/TJ	取决于燃料	21 ~ 57	1 550$^{\lambda}$	2 6
纸浆厂碳酸钙添加剂	$kgCO_2$ 当量/TJ	440	0	0	7
纸浆厂碳酸钠添加剂	$kgCO_2$ 当量/TJ	415	0	0	7
车辆用柴油燃料	$kgCO_2$ 当量/TJ	74 000 ~ 75 300	82 ~ 231	620 ~ 9 770	2 9
汽油用于非道路移动源和机械中的四冲程发动机	$kgCO_2$ 当量/TJ	69 300 ~ 75 300	84 ~ 30 900	93 ~ 2 580	2 9
汽油用于非道路移动源和机械中的二冲程发动机	$kgCO_2$ 当量/TJ	69 300 ~ 75 300	9 860 ~ 162 000	124 ~ 861	2 9
厌氧废水处理	$kgCO_2$ 当量/kg COD teated	0	5.25	0$^{\eta}$	方程 6 7
固体废弃物填埋场	$kgCO_2$ 当量/t 干固体废物	0	3 500$^{\infty}$	0	方程 1 3 5

* 二氧化碳当量用IPCC全球变暖潜值计算(甲烷 = 21,氧化亚氮 = 310)。

Θ 报告的氧化亚氮排放因子大于 1 500 kg CO_2 当量/TJ，通常限于流化床锅炉。

ψ IPCC 的资料表明，氧化亚氮不可能在石灰窑中大量形成。

λ 煅烧炉中产生的氧化亚氮如果存在的话，其量是未知的，因此在这里列出用于烧窑的一般燃料的最大因子。

η 假设处理厂没有气体捕获。

∞ 假设50%的填埋物是可降解有机碳,50%的可降解有机碳降解为气体,气体中50%的碳包含在甲烷中，填埋场覆盖物或捕获中没有甲烷氧化，且在垃圾被填满当年已经全部释放。这种方法是仅用于考虑排放因子是否在清单中适用。更多的精细估算方法在计算工具中阐明，使用精细方法通常会产生低于该排放估算的结果。

10.2.8 静态燃烧中由化石燃料产生的温室气体排放

10.2.8.1 二氧化碳

大多数的纸浆和造纸厂生产工厂中的温室气体排放主要来自化石燃料静态燃烧所排放的二氧化碳。二氧化碳的排放量可以从所燃烧的化石燃料碳含量以及排放因子中估算出。在某些情况下,会使用未氧化碳的校正(即减少)。公司可以使用以上来源的数据，优先选取下列来源：

（1）工厂使用的特定燃料数据；

（2）由政府官方推荐的最合适的数据；

（3）从其他来源获得的最合适的数据，如IPCC。

谨慎的做法是,认识到排放清单的既定用途会影响排放估算的精确水平,以及所用因子的特异性要求（例如：编制的公司内部的排放清单与编制参与交易排放计划的清单可能不要求相同的精度和分辨率)。

在可能的情况下，最好是获得工厂所用燃料的排放因子，这通常可以从燃料供应商处获得。此做法对于煤来说尤为重要，因为不同等级的煤会根据碳含量和发热值而存在很大的差异。天然气的排放因子也会不同，除其他因数外，还取决于原料气中的非甲烷碳氢化合物是否被移除。二氧化碳排放因子及化石燃料碳含量和未氧化碳的相关信息来源于大多数政府官方机构和各种现有议定书。IPCC通用（层级1）排放因子详见表10.2。

为修正未氧化碳所产生的二氧化碳排放,IPCC建议煤炭的缺省校正因子为0.98,石油和石油产品为0.9,天然气为0.995,泥煤为0.99(非家用燃烧)(IPCC 1997c)。基于这些建议，表10.2中的IPCC排放因子以未修正或者对未氧化碳修正的方式列出。但是，IPCC指出对于煤炭，未氧化碳可比默认值和引文高很多。澳大利亚的一项研究表明燃煤锅炉中未氧化的碳范围在碳进料的1%~12%左右。遗憾的是,在不同的温室气体核算和报告议定书中未氧化碳的最合适修正因子没有一致结论，表10.3中对这些信息作出了说明。除非另有说明，否则这些计算工具中提出的计算实例和使用的因子都是基于IPCC的建议。

表 10.2 IPCC 默认的化石燃料的二氧化碳排放因子（在 IPCC 1997B）

化石燃料	未校正的排放因子（千克 CO_2/TJ）	校正的排放因子（千克 CO_2/TJ）
原油	73 300	72 600
汽油	69 300	68 600
煤油	71 900	71 200
柴油	74 100	73 400
残油	77 400	76 600
液化石油气	63 100	62 500
石油焦炭	100 800	99 800
无烟煤	98 300	96 300
烟煤	94 600	92 700
次烟煤	96 100	94 200
褐煤	101 200	99 200
泥煤	106 000	104 900
天然气	56 100	55 900

假设这些因子没有未氧化的碳。为了计入未氧化碳，IPCC 建议乘以这些默认因子：煤炭 = 0.98，石油 = 0.99，煤气 = 0.995。

表 10.3 来自不同指导文件的未氧化碳的推荐修正因子

来源	煤	石油	天然气
IPCC（1997C）	98%	99%	99.5%
加拿大环境部（2004）	99%	99%	99.5%
美国环保署（USEPA2003）	99%	99%	99.5%
美国能源部（USDOE1994）	99%	99%	99%
美联社（USEPA1996）	99%	99%	99.9%

VCR（2004）中所示排放因子没有注明对未氧化碳的修正因子，但 VCR（2004）中所示的所有排放因子均来自加拿大环境部 2004。

在许多情况下，对于在生产设施中燃烧单一化石燃料的总二氧化碳排放在估算时可免于从单一燃烧装置分别估算。例如，一个工厂的几台锅炉和红外烘干机都使用的是天然气，那么可以根据天然气的气体使用量来估算出总的排放量。实际上，一些工厂可能为了便于行政管理，可能会缺乏用于分别估算各燃烧单元排放所需的燃料计量设备。

如果一个工厂输出化石燃料派生的二氧化碳，例如输出至附近的沉淀碳酸钙（PCC）工厂，这些输出就不应包含于排放总量中，因为这不是由工厂排放的二氧化碳。表 10.13 中有独立的一行以单独报告输出的化石燃料派生二氧化碳。

NCASI 已获得的数据表明，一些天然气燃烧设备（例如：一些类型的燃气烘干机）以及排放控制设备（如：蓄热式催化氧化系统 RCO 和蓄热式热氧化系统 RTO）的燃烧效率有时比工业锅炉低，允许一部分燃料以甲烷形式离开燃烧设备。这种情况可能在如下燃烧设备中存在：在较低的燃烧温度下操作（天然气自燃温度大约是 1 000 °F，要达到 99%的燃烧效率，燃烧温度需达到约 1 475 °F（Lewandowski 2000）)，炉子在热功率输入低或者在设计工作范围下限操作，以及天然气炉被损坏或者维护不充分。提供给 NCASI 的数据表明未燃烧的甲烷从流程或者从天然气燃烧器内进入 RCO，它将未燃烧就穿过，因为催化剂在正常的 RCO 操作温度下不会氧化甲烷。流程排放中的天然气通常在 RTO 中被氧化，因为操作温度高于甲烷的自燃温度。然而天然气在 RTO 操作于燃料模式（该模式下天然气与其他需要被控制排放的流程气一起投入 RTO 输入）下可能会比燃烧模式（该模式下天然气在 RTO 炉内燃烧）下排放更高水平的未燃烧甲烷。RTO 没有进行净化循环操作时这种状况更加明显。目前 NCASI 获得的数据表明未燃烧的甲烷量是高度可变的。

在大多数情况下，公司将结合最合适的排放因子以及燃料消耗活动数据来估算二氧化碳排放量。如果一个公司有可靠的天然气燃烧设备产生的甲烷释放量数据（如：排放测试结果），那么就可以使用此数据去修正由排放因子推算出的二氧化碳排放量，以计入未燃烧的燃料。这种计算的一个例子可在报告《木料制品生产设备估算温室气体排放计算工具》中找到（NCASI 2004）。

城市固体废弃物（MSW）或源于 MSW 的材料有时可用作燃料。城市垃圾中含有化石碳（主要是塑料）和生物质碳（纸和食品废物）。IPCC 建议使用城市生活垃圾的成分（即它的化石碳含量）来估算化石二氧化碳的排放。在没有其他数据可用时，IPCC 建议假设城市垃圾中湿重 16%为化石碳和 5%为未燃烧化石碳（IPCC 2000a）。这些联合假设得出了 MSW 燃烧的化石二氧化碳排放因子为 557 kg CO_2/t（湿基）。

10.2.8.2 甲烷和氧化亚氮

化石燃料燃烧排放的甲烷和氧化亚氮与二氧化碳相比是相对较少的。事实上，一些清单议定书没有包含从化石燃料燃烧排放的甲烷和氧化亚氮。但是因为一些计算工具中包含了甲烷和氧化亚氮的计算，所以在这些计算工具中列出。

公司会常常用到表 10.1 的数据以证明化石燃料燃烧中甲烷和氧化亚氮的排放量相对于二氧化碳的排放量来说是微不足道的。在其他情况下，可能存在单一的排放因子，它包括（可计量）化石二氧化碳、甲烷、氧化亚氮，并且把它们用二氧化碳当量表示。这种情况下，公司不需要单独地报告三种气体。

估算甲烷和氧化亚氮通常会涉及选择与燃料类别和燃烧类型相对应的最合适的排放因子。对于普通的化石燃料燃烧设备，如锅炉，建议在选择排放因子时遵循以下顺序：

① 工厂使用的特定燃料数据；

② 由政府官方推荐的最合适的数据；

③ 从其他来源获得的最合适的数据。

谨慎的做法是，认识到排放清单的既定用途会影响排放估算的精确水平，以及所用因子的特异性要求（例如：编制的公司内部的排放清单与编制参与交易排放计划的清单可能不要求相同的精度和分辨率）。

现有的议定书和大多数国家当局通常会发布用来估算化石燃料燃烧锅炉和其他燃烧设备的氧化亚氮和甲烷的排放因子。IPCC 提供了甲烷和氧化亚氮的层级 1 和层级 2 排放因子。IPCC 提供的估算排放的层级 1 方法是根据总的燃料消耗量以及平均排放因子计算所有（特定燃料）燃烧源的排放总量（IPCC 1997b，c）。IPCC 提供的层级 2 方法是基于详细的燃料和技术信息的。换句话说，层级 1 的分析是由设施水平的燃料消耗数据得来，而层级 2 的分析需要每个源的具体的燃料消耗数据和相关的源特定的排放因子。下面是方法 1 的一个例子：一工厂在下列设施中使用天然气：锅炉、干燥器、和 RTO 三个设备。总排放量的估算是利用三个设备天然气的总消耗量乘以天然气的排放因子来得到的。同一例子使用方法 2：排放量的估算需要锅炉所消耗的燃料以及该类型锅炉特定的排放因子、烘干机的排放估算是获得消耗的燃料以及该类型烘干机特定的排放因子，等等。层级 2 方法比层级 1 方法更详细，如果排放源的特定燃料消耗数据和排放因子可获得，则使用层级 2 方法会得到更加精确的结果。

表 10.4 中展示了甲烷和氧化亚氮的 IPCC 的层级 1 排放因子。表 10.5 展示了 IPCC 中的林产工业相关的许多化石燃料和燃烧设备的层级 2 排放因子，因为它们更具体，具体到燃料类型和燃烧装置，因此通常是首选的。

表 10.4 静态燃烧的 IPCC 层级 1 甲烷和氧化亚氮排放因子

（源自 IPCC 1997c）

	CH_4 排放因子（kg/TJ）	N_2O 排放因子（kg/TJ）
煤	10	1.4
天然气	5	0.1
石油	2	0.6
木料/木料残余	30	4

表 10.5 工业锅炉的 IPCC 层级 2 甲烷和氧化亚氮非受控排放因子

（IPCC 1997c）

燃料	技术	配置	kg CH_4/TJ	kg N_2O/TJ
烟煤	火上加煤机锅炉		1.0	1.6
次烟煤	火上加煤机锅炉		1.0	1.6
烟煤	下部加料锅炉		14	1.6
次烟煤	下部加料锅炉		14	1.6
烟煤	压制成粉	干底，墙体烧制	0.7	1.6
烟煤	压制成粉	干底，四角切圆燃烧	0.7	0.5
烟煤	压制成粉	湿底	0.9	1.6
烟煤	抛煤机	循环或冒泡	1.0	1.6
烟煤	流化床	循环或冒泡	1.0	96
次烟煤	流化床		1.0	96
无烟煤			10*	1.4*
残油			3.0	0.3
馏分油			0.2	0.4
天然气	锅炉		1.4	0.1*
天然气	涡轮机		0.6	0.1*
天然气	内燃机	2 级循环稀燃	17	0.1*
天然气	内燃机	4 级循环稀燃	13	0.1*
天然气	内燃机	4 级循环富燃	2.9	0.1*

* 此表是 IPCC 层级 1 的煤及天然气的一般排放因子。层级 2 排放因子不在其中。

甲烷及氧化亚氮的层级 1、层级 2 排放因子都是基于不可控排放的。这对于甲烷来说并不重要，因为大多数排放控制设备对甲烷排放的影响很小（IPCC 1997c）（可能会有例外，包括如 RTO 的热氧化系统，它在某些操作设置下可氧化甲烷）。氧化亚氮的排放则会受控制设备的影响，但是相关数据很有限（IPCC 1997c）。如果氧化亚氮排放对清单结果很重要，企业或许需要收集其排放数据。但是多数情况下，可控及不可控排放之间的区别预计对温室气体总排放影响很小。因此，企业一般会选用表 10.4、表 10.5 中提供的层级 1 或层级 2 排放因子，除非有适合个别工厂当时情况的其他排放因子。

使用柴油或汽油的静态内燃机（例如：那些用于驱动应急发电机或涡轮机）的甲烷及氧化亚氮排放因子可通过非道路移动源的排放因子得出，后者提供于表 10.9。

化石燃料可被用于森林产品业的不同燃烧单位。森林产品业中，关于估算特定单位的甲烷及氧化亚氮排放的具体建议解释如下：

回收炉——多数情况下，仅有少量的化石燃料在回收炉中燃烧。相应的二氧化碳排放可应用 10.2.8.1 中所说的方法予以计算。当大量的化石燃料燃烧后（它们代表了在用燃料的大部分），在选择甲烷及二氧化碳的排放因子时需要进行专业判断。但是在绝大多数情况下，被用于回收炉的少量的化石燃料可包含于用于估算制浆液燃烧的甲烷及二氧化碳的燃烧率中。回收炉的甲烷及氧化亚氮的排放因子提供于 10.2.11.2 中。

混合燃料——燃烧生物质和化石燃料的锅炉。从锅炉中释放的甲烷及氧化亚氮对燃烧条件很敏感，特别是燃烧温度。多数情况下，混合燃料锅炉的燃烧条件更类似于生物质燃烧锅炉，而不像化石燃料燃烧锅炉。因此，除非可获得的现场特定数据,该数据源于测试类似的锅炉燃烧相匹配的混合燃料，建议在估算混合燃料锅炉的甲烷及氧化亚氮排放时通过锅炉的总热量输入及生物质的甲烷、氧化亚氮排放因子计算。这些排放因子汇总于 10.2.11.2 中。

在某些情形下，车间会运行混合燃料锅炉，在此混合燃料锅炉中，化石燃料是锅炉给料的主要构成。虽然在这些情形下，使用之前所介绍的估算甲烷、氧化亚氮的方法是合适的，但是同样有效的方法是：各种化石燃料消耗率乘以各类燃料的排放因子，再加上生物质燃料的消耗率乘以生物质燃料的排放因子。

硫酸盐制浆厂石灰窑及煅烧炉——石灰窑及煅烧炉的排放很特殊，以至于需要单独讨论（在 10.3 中讨论）。

燃气红外烘干机、焚化炉及其他各种造纸和制浆排放源——这些燃烧单位中化石燃料燃烧产生的二氧化碳可用 10.2.8.1 中描述的方法进行计算。如果缺乏场地特定的信息，企业可以假设排放源的甲烷及氧化亚氮是微不足道的（基于燃料的消耗量），或使用层级 1 排放因子，或在其他流程中相似燃料燃烧的排放因子。表 10.1 中的数据说明，对多数企业而言，只需相对简单的注明甲烷及氧化亚氮排放很小，因此可以在清单中予以忽略。这些排放源的化石燃料燃烧产生的二氧化碳排放可用燃料的碳含量或二氧化碳排放因子予以直接估算，所用方法与其他静态燃烧单位所使用的方法一致。

计算甲烷及氧化亚氮排放指南的总结：

基于 10.2.8.2 所给出的信息，以下给出关于甲烷及氧化亚氮计算的指南。

① 如果车间仅有能力取得车间级别的燃料消耗数据,本活动数据可与层级 1 排放因子共同使用以估算排放。

② 如果车间可获取燃烧设备具体的燃料消耗数据，本活动数据可与可获得的适当的层级 2（特定源）排放因子以及在层级 2 排放因子不可获得情况下的层级 1 排放因子（例如：燃气烘干机、焚烧炉）一同使用，来计算排放量。

③ 如果车间有能力获得排放源设备（诸如燃气烘干机和焚烧炉）的甲烷排放数据，则此信息可用来核对由排放因子及燃料消耗量获得的排放估计。

计算实例：使用天然气的小型工厂的 CO_2、CH_4 及 N_2O 排放。

一小型工厂通过小型锅炉及若干红外线干燥器使用天然气。此工厂的记录反映了一年内，工厂使用了 1 700 万方的天然气。此后工厂决定通过天然气总消耗量估计排放量，而非将锅炉排放与红外线烘干机的排放分别计算。工厂不知道所用天然气的碳含量，但 IPCC 排放因子为 55.9 tCO_2/TJ（修正 0.5%未氧化碳之后）。工厂使用表格 10.4 中提供的甲烷及氧化亚氮的排放因子（5 kg CH_4/TJ 及 0.1 kg N_2O/TJ）。工厂估计天然气的热值为 52 TJ/kiloton，密度为 0.673 kg/m^3。年度排放计算如下：

CO_2 排放：

（17×10^6 m^3 gas/y）×（0.673 kg/m^3）= 11.4×10^6 kg gas/y = 11.4 ktonne gas/y

11.4 ktonne gas/y）×（52 TJ/kiloton）= 595 TJ/y

（595 TJ/y）×（55.9 t CO_2/TJ）= 33 300 tonne CO_2/y

CH_4 排放：

（595 TJ NCV/y）×（5 kg CH_4/TJ NCV）= 2 975 kg CH_4/y = 2.975 tonne CH_4/y

使用 IPCC GWP 值 21，此数据等同于 to 62.5 tonne CO_2-eq./y。

N_2O 排放：

（595 TJ NCV/y）×（0.1 kg N_2O/TJ NCV）= 59.5 kg N_2O/y = 0.06 tonne N_2O/y

使用 IPCC GWP 值 310，此数据等同于 18 tonne CO_2-eq./y。

总 GHG 排放 = 33 300 + 62.5 + 18 = 33 400 tonne CO_2-equivalents/y

以二氧化碳为基准，甲烷及氧化亚氮排放大约是二氧化碳排放的 0.25%。

这样的排放量是相对较小的，即使排放因子是几倍大。正因为这样，公司可能会决定在结果中不包括甲烷及氧化亚氮的估算，而在结果中指出估算结果表明排放量对排放清单不具备实质性，因为其排放量不足二氧化碳排放的 0.25%。

计算实例：使用烟煤粉的大型固态排渣、墙式燃烧锅炉的 CO_2、CH_4 及 N_2O 排放。

锅炉每小时产生 350 000 kg 蒸汽（大约 770 000 pounds/hr）。在一年时间内，工厂的记录显示锅炉消耗了 336 000 Mg（370 000 t）煤，这种煤的热值较高，平均为 13 000 Btu HHV/lb。

（1）基于燃料碳含量的 CO_2 排放量。

工厂有锅炉燃煤的碳含量信息（80.1%碳，质量单位）。工厂认为烧煤锅炉中（2%未燃烧碳）未燃烧碳的 IPCC 缺省修正是合理的。工厂决定使用表 10.5 中提供的甲烷及氧化亚氮的层级 2 IPCC 缺省排放因子。使用烟煤粉底固态排渣、墙式燃烧锅炉的 IPCC 层级 2 排放因子是 0.7 kg CH_4/TJ NCV 及 1.6 kg N_2O/TJ NCV。工厂应用了常见的假设——煤的净热值（或低位热值）比总热值（或高位热值）低 5%。二氧化碳、甲烷及氧化亚氮的年度排放估计如下：

CO_2 排放：

（336 000 Mg/y coal）×（0.801 Mg carbon/Mg coal）×（0.98 Mg carbon burned）×（44 Mg CO_2/12 Mg carbon）= 967 000 Mg CO_2/yr or 967 × 103 t CO_2/yr

CH_4 排放：

370 000 short tons coal/y = 740 × 10^6 pounds/y

（740 × 10^6 pounds/y）×（13 000 Btu HHV/pound）= 9.62 × 10^{12} Btu HHV/y

对煤来说，LHV 是 0.95 乘以 HHV（参考 10.2.4.3 中的第 2 部分）。

（9.62 × 10^{12} Btu HHV/y）×（0.95 to correct to LHV）= 9.14 × 10^{12} Btu LHV/y

（9.14 × 10^{12} Btu LHV/y）×（1 055 J/Btu）= 9.64 × 10^{15} J NCV/y = 9.64 × 10^3 TJ NCV/y

CH_4 排放 =（9.64 × 10^3 TJ NCV/y）×（0.7 kg CH_4/TJ NCV）= 6.75 × 10^3 kg CH_4/y 或 6.75 t CH_4/y

应用甲烷的 IPCC GWP 值 21，这等同于 142 t CO_2-eq./y。

N_2O 排放：

N_2O 排放 =（9.64 × 10^3 TJ NCV/y）×（1.6 kg N_2O/TJ NCV）= 15.4 t N_2O/yr

应用氧化亚氮的 IPCC GWP 值 310，这等同于 4 780 t CO_2-eq./y。

总 GHG 排放 = 967 000 + 142 + 4 780 = 972 000 t CO_2-equivalents/y

相较于 CO_2 排放量，锅炉的甲烷及氧化亚氮的排放量非常小。

CO_2 排放 = 967 000 t CO_2/y；

CH_4 排放 = 142 t CO_2-eq./y 或 0.015% of CO_2 排放；

N_2O 排放 = 4 780 t CO_2-eq./y 或大约 0.5% of CO_2 排放。

（2）基于排放因子的 CO_2 排放计算。

在本例中，工厂不可获得锅炉燃煤的碳含量信息。二氧化碳的 IPCC 层级 1 缺省排放因子为 94.6 t CO_2/TJ NCV。工厂认为烧煤锅炉中（2%未燃烧碳）未燃烧碳的 IPCC 缺省修正是合理的。

CO_2 排放：

370 000 short tons coal/y = 740×10^6 pounds/y

（740×10^6 pounds/y）×（13 000 Btu HHV/pound）= 9.62×10^{12} Btu HHV/y

针对煤，LHV 是 0.95 乘以 HHV（参考 10.2.4.3 中的第 2 部分）。

（9.62×10^{12} Btu HHV/y）×（0.95 to correct to LHV）= 9.14×10^{12} Btu LHV/y

（9.14×10^{12} Btu LHV/y）×（1 055 J/Btu）= 9.64×10^{15} J NCV/y = 9.64×10^3 TJ NCV/y

未修正 CO_2 排放 =（9.64×10^3 TJ NCV/y）×（94.6 t CO_2/TJ NCV）= 912×10^3 t CO_2/y

修正 2%未燃烧碳后的 CO_2 排放 = 894×10^3 t CO_2/y

甲烷及氧化亚氮排放在上文（1）中已计算。

CO_2 排放 = 894 000 t CO_2/y；

CH_4 排放 = 142 t CO_2-eq./y 或 0.016% of CO_2 排放；

N_2O 排放 = 4 780 t CO_2-eq./y 或大约 0.5% of CO_2 排放。

与之前例子类似，这种比较表明：对于很多工厂来说，可仅需简单的声明化石燃料锅炉的甲烷及氧化亚氮排放对于排放清单不具备实质性。

10.2.9 硫酸盐制浆厂石灰窑及煅烧炉的排放

源自硫酸盐制浆厂石灰窑及煅烧炉的化石——二氧化碳排放可使用与估算其他固定源化石燃料燃烧设备的二氧化碳排放相同的方法进行估算——通过确定烧窑的化石燃料的消耗量，尔后根据燃料的碳含量或排放因子进行估算。这些二氧化碳排放应与其他化石燃料相关的二氧化碳一同报告。

虽然 $CaCO_3$ 在烧窑或煅烧炉中燃烧会释放二氧化碳，但是从 $CaCO_3$ 中释放的碳是生物质碳，其源于木料，不应包含在温室气体总排放内。对于那些按照 WRI/WBCSD 议定书要求准备相应清单报告的企业，在报告时应报告其与生物质相关的排放，但是须与化石燃料燃烧的直接排放相区分。在 10.7 已经供了一份报告此附加信息的模板。硫酸盐制浆工厂的碳转移以及区分生物质和石灰窑化石二氧化碳排放的原因于 10.3 中予以解释，此解释是由 Miner 和 Upton（2002）提出的。

源自硫酸盐制浆厂石灰窑及煅烧炉的甲烷、氧化亚氮排放数据很少。本文仅揭示了于 80 年代初（NCASI1981）三种烧窑经取样后的数据。数据显示排放因子为 2.7 kg CH_4/TJ。对于商业烧窑来说，IPCC 建议燃油及燃气的烧窑的排放因子分别为 1.0 及 1.1 kg CH_4/TJ。IPCC 因子仅是针对商业烧窑的，并不适合于硫酸盐制浆厂石灰窑。表 10.1 说明了对于化石燃料烧窑或煅烧炉，甲烷排放相对于化石燃料二氧化碳排放是很少的。

关于烧窑或煅烧炉释放的氧化亚氮数据暂时没有，但是旋转烧窑中的温度太高以至于无法大量生成氧化亚氮（更多信息请参考 10.3）。因此可以很自然地假设旋转烧窑的氧化亚氮排放是微不足道的。煅烧炉中的温度似乎更容易生成氧化亚氮（参考 10.3）。虽给定了石油及天然气的氧化亚氮排放因子范围，但是对于使用化石燃料的煅烧炉来说，氧化亚氮的排放量相对于化石燃料煅烧炉产生的二氧化碳排放量非常小。

硫酸盐制浆厂石灰窑及煅烧炉的建议排放因子，总结于表 10.6 中。

在世界上一些工厂，烧窑或煅烧炉产生的烟道气被输送到相邻的沉淀碳酸钙（PCC）车间作为原材料加以利用（PCC 是时常在纸和纸板产品中用作无机填充剂或涂层材料的一类物质）。在清单示例的结果表格中提供了一条单独的方式，以解释上述化石燃料二氧化碳被输送至 PCC 车间的量。这些化石燃料生成的二氧化碳输出不应包含于温室气体总排放量中，因为它们并不是由工厂释放的。如果工厂想显示与烧窑烟气一同输送的生物质转化的二氧化碳量，则可作为附加信息（参考 10.7）。

有时，工厂会在 PCC 车间并未运作的情况下将二氧化碳输送至 PCC 车间。本计算工具并不强求修正这种情况下二氧化碳的输送量，因为输出的二氧化碳已经不属于工厂，同时工厂也不能控制 PCC 车间是否使用。如果 PCC 车间在制定清单，则从工厂收到的任何未用化石——二氧化碳都会在其清单中被列为直接排放。对 PCC 车间的化石燃料二氧化碳输出被示于结果表格中（表 10.13）。此表格同时用来显示工厂的任何二氧化碳输入，例如中和反应。

表 10.6　硫酸盐制浆工厂石灰窑及煅烧炉的排放因子

燃料	硫酸盐法浆厂烧窑			硫酸盐法浆厂煅烧炉		
	CO_2	CH_4	N_2O	CO_2	CH_4	N_2O
残油	76 600*	2.7^{θ}	0	76 600*	2.7	0.3^{ϕ}
馏分油	73 400*	2.7^{θ}	0	73 400*	2.7	0.4^{ϕ}
天然气	55 900*	2.7^{θ}	0^{χ}	55 900*	2.7^{θ}	0.1^{ϕ}
沼气	0	2.7^{θ}	0^{χ}	0	2.7^{θ}	0.1^{ϕ}

*——源于表 10.2，并经过未燃碳修正；

θ——源于 NCASI 1981；

χ——基于 IPCC 对于温度对 N_2O 排放产生的描述；

ϕ——源于表 10.5；

δ——因与其他燃料相比，沼气的组成和燃烧条件更接近于天然气，因此假设使用天然气的排放因子是恰当的。

这些计算工具并没有解决输出的二氧化碳最终归属或最终由 PCC 车间排放的二氧化碳的所有权，因为这两个问题都处于造纸业运营边界外。它也没有解决输送至 PCC 车间时有多少碳被固定的问题。但是最终，PCC 车间中大多数碳在垃圾纸的填埋、脱墨工厂的残留物填埋或废纸燃烧的灰烬过程中被固定。

计算实例：给料为天然气的石灰烧窑的温室气体排放。

一个 1 000 t/日的硫酸盐制浆厂有一座单一的燃气石灰窑。工厂的记录显示去年工厂使用了 28.6×10^6 磅的天然气，此种天然气的典型热值为 21 000 Btu HHV/lb，密度为 0.77 /m^3。IPCC 中锅炉所用天然气的二氧化碳排放因子可用作石灰烧窑的排放因子，因为其二氧化碳排放可视为仅由气体组成。锅炉中天然气的 IPCC 二氧化碳排放因子为 55.9 t CO_2/TJ（在 0.5%未氧化碳修正后）。对于甲烷，工厂决定仅使用烧窑可获得的排放因子（2.7 kg CH_4/TJ），同时假设氧化亚氮排放是微不足道的，因为 IPCC 中有关氧化亚氮生成所需温度的讨论。烧窑的温室气体排放计算如下：

CO_2 排放：

28.6×10^6 pounds gas/y × 21 000 Btu HHV/lb = 601×10^9 Btu HHV/y

for natural gas，LHV is 0.9 times HHV（see Section 4.4.2）。

601×10^9 Btu HHV/y × 0.9（to convert to LHV） = 541×10^9 Btu LHV/y

541×10^9 Btu/y ×（1.055×10^{-6} GJ/Btu） = 570 000 GJ/y = 570 TJ/y

570 TJ/y × 55.9 t CO_2/TJ = 31 900 t CO_2/y

CH_4 排放：

570 TJ/y × 2.7 kg CH_4/TJ = 1 540 kg CH_4/yr

使用 IPCC CO_2 当量系数 21，这等同于 32 t CO_2。这是一个相较于二氧化碳排放量很小的数量（31 900 t）。额外地，此估计是基于一套较小的旧数据集。相应地，在清单中工厂可能在报告中说明甲烷排放对于清单不具备实质性。

N_2O 排放：

根据以上讨论和 10.3 中的更多细节，IPCC 对于燃烧过程中生成氧化亚氮所需温度的分析说明石灰烧窑中不大可能会有大量的氧化亚氮排放。因此工厂可能会在清单结果中对此说明。

总 GHG 排放 = 31 900 + 32 + 0 = 31 900 CO_2-equivalents/y

10.2.10 化学添加剂的二氧化碳排放

10.2.10.1 纸浆工厂所用碳酸盐添加剂的排放

尽管回收系统中钠和钙的损失通常由非碳酸盐化学品补充，有时仍会使用少量的 $CaCO_3$ 及 Na_2CO_3。这些化学品所含的碳通常是化石起源的，尽管在某些情况下（例如：从以纯碱为基础半化学品工厂购买的 Na_2CO_3）它们可由生物质转化得来。在本文的计算工具中，假设在这些化学添加剂中的碳以二氧化碳的形式从石灰炉或回收炉逸散。这些排放在计算时须假设回收系统及苛化系统所用的 $CaCO_3$ 和 Na_2CO_3 中所有碳都释放至大气层。其排放量通常很小，在正常情况下，一般用工厂采购记录或工厂基准来进行计算。如果化学添加剂中的碳是起源于生物质的（不常见情况），则其释放的二氧化碳不被考虑为温室气体排放，同时，这种情况下前文所说的碳不需包含于总温室气体，尽管温室气体议定书要求其应该作为附加信息在报告中予以披露。更多信息请参考 10.7 节。

纸浆厂中，计算基于碳酸盐使用的化学添加剂的化石二氧化碳排放所用的转换因子，见表 10.7。

表 10.7 纸浆厂碳酸钙及碳酸钠化学添加剂的排放*

	排放
纸浆厂添加剂 $CaCO_3$	440 kg CO_2/ t $CaCO_3$
纸浆厂添加剂 Na_2CO_3	415 kg CO_2/ t Na_2CO_3
* 如添加剂源于生物质，GHG 排放为零	

需要指出的是，因在苛化过程中以碳酸钙形式流失，钙添加剂是必需的。流失的碳酸钙通常被填埋，从而起到了固碳作用。

因本计算工具的默认方法并没有考虑到系统的碳损失，因此碳酸钙添加剂中所估计的二氧化碳排放要高于实际排放。如果该排放很显著，公司可能要进行详细分析以计入苛化过程中的碳酸钙损失。

计算实例：烧窑使用 $CaCO_3$ 作为添加剂的硫酸盐制浆厂。

一 2 000 tpd 硫酸盐制浆厂通过工厂记录得出工厂在苛化过程中一年使用 7 000 t 碳酸钙作为添加剂（此工厂的添加率为 2%）。

本工厂所用碳酸钙来自化石源（非生物质源）。排放估算如下：

$$(7\,000\ t\ CaCO_3/y) \times 440\ kg\ CO_2/t\ CaCO_3 = 3\,080\,000\ kg\ CO_2/y = 3\,080\ t\ CO_2/y$$

10.2.10.2 来自烟气脱硫系统（FGD）的石灰石或白云石使用的排放

石灰石（$CaCO_3$）及白云石（$CaCO_3 \cdot MgCO_3$）[1] 是很多类别的工业所使用的基本原材料，包括电力及工业车间的烟气脱硫系统、流化床锅炉所用的吸附剂。例如，湿法石灰石的“洗涤器”使用石灰石泥浆——由水和非常细碎的石灰石组成的混合物——以阻止二氧化硫流出烟囱。二氧化硫气体和细碎的石灰石会在氧气及钙的环境下发生一种快速的化学反应，生成可去除的固态废物。在此化学反应过程中石灰石被加热，同时生成副产品二氧化碳。纸浆和造纸工厂的一些给料为煤的锅炉存在这样的 FGD 系统。

石灰石作为吸附剂材料使用时导致的二氧化碳排放可如下计算：将石灰石或白云石的使用量乘以平均碳含量，大概是石灰石质量的 12%，或白云石质量的 13%（基于化学反应平衡式计量）。此种方法假设矿物中的所有碳均被氧化、释放，同时材料中仅有少量杂质。用摩尔质量根据二氧化碳与石灰岩的质量比率转换，得到排放因子为 0.440 tCO_2/t 石灰石以及 0.447 tCO_2/t 白云石。所耗石灰石的质量可从购买记录或测量数据得到（如秤）。

将这部分转化为二氧化碳质量基准。

工业用途的石灰石往往是纯石灰石、白云石以及少量杂质（例如：氧化镁、二氧化硅及硫黄）的混合物。估算作为吸附剂使用的石灰石所造成的二氧化碳排放时的不确定性部分取决于石灰石的化学组成。

10.2.11 静态燃烧中由生物质燃料产生的排放

10.2.11.1 生物质燃料燃烧产生的生物质源二氧化碳排放

很多纸浆厂和造纸厂产生了多于其能量需求的能量，这些能量来自于此工厂的废弃物及生产流程中产生的生物质燃料。生物质燃料燃烧时产生的二氧化碳不包含于温室气体总排放中。但是温室气体议定书要求生物质产生的二氧化碳须报告为附加信息。此方法是联合国气候变化框架公约对国家清单的总体规定。因此，为与已建立的惯例保持一致，采用此类计算工具估算出的温室气体库存结果不包括生物质燃烧的二氧化碳排放，但估算生物质产生的二氧化碳的方法同时予以提供，以满足报告需要（参考 10.7）。

森林固碳量的增加或减少由森林综合计算系统统计。此方法是联合国气候变化框架公约对国家清单的总体规定。大多数国际协议，包括 IPCC，都已采纳这套由联合国发起的公约。IPCC 已声明生物质燃烧产生的排放不增加大气中的二氧化碳浓度（IPCC 1997 a，c）。

因此，为与这些已建立的惯例保持一致，采用此类计算工具估算出的温室气体清单结果不包括生物质燃烧的二氧化碳排放。但是 WRI/WBCSD 温室气体议定书以及一些国家报告议定书要求估算并报告这些排放，只是需要与直接温室气体排放予以区分。

这些计算工具提供了一个空项，以便对生物质燃烧产生的二氧化碳排放分别报告。在 10.7 中包含一些信息，这些信息可帮助想与这些要求保持一致的企业。

IPCC 提供了一个生物质燃料的清单（IPCC 1997a，c）：

（1）木料及木屑（虽然产生沼气的木屑及其他生物质未被 IPCC 单独列出，但很明确它们属于生物质的总体定义范围内）；

（2）木炭；

（3）粪便；

（4）农业残留及废物；

（5）城市及工业废物中生物质起源的有机材料（包含纸浆和造纸厂的废水处理）；

（6）蔗渣；

（7）生物酒精；

（8）造纸黑液；

（9）掩埋场废气；

（10）污泥废气。

泥煤燃烧的 CO_2 排放通常被认为是温室气体，并包含于化石燃料燃烧的排放中（见表 10.2）。

不凝气（NCGs）由还原态硫化合物以及其他有机化合物组成，这些化合物是在硫酸盐制浆流程中形成的。这些气体往往在锅炉、烧窑或作为减污装置的焚化炉中被收集、燃烧。因为在 NCGs 中的碳是木料源，因此 NCGs 燃烧过程中产生的二氧化碳是由生物质起源的，由此，不应包含于直接温室气体排放表中。在硫酸盐制浆工厂中 NCGs 的燃烧消耗量相比于制浆废液以及其他木屑燃料是很小的。关于 NCGs 燃烧释放的甲烷或氧化亚氮数据暂时不可获得。

10.2.11.2 生物质燃料燃烧产生的甲烷及氧化亚氮排放

尽管生物质燃烧释放的二氧化碳已基本上完全排除于温室气体清单之外，但是生物质燃烧产生的甲烷及氧化亚氮往往包含于其中，因为这两种气体不参与大气中二氧化碳的固定—循环过程，详见 10.2.11.1 部分。因此，本文中的计算工具可在计算相应的排放时提供帮助。

如果一企业拥有可信的估算生物质燃烧所释放的甲烷及氧化亚氮量所需的特定现场的数据，则企业应使用这些数据。不然的话，有必要使用最合适的排放因子。不幸的是，可获得的生物质燃烧的甲烷及氧化亚氮排放数据很少。

IPCC 于 1996 年发布的修订后清单指南使用了 EPA 开发的排放因子。很多国家也同样使用这个排放因子。后来 EPA 又修订了这些因子。但是即使是更新后的 EPA 因子，也仅是基于有限数据的。表 10.8 提供了生物质锅炉的甲烷及氧化亚氮排放数据信息。表 10.8 中也包含了 IPCC 中针对“木料、木屑及其他生物质废物”燃烧的层级 1 排放因子。

表 10.8 中并不包含基于 IPCC 或 EPA 因子的个别国家因子。数据的变化反映了所测试锅炉的种类及使用年限、使用环境、控制设备以及燃料特性。在章节 10.2.11.1 中已有所描述，硫酸盐制浆流程中 NCGs 燃烧导致的甲烷或氧化亚氮排放数据暂时没有。表 10.8 所示的排放因子是与工厂相适应的，因此企业在估算排放量时需要根据具体情况选取。例如，拥有流化床锅炉的公司会更倾向于使用 Fortum 排放因子，因为它是基于流化床锅炉开发的，而其他排放因子是基于机械加煤锅炉或其他未详细说明设计的锅炉。但是在很多情况下，因为排放因子的范围以及此时刻与锅炉各种运行条件相匹配的能力有限，很合理的便是表格中所示的平均排放因子以适应锅炉。这些平均排放因子在 CORINAIR 排放清单中引用的范围内（范围请参考表格）（EFA 2004）。对于给料为木料燃烧的设备，最合适的是使用表 10.4 中所示的 IPCC 层级 1 排放因子。在某些情形下，设备在估算排放时须将设备层面燃料消耗量数据以及层级 1 排放因子相配合使用。

表 10.8 生物质燃烧的甲烷及氧化亚氮排放因子

排放因子描述	kg CH_4/TJ	kg N_2O/TJ	备注
废木料燃烧炉			
木料、木屑及其他生物质和废物	30	4	层级 1-IPCC 1997c
使用木料燃烧的机械加料锅炉的未控制排放	15	—	层级 2-IPCC 1997c
木屑燃烧平均值	9.5*	5.9*	USEPA 2001
烧泥煤或树皮的循环流化床锅炉均值	1	8.8	Fortum 2001
烧泥煤或树皮的鼓泡流化床锅炉均值	2**	<2	Fortum 2001
1980 前使用木屑燃烧的机械加料锅炉，取样在控制设备前	8.2*	—	NCASI 1980
1980 前使用木屑燃烧的机械加料锅炉，取样在除湿器后	2.7*	—	NCASI 1985
燃木锅炉	41$^{\lambda}$	3.1$^{\lambda}$	JPA 2002
木料作为燃料	24$^{\lambda}$	3.4$^{\lambda}$	AEA Tech. 2001
废木料	30	5	Swedish EPA 2004
废木料平均排放因子	12	4	
回收炉			
回收炉	<1	<1	Fortum 2001
回收炉—造纸黑液	2.5$^{\Omega}$	—	JPA 2002
造纸黑液	30	5	Swedish EPA 2004
造纸黑液平均排放因子	2.5	2	
	1 ~ 17.7	1 ~ 21.4	EEA 2004

*——由 GCV 转换至 NCV 并考虑了 5%的差异；

**——排除了一个在低氧高一氧化碳条件下的极大值；

λ——基于干基含热量 20 GJ/t；

Ω——基于液体的干基含热量 13.3 GJ/t。

使用生物质燃料和化石燃料混合燃料的锅炉：

在 10.2.8.2 中已讨论过，锅炉的甲烷及氧化亚氮排放对燃烧条件很敏感，尤其是燃烧温度。多数情况下，混合燃料锅炉的燃烧条件更类似于生物质燃料锅炉，而非化石燃料锅炉。甲烷及氧化亚氮排放与燃烧条件关系更直接，而非燃料种类。因为大多数基于木料的燃料有着很高的湿度，一个合理的缺省值便是假设混合燃料锅炉的燃烧条件反映了木屑燃料的影响。因此，除非可获得厂区特定的相似锅炉燃烧可比较的混合燃料的数据，或除非混合燃料锅炉的燃烧条件相比木屑燃料锅炉更类似于化石燃料锅炉，建议在计算混合燃料锅炉的排放时通过锅炉的总热量输入，及生物质的甲烷、氧化亚氮的排放因子进行估算。

某些情形下，一设备也许会运营某一混合燃料锅炉，此锅炉所用燃料中，化石燃料占比更大。虽然在这些情形中，使用前文所述计算方法估算甲烷及氧化亚氮排放是合适的，同样有效的计算方法是：每种化石燃料消耗率乘以燃料的排放因子，加上生物质燃料的消耗率乘以生物质燃料的排放因子。

计算实例：有树皮锅炉的工厂。

一工厂有一循环能力为 250 000 kg 蒸汽/小时（550 000 pound/hr）的循环流化床锅炉（CFB）。一年内，此锅炉燃烧了大约 6.9×10^6 GJ 的树皮以及 0.8×10^6 GJ 的燃油。因为锅炉使用了化石燃料作为补充，所以有必要通过所用的化石燃料及基于总燃烧率的甲烷、氧化亚氮排放去估算二氧化碳排放。工厂决定使用残油的 IPCC 排放因子（76.6 t CO_2/TJ，经过了 1%的未燃碳修正），估算甲烷及氧化亚氮排放基于总燃烧率以及在 Fortum 研究了 CFB 锅炉后得出的排放因子。Fortum 发现的平均排放因子示于表 10.8 中，为 1 kg CH_4/TJ 及 8.8 kg N_2O/TJ。

化石燃料的 CO_2 排放：

（0.8×10^6 GJ/y）＝（0.8×10^3 TJ/y）

（0.8×10^3TJ/y）×（76.6 t CO_2/TJ）＝61 300 t CO_2/y

CH_4 排放：

总热量输入＝（6.9×10^6 GJ/y）＋（0.8×10^6 GJ/y）＝7.7×10^6 GJ/y＝7.7×10^3 TJ/y

7.7×10^3 TJ/y × 1 kg CH_4/TJ＝7 700 kg CH_4/y＝7.7 t CH_4/y

使用 IPCC 暖化潜势 21，等同于 162 t CO_2-eq./y。

N_2O 排放：

总热量输入＝7.7×10^3 TJ/y

7.7×10^3 TJ/y × 8.8 kg N_2O/TJ＝67 800 kg N_2O/y＝67.8 t N_2O/y

使用 IPCC 暖化潜势 310，等同于 21 000 t CO_2-eq./y。

总 CO_2 当量排放＝61 300＋162＋21 000＝82 500 t CO_2-equivalents/y

10.2.12 归因于外购和输出电力及蒸汽的排放

购自其他公司的电力或蒸汽（或热水）通常会导致间接排放。例如，“排放由报告企业的活动所导致，但是产生自其他企业掌握或控制的排放源”（WRI 2004a）。当然，企业所用的每种原材料、能量源及服务都会有间接排放的影响。但是很多 GHG 核算议定书，选择性地包含了与电力及蒸汽消耗相关的间接排放，因为它们适用于很多的活动，同时也是企业的总温室气体排放的显著组成部分。因此本报告中出现的工具，解决了电力及蒸汽（或热水）传输的间接排放问题。与多数现存议定书类似，这些计算工具建议在报告时将间接排放与直接排放分别报告。

10.2.12.1 购买电力及蒸汽的排放因子

电力公司及政府机构基于国家或地区公布发电时的排放信息，因此估计其间接排放及相应的电力购入是相对容易的。但是往往困难的是判定电力的排放因子是包含了全部的温室气体还是仅仅有二氧化碳。区别一般不重要，因为二氧化碳在大多数情况下占绝大多数。因此出于这些工具的目的，假设购入电力的排放因子包括了所有温室气体，同时以二氧化碳当量报告。如果可以获得与电力相关的个别气体的排放因子数据，个别气体可分别报告后合并为二氧化碳当量，或个体排放因子可合并为二氧化碳当量排放因子。

电力输送中的损耗根据输送距离的不同而有所差异。某些情况下，损耗很明显，以至于它成为了电力输送的重要依据。但是，购入电力的温室气体排放因子很少考虑输送损失的影响。例如，温室气体议定书声明了“购买电力的最终用户不需报告与[输送及分配]损失相关的间接排放，因为最终用户在使用电力时并不拥有[输送及分配]的经营权。”（[输送及分配损失]）（WRI 2004a）。更多地，接受温室气体议定书很少询问电力的使用者去计量输送损失。这样一来，这些工具建议在对购买电力使用排放因子时不包含输送损失。但是如果输送损失特别重要，则可在结果中注明，同时其影响可在支持材料中予以估计。

此外，一些公布的购入电力的排放因子是“完整的燃料循环”排放因子，后者包含燃料生产的上游排放。因为完整的燃料循环排放因子并不规范，这些计算工具建议购入电力的排放因子仅基于电力制造者的排放而非其上游排放。如果公司必须使用完整的燃料循环排放因子（例如：以满足国家报告要求），应在结果中予以说明。

10.2.12.2 电力外购

为估算与已消耗电力外购相关的间接排放，企业应用可得到最合适的购买电力排放因子。例如，它应该反映电力生产被购买期间所产生的排放。在大多数纸浆及造纸工厂，电力外购是来自于基本负荷。因此多数情况下，应使用基本负荷或平均排放因子，而不是边际或峰值电力排放因子。如果企业可说明其峰值电力排放因子（或其他排放因子）更加合适，那么可以予以应用，但是应在结果中记录其理由。在某些情况下，电力购入的排放因子会反映特定的与电力供应商之间的购买协议（例如："绿色"电力）。

在购入电力生产于附近 CHP 系统的情况下，与电力购入相关的排放可使用 10.2.12.6 中所描述的方法予以估算。当然，如果某工厂所使用的热力及电力都源自 CHP 系统，则没有必要指定（确定）排放。在这种情况下，如果企业掌握或控制排放源，则所有排放都应报告为直接排放。另一方面，如果排放源被另一实体所掌握或控制，则所有排放应报告为间接排放。

计算实例：工厂购买电力。

在加拿大 Alberta 有一工厂，在一年中购买了 300 TJ 的电力（83 300 MW · h）。

加拿大 VCR 注册指南显示，在 Alberta 的购买电力的平均排放因子为 0.991 kg CO_2 eq./kW · h。

相关的间接排放估算如下：

83 300 MW · h/y = 83.3 × 10^6 kW · h/y

（83.3 × 10^6 kW · h/y）×（0.991 kg CO_2-eq./kW · h）= 82.6 × 10^6 kg CO_2-eq./y = 82 600 t CO_2-eq./y

10.2.12.3 电力输出

对于工厂报告与电力、蒸汽生产相关的所有直接排放，不管电力、蒸汽被内部使用还是外部输出，本计算工具均建议了报告结果的模板。当企业想要描述直接排放对输出电力、蒸汽的贡献时，例子中的报告表格提供了一份建议格式。表格同时提供了一份模板，以便企业比较输出电力碳强度（单位 kg CO_2/MW · h）与外购电网中电力的碳强度。企业会发现这很利于突出基于生物质的电力及 CHP 系统所生产的电力对环境有利的贡献。对于想遵从 WRI/WBCSD 温室气体议定书的企业，不应净外购/输出或其相应的排放。电力输出可能包含于可选信息分类下，但是源自电力生产的排放始终包含于组织的直接排放分类下。

估算电力输出的排放影响涉及估算工厂生产输出电力所产生的排放。因为工厂的输出电力往往产生于热电联产（CHP）系统，企业通常需要使用CHP系统中所介绍的方法去计算输出电力的排放。

在清单结果中，企业可显示输出电力或蒸汽的碳强度（例如，单位为kg CO_2/MW·h或kg CO_2/GJ）与外购电网中电力或蒸汽的碳强度相比较的结果。为估算电网的碳强度，工厂应使用可获得的最合适的电网排放因子。例如：其应反映被电力输出所假定取代的排放。因为工厂通常输出电力至基本负荷（例如：工厂通常不会是峰值功率的供应者），大多数情况下会使用基本负荷排放因子而不是边际或峰值功率排放因子。但是如果更加合适，则企业可以使用峰值或边际排放因子。

10.2.12.4 蒸汽外购

在很多情况下，当工厂外购蒸汽时，它是被附近的CHP系统所生产的。在这样的情况下，工厂所报告的间接排放可通过10.2.12.6中描述的分配方法进行计算。在其他情况下，工厂和蒸汽制造商之间的合同可能会定义电厂所产生的排放是如何在电厂卖出的电力和蒸汽之间分配的。在这些情况下，分配方法应在结果中予以解释。如果外购蒸汽不是产自CHP系统，则工厂应应用专业判断以估算所产生的排放。在计算中，输送至工厂的热量可进行适当修正，以反映返回冷凝物中的热量。用于估算与外购蒸汽相关的间接排放的方法应在清单结果中予以描述。

10.2.12.5 蒸汽及热水输出

与电力的例子相类似，源自公司掌握锅炉的总的现场排放被视为直接排放，不管蒸汽或热水是否是输出的，与输出蒸汽或热水相关的排放可分别披露。例如，在温室气体议定书中此信息可能提供于选择性信息部分。估算这类排放的方法与估算输出电力的方法相类似。用于估算方法的选择取决于是否涉及CHP系统。如果来自锅炉的蒸汽未经CHP系统中使用就直接输出，则锅炉的排放通常可按蒸汽输出量成正比分配（作为锅炉产生总蒸汽量的一部分）。但是，如果涉及了CHP系统，为分配排放，须使用10.2.12.6中叙述的方法进行计算。在这两种情况下，工厂所输送的热量可予以修正，以反映返回冷凝物中的热量。各种情况都会要求使用最佳的专业判断。热水输出的处理与蒸汽输出相同，在能量含量基准下（例如，1 GJ的热水能量假设等同于1 GJ的蒸汽能量，源自工厂生产蒸汽的热水时的热量损失被假设为可忽略）。

10.2.12.6 热电联产系统（CHP）的排放分配

当电力由热电联产（CHP）系统生产时，可能很有必要将 CHP 系统产生的排放分配至多种输出的能流。当然，如果工厂掌握着 CHP 系统，同时利用着其所有的输出，便没有必要分配，因为所有的排放都是工厂的直接排放。但是在很多情况下，工厂可能会或多或少地接收源自外部提供者所提供的 CHP 能量，或者会输出一部分的自身的 CHP 能量。例如，如果某工厂从附近的电力工厂外购蒸汽，则有必要估算与外购蒸汽相关的间接排放。类似地，如果某工厂将源自 CHP 系统的能量输出但是将蒸汽内部使用，则必须估算工厂的排放对输出电力能产生多大的贡献。热水输出的处理方法与蒸汽输出相同。

尽管有好几种分配 CHP 系统排放的方法，在这些计算工具中仍然推荐“效率”方法（其他不同方法的附加信息参见 10.4）。推荐“效率”方法是因为此方法试图将能量输出与产生这些能量所用的燃料量相联系，以及延伸地，将产生这些能量所造成的温室气体相联系。如果企业使用了其他方法，则必须在结果中进行描述。

效率方法是 WRI/WBCSD（WRI 2004b，c）所建议的三种方法之一。此方法有两个版本。简化效率方法相对简单，但是涉及几个关于设备效率的假设。我们预计此简化方法对于很多工厂使用足够，因此，简化效率方法作为缺省方法包含于本报告中。详细的效率方法则比较复杂，但是可使用工厂有可能拥有的特定现场的 CHP 系统的设计以及操作数据。详细的效率方法在 10.4 中描述。

当工厂或企业有不止一个 CHP 系统时，如果已有基础可对不同 CHP 系统使用各自的效率，则在对所有系统分配排放时，不需对电力及蒸汽生产使用同样的效率数据。

简化效率方法：

效率方法要求使用针对电力及蒸汽生产的假设效率因子，或针对基于细节过程设计及运营信息的每一种蒸汽或电力生产装置的实际效率因子。我们假设热水生产的效率与蒸汽生产的效率相同。应用效率方法最简单的途径是指派一个单效率因子至所有电力输出以及热量（蒸汽及热水）输出。此信息被用来计算效率比率，此比率等同于电力生产效率除以热量输出效率。例如，如果 CHP 系统生产蒸汽的效率为 80%，而生产电力的效率为 40%，则比率为 2。通常使用效率比率而非个体效率，因为：① 此比率控制着排放的分配，而个体效率不能做到；② 个体效率被能量平衡所限制，因此不可能独立地指定。基于该效率比，使用公式 10.5 及公式 10.6 对 CHP 系统的排放在热量及电力输出之间进行分配。本方法在此报告中被称为简化效率方法。对于那些缺少或选择不使用 CHP 系统的细化设计及运营数据的企业来说，建议使用简化效率方法。

$$E_H=\left\{\frac{H}{H+P\times R_{eff}}\right\}\times E_T;\ R_{eff}=\frac{e_H}{e_P} \tag{10.5}$$

式中 E_H——可归于热量生产的排放份额，t GHG/y；

E_T——源自 CHP 车间的总排放，t GHG/y；

H——热量输出，GJ/y；

P——电力输出，GJ/y；

R_{eff}——热生产效率比电生产效率；

e_H——典型热生产的假设效率（缺省值 = 0.8）；

e_P——典型电力生产的假设效率（缺省值 = 0.35）。

归于电力生产的排放份额是由这样的关系被指定的：

$$E_P=E_T-E_H \tag{10.6}$$

式中 E_P——归于电力生产的排放份额。

在这些计算中，蒸汽中的热量可予以修正，以反映返回冷凝物中热量的数量。

在使用此简化效率方法时，推荐使用电力生产的效率 0.35，及蒸汽生产效率 0.8（或热水），并可与效率比率（R_{eff}）相匹配。下面的计算实例使用了这些建议的缺省效率因子。

计算实例：分配 CHP 排放至三种输出流——通过简化效率方法与 WRI/WBCSD 建议的美国缺省效率因子。

某工厂有如图 10.1 所示的 CHP 系统，但是缺少（或选择不使用）细化能量平衡信息。反而，企业选择使用简化效率方法及 WRI/WBCSD 建议的美国缺省效率；电力生产为 0.35，蒸汽生产为 0.8（WRI 2004b，c）。

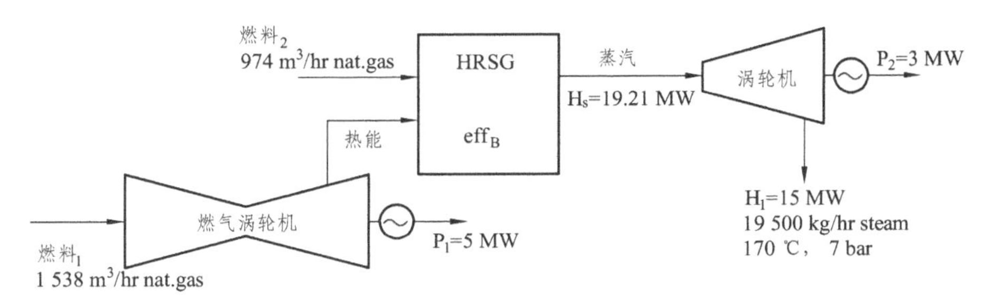

图 10.1

使用这些假设效率，排放可如下被分配为 CHP 系统的这三种输出（使用 1 小时运营基准）：

总系统排放：

燃料 1：

CO_2（1 538 m^3/hr）×（0.039 GJ/m^3）×（55.9 kg CO_2/GJ）= 3 353 kg CO_2/hr

CH_4（1 538 m^3/hr）×（0.039 GJ/m^3）×（0.000 6 kg CH_4/GJ）×（21 CO_2-eq./CH_4）= 0.76 kg CO_2-eq./hr

N_2O（1 538 m^3/hr）×（0.039 GJ/m^3）×（0.000 1 kg N_2O /GJ）×（310 CO_2-eq./N_2O）= 1.86 kg CO_2-eq/hr

总燃料 1 排放 = 3 356 kg CO_2-eq./hr

燃料 2：

CO_2（974 m^3/hr）×（0.039 GJ/m^3）×（55.9 kg CO_2/GJ）= 2 123 kg CO_2/hr

CH_4（974 m^3/hr）×（0.039 GJ/m^3）×（0.001 4 kg CH_4/GJ）×（21 CO_2-eq./CH_4）= 1.12 kg CO_2-eq./hr

N_2O（974 m^3/hr）×（0.039 GJ/m^3）×（0.000 1 kg N_2O /GJ）×（310 CO_2-eq./N_2O）= 1.18 kg CO_2-eq./hr

总燃料 2 排放 = 2 126 kg CO_2-eq./hr

总 CHP 系统排放 = 3 356 + 2 126 = 5 482 kg CO_2-eq./hr

总系统电力输出 = $P_1 + P_2$ = 8 MW

$$R_{\text{eff}} = \frac{0.8}{0.35} = 2.3$$

$$E_{\text{H}} = \left\{\frac{15\ \text{MW}}{15\ \text{MW} + (8\ \text{MW} \times 2.3)}\right\} \times 5\ 482\ \text{kgCO}_2\text{eq} = 2\ 462\ \text{kgCO}_2\text{eq}$$

$$= 20\ 681\ \text{tCO}_2\text{eq/y at350 d}/y$$

$$E_{\text{P}} = 5\ 482\ \text{kgCO}_2\text{eq} - 2\ 462\ \text{kgCO}_2\text{eq} = 3\ 020\ \text{kgCO}_2$$

$$= 25\ 368\ \text{tCO}_2\text{eq/yr at350 d/yoperation}$$

使用简化效率方法及缺省电力、蒸汽效率因子，CHP 系统的排放可按下列比例分配至输出流：

分配至热量输出的 CHP 排放 = 100 × 2 462/5 482 = 44.9%

分配至电力输出的 CHP 排放 = 100 × 3 020/5 482 = 55.1%

这些比例可用于分配所有源自 CHP 系统的温室气体排放。

能量输出的排放因子可拓展如下：

CHP 热量输出的排放因子 = （2 462 kg CO_2-eq./hr）/15 MW

= 164.1 kg CO_2-eq./MW · h

CHP 电力输出的排放因子 = （3 020 kg CO_2-eq./hr）/8 MW

= 377.5 kg CO_2-eq./MW · h

10.2.13 车辆及混杂化石燃料燃烧设备的温室气体排放

企业一般拥有一些车辆，以运输原材料、产品、废物及雇员。企业也可能拥有非道路车辆及其他种类的化石燃料燃烧设备。因为企业或许会倾向于将这些排放包含于共同的温室气体清单（在 WRI/WBCSD GHG 议定书中已建议），它们在这些计算工具中已有所提及。企业应该在清单结果中指出是否已包含这些排放。

10.2.13.1 公路车辆的温室气体排放

有意包含这些排放的企业可在计算排放时基于燃料消耗数据或旅行距离的数据。如果企业使用燃料消耗数据估算二氧化碳排放，则此估算使用的是与估算静态、化石燃料燃烧相同的方法及排放因子（见 10.2.8.1）。

公路源的甲烷及氧化亚氮的排放因子可于 IPCC 1997c 卷中找到。一系列参数会影响公路车辆的甲烷及氧化亚氮排放，包括车辆种类、消耗燃料种类、运行特征、排放控制、维持手段以及车队年龄。这些因素的影响会反映在 IPCC 1997c 公路车辆的排放因子的表格中。大体来说，以汽油为燃料的公路车辆的甲烷及氧化亚氮排放因子，合并且表达为二氧化碳当量时，范围是 1.2 ~ 13.5 kg /GJ，中值为 4.6 kg/GJ。以柴油为燃料的源的甲烷及氧化亚氮的排放因子相对较低，范围是 0.6 ~ 4.4 kg CO_2-equiv/GJ，中值为 1.0 kg CO_2-equiv/GJ。液态运输燃料的二氧化碳排放因子通常很接近 70 kg CO_2/GJ。

IPCC 1997c 中的排放因子说明，对于某些种类的公路运输源，甲烷及氧化亚氮排放仅是总温室气体排放的很小的一部分，但是这些源在其他种类的运输情况下可能更显著。WRI 2004d 中提供的指南仅解决了运输源的二氧化碳排放，可能是因为在估算甲烷及氧化亚氮排放时的困难，以及其对于总温室气体排放的贡献量较小。

应认识到，使用基于里程数的排放因子可能会导致估算排放时精确度较低，而使用基于燃料消耗量数据时，排放的估算精度会较高。但是，如果企业认为使用基于行驶里程数据去估算排放更方便，则可以使用 WRI 2004d（于 10.5 中重现）中提供的二氧化碳排放因子。WRI/WBCSD 温室气体议定书并不提供针对运输源的甲烷及氧化亚氮排放因子。

10.2.13.2 非道路车辆及设备的温室气体排放

企业可能拥有非道路车辆及其他化石燃料驱动的设备，并且想将其包含于自身组织边界范围内。这些排放源可能包含铲车甚至链锯。

可使用燃料消耗数据及表 10.2 中提供的排放因子来估算这些排放源的二氧化碳排放。其中一些排放源的温室气体排放主要部分是甲烷及氧化亚氮，氧化亚氮排放报告为 30 g/GJ 或 9 kg CO_2-equiv./GJ，可超过这些排放源的二氧化碳排放量的 10%。

移动源的排放因子在多处可见。一些可获得的信息总结于 10.5 中。IPCC 指南包含数个不同组的排放因子，而不会推荐单一组的排放因子（IPCC 1997c）。表 10.9 就源自于 IPCC 引用的源头之一。表格中的二氧化碳因子来自于表 10.2，并且与 IPCC 1997c 的原表格有所不同，因为使用了 IPCC 建议，修正了未氧化碳。表 10.9 同时包含了全部的使用 IPCC 全球暖化潜势（甲烷为 21，氧化亚氮为 310）推导的二氧化碳当量排放因子。

公布的移动源的甲烷及氧化亚氮排放因子据议定书不同而不同。特别地，氧化亚氮排放因子的差别，最高会对二氧化碳当量造成 10%的影响。当企业需要精确计算这些源的排放时，建议检查 10.5 中讨论的多种源，以确定最佳的排放因子。但是在多数情况下，表 10.9 所提供的排放因子已经足够。

表 10.9 非道路移动源及设备的排放因子（IPCC 1997c）

（IPCC 修订后 1996 指南截取自 EMEP/CORINAIR）

源及发动机类型	CO_2 kg/TJ	CH_4 kg/TJ	N_2O kg/TJ	CO_2-equiv. kg/TJ
林业柴油	73,400*	4	30	82 800
工业柴油	73,400*	4	30	82 800
铁路柴油	73,400*	4	30	82 800
内陆水运柴油	73,400*	4	30	82 800
海运柴油	73,400*	7	2	74 200
工业汽油 4 冲程	68,600*	50	2	70 300
林业汽油 2 冲程	68,600*	170	0.4	72 300
工业汽油 2 冲程	68,600*	130	0.4	71 500
内陆水运汽油 4 冲程	68,600*	40	2	70 100
内陆水运汽油 2 冲程	68,600*	110	0.4	71 000

*——源于表 10.2，经未燃碳修正。

计算实例：厂区内车辆及设备的温室气体排放。

基于购买记录，某工厂估算了一年内为厂区内车辆及设备所购买的燃料数量。

它应用了表 10.1 中所示的最大的排放因子并且估计其排放会比工厂排放的 0.5%还少。工厂与其尝试去研究出更精确的估算方法，还不如决定在结果中报告：仅此排放源的排放是不重要的，因为它们仅占总排放不到 0.5%的比例。

计算实例：企业的林业运营及木料运输车队的温室气体排放。

某企业的燃料购买记录显示，在一年中，以下数量的燃料被此企业的林地运营及向企业运输木料的车队所消耗：

汽油 = 10 000 l－企业估计大约 90%的此燃料用于 4-冲程发动机，同时 10%用于 2-冲程发动机，在森林设备中。

柴油 = 200 000 l

汽油的热含量大约为 0.034 GJ/l，柴油的热含量大约为 0.038 GJ/l。

企业决定使用表 10.9 中的二氧化碳当量排放因子去估算排放。

用于 4-冲程的发动机的汽油 = 10 000 l/y × 0.9 = 9 000 l/y

9 000 l/y × 0.034 GJ/liter = 306 GJ/y = 0.306 TJ/y

0.306 TJ/y × 70 300 kg CO_2-equiv./TJ = 21 500 kg CO_2-equiv./y = 21.5 t CO_2-equiv./y

用于 2-冲程的发动机的汽油 = 10 000 l/y × 0.1 = 1 000 l/y

1 000 l/y × 0.034 GJ/liter = 34 GJ/y = 0.034 TJ/y

0.034 TJ/y × 72 300 kg CO_2-equiv./TJ = 2 460 kg CO_2-equiv/y = 2.5 t CO_2-equiv./y

使用的柴油 = 200 000 l/y

200 000 l/y × 0.038 GJ/l = 7 600 GJ/y = 7.6 TJ/y

7.6 TJ/y × 82 800 kg CO_2-equiv./TJ = 629 000 kg CO_2-equiv./y = 629 t CO_2-equiv./y

企业控制的森林运营及木料车辆的总温室气体排放：

21.5 + 2.5 + 629 = 653 t CO_2-equiv./y

10.2.14 来自垃圾填埋场中废弃物所产生的温室气体排放

这些计算工具假设许多企业会将企业控制的填埋场包含在库存边界范围内。这些工具同样可以用在那些案例中：工厂的过程废弃物由市政固态废弃物填埋所处理，同时企业关心的是估算工厂对市政填埋在排放方面的贡献。一些企业仍然持有未处理的木料残留堆。对于非故意堆肥或暴露于空气中的木料残留堆，甲烷排放可使用 14.2 中提供的针对填埋的估算方法予以计算。

类似于为多数议定书所接受的例子，在这些工具中仅对甲烷排放有所处理，因为源自填埋场的二氧化碳由生物质碳构成，而氧化亚氮排放假定是可忽略的。

表 10.1 中显示的是废弃物填埋的排放因子。此因子是基于一系列保守的假设，并且在多数情况下，会导致比实际填埋工厂废弃物的排放更高的估算。在决定填埋气排放是否对清单具备实质性时，排放因子非常有用。但是，在估算清单结果时建议使用这里所描述的方法。

10.2.14.1 使用填埋气体收集系统的数据

在某些情况下，企业填埋场是用低渗透性的覆盖材料所覆盖，并且收集了填埋气体。在多数这种情况下，收集及破坏的甲烷的数量可通过厂区具体的数据予以估算。IPCC 建议方法仅间接使用此信息。IPCC 建议，企业首先通过估计总气体生成量（使用下列讨论的其中一种数学模型），而后减去甲烷捕获及燃烧的数量，来估算填埋气体排放。这两者的差我们假设是释放掉了。此种方法的问题在于，因为估算甲烷生产量时有很大的不确定性，其燃烧的数量便很容易比企业估算出的生产量更大，从而产生负排放。同样的，估算的生产率与测量后收集率的比较可能会得出非常低的收集效率，这仅是因为估算甲烷生产时的不确定性所导致。

另一种可行的方法是，测量收集在有效的收集系统内的甲烷量：以估算系统的收集效率，而后反向计算生产的甲烷数量。例如，如果某工厂覆盖的填埋场地决定了其收集系统每年收集了 90 t 的甲烷，而工厂估算其收集效率为 90%，此种情况下，生产的甲烷为 100 t。

此方法的问题在于，填埋气体收集系统的效率会有所变化，存在较高的不确定性。已报告的收集效率范围为 60% ~ 85%（USEPA 1998d）。这种变化性及不确定性使得 IPCC 认为："使用未记载的对填埋气体回收潜力的估算是不合适的，例如某些估算会过高估计回收的数量"（IPCC 2000a）。尽管如此，此方法是建立在测量值——收集的气体量的基础上的。

因此，可以很合理地认为，在少数情况下，它会产生比 IPCC 缺省方法更加精确的估算。这对于工厂填埋尤为正确，因为数据可获得性太小，而不能导出应用 IPCC 数学模型估算排放时所需的参数。

因此，在这些计算工具中，当企业拥有的填埋场被低渗透率的覆盖物所覆盖，以及其装备了用正常标准建设并运行的气体收集系统时，建议甲烷收集率可由下列测量后反算获得：① 测量收集的甲烷量；② 测量的或假设的收集效率。缺省收集效率75%被一些当局所使用，同时也被建议，除非可获得厂区特定的收集效率数据（USEPA 1998d）。这些计算工具同时假设所有捕获及燃烧的甲烷被转化为生物质二氧化碳，因此不包含于温室气体总量中。使用这些缺省值以及假设后，甲烷释放的估算可通过公式10.7来完成。

$$\text{排放至大气的 } CH_4(m^3/y) = [(REC/FRCOLL) \times (1 - FRCOLL) \times FRMETH \times (1 - OX)] + [REC \times FRMETH \times (1 - FRBURN)] \quad (10.7)$$

式中 REC——收集的填埋气体量，使用场地特定基准，m^3/y；

FRCOLL——生产的填埋气体中被收集的比例，缺省值为0.75；

FRMETH——填埋气体中甲烷的比例，缺省值为0.5；

OX——在填埋表面层被氧化的甲烷比例，缺省值为0.1；

FRBURN——收集到的甲烷中被燃烧掉的部分，视场地具体情况而定。

10.2.14.2 无气体收集数据时对填埋场的甲烷估算

1. 简化一阶衰减方法

当上中描述的方法不能使用时，建议企业采用一阶衰减模型以估算填埋场气体排放，并使用为纸浆和造纸厂工业垃圾填埋而导出的参数。这是IPCC推荐的默认方法，并被多数国家主管部门采用（IPCC 2000a），可以用于估算活动状态和非活动状态的垃圾填埋场的甲烷排放量。

在年度存放恒定（或假设为恒定）时，IPCC的缺省方法会折合为两个等式。这种简化方法应该足够使用，除非被填埋的废物数量或种类在各年中变化很大（例如，厂区有建设纸浆脱墨工厂），或填埋场的设计或运营改变很大，以至于对甲烷生产或释放产生了重大影响（例如，安装了气体收集系统）。简化方法如下：

$$\text{源自填埋场的垃圾产生的 } CH_4(m^3/y) = RL_0(e^{-kC} - e^{-kT}) \quad (10.8)$$

式中 R——每年送至填埋场的平均垃圾数量，Mg/y；

L_0——甲烷最终的生产潜力，m^3/Mg waste；

k——常规甲烷生产率，1/y；

C——填埋场不再接收垃圾的时间，y；

T——填埋场开始运营的年度，y。

（注意：R 及 L_0 可以是湿重、干重、可降解有机碳或其他形式，但是 R 及 L_0 的单位必须相同。）

当企业可区分无效废物（例如：锅炉灰、混凝土）的数量时，建议这些数量不要包含于输入参数 R 中（每年送至填埋场的垃圾平均数量）。

并不是所有生成的甲烷都被释放到大气中去了。对大气排放的估算，是将公式 10.8 的计算结果运用到公式 10.9 中。对拥有现代化气体收集和燃烧系统、但没有回收气体测量设备的垃圾填埋区而言，甲烷的回收量可以假定为 75%（USEPA 1998d）。

$$CH_4(m^3/y)\text{释放量} = [(CH_4\text{生产量} - CH_4\text{回收量}) \times (1 - OX)] + [CH_4\text{回收量} \times (1 - FRBURN)] \qquad (10.9)$$

式中　CH_4生产量——来自公式 10.8；

CH_4回收量——收集的甲烷量，视场地具体情况而定；

OX——填埋场表层在逸散前被氧化的比例，通常假设为 0.1；

FRBURN——收集到的甲烷中经燃烧的比例，视场地具体情况而定。

如果填埋量发生显著变化，或垃圾填埋场的设计发生改变以至于一些参数值发生实质性变化，则需要更复杂的方法。为了应对这些更复杂的情况，推荐方法是对每年的气体排放量进行建模，进而累加以预测本年度发生的气体排放。更详细的分析说明见下面第 2 节叙述。

在 10.6 中鉴别出了一系列公式所需的参数 L_0 及 k 的来源。遗憾的是，数值会据议定书不同而不同，并且仅基于少量数据。对于这种情况：纸浆及造纸厂废水处理污泥是主要废物时，合理的恒定比率 k，范围降至 0.01 ~ 0.1/yr，同时 L_0 降至 50 ~ 200 m^3/Mg。美国正在进行这样的研究，这将有助于缩小这些范围。初步显示，森林产品工业的填埋场的气体产生量要比使用市政固态废弃物（NCASI 1999）参数预测的结果小。了解这一点后，建议在现在进行的研究结束之前，除非企业有更合适其垃圾的特定国家或特定场地的因子，企业应使用表 10.10 中所示的参数值。为获得更多信息，可引用 10.6 所述理论。

表 10.10　估算废弃填埋场中甲烷排放为 K 和 L_0 推荐的缺省值

参数	缺省值
k	0.03 y^{-1}
L_0	100 m^3/Mg 垃圾干重

2. 详尽一阶衰减方法

考虑到每年送入垃圾填埋场的废弃物数量有变化，IPCC 针对这种情况提出了一个变量。结合公式 10.10、10.11，以从第一年开始估算出接下来各年废弃物存放产生的甲烷量。

$$\text{给定年份上一年存放废弃物排放的 } CH_4 \text{ 量}(m^3/y) = kR_yL_0(e^{-k[T-Y]}) \quad (10.10)$$

式中 k——甲烷产生率常数，1/yr；

R_Y——Y 年发送到垃圾填埋场的垃圾量，Mg/yr；

L_0——甲烷最终的生产潜力，m^3/Mg 废弃物；

T——待估算排放的年度，格式等同于填埋场开放使用的年度；

Y——填埋场开放使用并填埋垃圾后的年度。

这样（T-Y）等于年数，即从开始填埋垃圾年度起至待估计排放量的年度之间的年数。

$$CH_4 \text{ 排放量}(m^3/y) = [(CH_4 \text{ 产生量} - CH_4 \text{ 回收量}) \times (1 - OX)] + [CH_4 \text{ 回收量} \times (1 - FRBURN)] \quad (10.11)$$

式中 CH_4 产生量——源自公式 10.10；

CH_4 回收量——甲烷的收集量，视特定场地情况而定；

OX——填埋场表层在逃逸前被氧化的比例，通常为 0.1；

FRBURN——收集的甲烷中经燃烧的比例，视特定场地情况而定。

当企业可分别估算其无效垃圾的数量时（例如，锅炉灰，混凝土），建议这些数量不要包含于输入参数 R_Y（第 Y 年送至填埋场的垃圾数量）。

要完成以上计算，需估算自填埋场开始使用后每年度垃圾存放数量。IPCC 规定，对于非常旧的垃圾填埋场，在本年度开始之前至少有三个废弃物降解半衰期是可追溯的。鉴于对多个工厂污泥缓慢降解的观察显示，25 年是满足这一标准的最低年限。对于每年的存放量，估算当年及来年甲烷的泄漏量。在随后的年度中，释放的甲烷量为每一个上年度进行垃圾存放并在当年释放甲烷的量的总和。

在第一年，存放量为 A，并且估计它会在第 1、2、3 年分别释放 X_1、X_2 及 X_3 单位重量的甲烷。第一年报告的甲烷排放为 X_1 单位重量。在第二年，存放量为 B，估计其会在第 2、3、4 年分别释放甲烷 Y_2、Y_3、Y_4 单位重量。第二年甲烷的报告排放为 X_2 加 Y_2 单位重量。在第三年，存放量为 C，并估计它会在第 3、4、5 年分别释放甲烷 Z_3、Z_4、Z_5 单位重量。第三年的甲烷报告排放为 X_3 加 Y_3 加 Z_3 单位重量。此过程每年往复循环。

k 及 L_0 的数值与简化一阶方法中的相同，如表 10.10 所示。

计算实例：某配备现代低渗透率覆盖物及气体收集系统的工厂填埋场的排放。收集到的气体用于燃烧。

对一填埋场气体收集系统进行测量。此系统收集了 820 000 标准 m^3/y，并且气体中 47%（体积分数）为甲烷。工厂没有针对气体收集系统的场地具体的效率数据，因此它使用了建议的缺省值 75%。同时又使用了缺省假设：未收集气体中 10%在逸散至大气前会被氧化。

收集的甲烷量 = 820 000 $m^3/y \times 0.47$ = 385 000 m^3/y

产生的甲烷量 =（385 000 m^3/y）/0.75 = 513 000 m^3/y

释放的甲烷量 =（513 000 − 385 000）$m^3/y \times$（1 − 0.1）

= 115 000 $m^3/y = 115 \times 10^6$ l/y

释放的甲烷量 =（115×10^6 l/y）/22.4 l/g-mole = 5.13×10^6 g-mole/y

释放的甲烷量 =（5.13×10^6 g-mole/y）× 16 g/g-mole = 82×10^6 g/y = 82 t CH_4/y

使用 IPCC GWP（21），这等同于 1 720 t CO_2-equiv./y。

计算实例：用于填埋工厂废水处理残渣及灰尘的有二十年历史的旧填埋场的排放。此填埋场没有气体收集系统。

某工厂每天填埋 50 t 固态垃圾，这些垃圾主要由废水处理车间固体、灰及硫酸盐制浆工厂的其他混杂废物所构成。

工厂每年有 350 天会产生垃圾。填埋场已使用 20 年并且尚在使用中。此填埋场不具备气体收集系统。

工厂使用表格 10.10 中的 k 及 L_0 的缺省值（L_0 为 100 m^3/Mg，K 为 0.03/y）。

R = 50 Mg/d × 350 d/y = 17 500 Mg/y

L_0 = 100 m^3/Mg

k = 0.03/y

C = 0y

T = 20y

甲烷产生量（m^3/y）= 17 500 × 100 ×（$e^{-0.03 \times 0} - e^{-0.03 \times 20}$）= 790 000 m^3/y

甲烷的密度（0 ℃及 1 atm. pressure）= 0.72 kg/m^3（来自 Perry's 化学工程手册）

甲烷产生量（kg/y）= 790 000 $m^3/y \times 0.72$ kg/m^3 = 568 000 kg/y = 568 t/y

假设填埋表面 10%被氧化

甲烷的释放量 = 568 t/y ×（1 − 0.1）= 511 t CH_4/y released

使用 IPCC GWP（21），这等同于 10 700 t CO_2-equiv./y。

请注意表 10.1 中的排放因子会产生如下估算结果：50 t/d × 350 d/y × 3 500 kg/t = 61 250 000 kg/y = 61 250 t CO_2-equiv./y，是更精确方法的五倍以上。

10.2.15 污水或污泥厌氧处理过程的温室气体排放

大部分现有的温室气体议定书只针对厌氧处理和消化过程的废弃物处理车间排放。因此，这些计算工具是在假设其他类型的废水和污泥处理过程的排放量是可以忽略不计的情况下提出的。虽然有氧和兼性处理系统可能有溶解氧耗尽的区域，但是在曝气稳定池、活性污泥系统以及与之相关的滞留池中甲烷产生率比厌氧系统的估算排放低得多。在任何情况下，由于缺乏数据，很少估算有氧和兼性处理系统的排放数据，例如 IPCC 建议把用于需氧系统中的甲烷转换因子假定为 0（IPCC 1997c）。

对于厌氧系统，仅需估算甲烷排放。企业掌握的来自厌氧系统的甲烷排放会被报告为直接排放。来自污水和污泥处理过程的二氧化碳排放中包含生物质碳，此生物质碳未包含于总的温室气体排放中。此生物质碳并非燃烧相关（例如：它并不是由甲烷燃烧而形成的），它常常被排除在清单结果外。此外，处理厂的氧化亚氮排放也是很小的，而且很可能仅在废水排放过程中产生（IPCC 1997c）。

10.2.15.1 厌氧处理过程中废气被捕获的情形

在许多情况下，厌氧处理系统是有覆盖的，并且气体被收集及燃烧。目的之一是阻止气味，为了达到这个目的，系统必须非常高效。因此，为了编制温室气体清单，对于在厌氧处理过程中甲烷被捕获和燃烧的情形，假设其被完全收集和销毁，则不存在甲烷排放。由于燃烧甲烷产生的二氧化碳中包含生物质碳，而生物质碳不需要在温室气体清单总量中报告。如果工厂的情况表明并不是少量的甲烷在收集过程中逸散，工厂需尝试统计这些排放，但该情况对于收集和燃烧甲烷的工厂而言，一般属非正常状态。

当然，如果气体被释放到大气中而不是被燃烧，那么这些气体应该包括在清单中。

10.2.15.2 厌氧处理过程中废气被释放至大气的情形

厌氧处理操作中，如果废气没有被收集及燃烧，那么很有必要估算释放至大气中的甲烷。在某些情况下，例如这些气体通过一个密封容器的通风孔释放，释放可以直接测量。在其他大多数情况下，它们必须被估算。

这些计算工具在 2000 年 5 月优良做法文件中描述且公式 10.12 所示的（IPCC 2000a）IPCC 缺省方法被建议使用。尽管 IPCC 文档允许此公式应用于非完全厌氧系统（通过乘以小于 1 的任意调整因子），目前没有现成的数据以支持调整因子的选择。因此这里推荐，甲烷的排放估算仅限于从厌氧处理或污泥消化系统中进行，直到有其他系统的因子可供使用。

$$厌氧处理装置甲烷排放（kg/年）=（OC \times EF）- B \qquad (10.12)$$

式中 OC——供给厌氧系统的化学需氧量或化学耗氧量，kg /年；

EF——排放因子，默认值 = 0.25 kg CH_4/kg COD 给料或 0.6 kg CH_4/kg BOD 给料（或其他基于 BOD 的因子，该因子可根据现场特定的 COD/BOD 比率，乘以基于 COD 因子 0.25 kg CH_4/kg COD 而获得）；

B——现场特定条件下获得的甲烷捕获和燃烧量，kg CH_4/年。

如果是单独处理固体，则可以使用 10.13 进行污泥消化系统的排放估算。在污泥被燃烧的情况下，它包含于章节 10.2.11 中已讨论的生物质燃烧的温室气体排放。

$$厌氧污泥消化设备的甲烷排放（kg /年）=（OCs \times EFs）- B \qquad (10.13)$$

式中 OCs——污泥的有机物含量；

EFs——排放因子，单位与 OCs 一致（IPCC 的默认值为 0.25 kg CH_4/ kg 污泥给料）；

B——现场特定条件下获得的甲烷捕获和燃烧量，kg CH_4/年。

计算实例：纸板回收工厂有厌氧处理但是没有进行气体回收。

纸板回收厂使用厌氧处理装置对生活污水进行处理，废水中包含 10 000 kg COD/d。工厂每年有 300 天会产生废水。IPCC 针对厌氧处理系统生成甲烷的默认值是 0.25 kg CH_4/kg COD 化学耗氧量给料。甲烷的排放估算如下：

OC = 10 000 kg/d × 300 d/y = 3 000 000 kg COD/y

CH_4 产生 = 3 000 000 kg COD/y × 0.25 kg CH_4/kg COD = 750 000 kg CH_4/y
= 750 t CH_4/y

使用 IPCC 全球变暖潜值（21），这等于 15 750 t CO_{2e}/年。

10.2.16 呈现清单结果

这些计算工具提供了一个总结清单结果的例子。公司也可以自由选择更方便或适当的格式，但是，在使用这些计算工具时要充分地了解到它适用范围以确保清单结果的透明度，并且需要辅以关键信息以及理解结果。

公司可能会用体现清单结果的表格展示如下。表 10.11 提供了用于描述营运边界操作所产生的排放清单。鼓励公司在清单中包含额外的信息，这将有助于解释清单结果。

表 10.12 包含一个可以用来记录直接排放的格式范例。这些排放来源于公司拥有或控制的边界内。公司可以自由的选择方法来报告部分拥有或控制的排放源产生的排放量，但是方法应在清单中详细描述。此外，表中的另一个例子展示了有关输出电力与蒸汽的直接排放。鼓励公司用此格式或其他类似的格式来报告电力或蒸汽输出，因为它会对排放源的温室气体分布有显著的影响。

表 10.13 是一个记录间接排放的范例（在营运边界内被另一个实体所拥有的），如外购的电力和蒸汽。还鼓励企业使用类似的格式来报告对企业温室气体排放有重大影响的外包业务（如：独立供电厂）。

表 10.14 提供了可用来编制清单的记录排放因子的示例。建议企业在清单报告中包含这些信息，以使清单更加透明。

工厂的清单报告应该按照表 10.15 ~ 表 10.18 的示例。示意图 10.2 描述了清单中应该包括的各个排放源和类别。

公司如果想出具满足世界资源研究所 WRI/WBCSD 温室气体议定书的温室气体排放要求的报告，需要将生物质燃烧产生的二氧化碳单独报告，以区别于直接温室气体排放。可按照 10.7 执行（包括表 E1 和 E2）以达到这个目的。

可用一个 Excel 工作簿来执行本报告中涉及的计算。已完成的工作簿代表了用来表达结果的清单另一种方法。

表 10.11　报告清单运营边界的表格示例

使用此处以提供有助于理解清单运营边界的额外信息，包括所使用的对部分拥有或控制的排放源的排放分配方法。（如需要请附页）	标记识别 包括在清单的操作
采伐	
木材/芯片/树皮/废纸/其他的原材料运输车辆	
产品、副产品或废物运输车辆	
剥皮	
破片	
机械法制浆	
化学制浆——硫酸盐	
化学制浆——亚硫酸盐	
化学制浆——其他	

续表 10.11

使用此处以提供有助于理解清单运营边界的额外信息，包括所使用的对部分拥有或控制的排放源的排放分配方法。（如需要请附页）	标记识别 包括在清单的操作
半化学制浆	
回收炉——硫酸盐	
溶液炉——亚硫酸盐	
溶液炉——半化学品	
石灰窑煅烧炉	
非冷凝气体焚烧炉	
废纸制浆和清洁	
脱墨	
化学或半化学纸浆漂白	
脱墨增白	
现场配制的化学品（如：二氧化氯、臭氧）	
纸或纸板生产	
涂料（包括液压涂料）	
卷切边、卷包装、薄板切割	
现场电力和蒸汽锅炉	
现场燃气轮机	
燃气红外烘干机	
其他化石燃料的燃烧机	
污水处理操作	
污泥处理	
垃圾填埋场接收的工厂废料	
空气排放控制装置	
道路车辆	
非道路车辆和机械	
普通办公室/工厂员工办公区	
其他操作——描述：	
其他操作——描述：	
其他操作——描述：	

此表格可以被用来表示清单的边界和它们的所有权。需提供边界的总体描述，任何额外的信息都必须有所解释，然后在适当的位置标注上“X”。

表 10.12　报告 GHG 直接排放清单结果的表格示例

凡是已被确定为无关紧要或非实质性的排放，请填写“NM”且在脚注中予以说明确定的依据。		直接排放总量（t）			
		CO_2	CH_4	N_2O	CO_{2e}
	过程和能源相关的排放				
1	固定化石燃料燃烧				
2	生物质燃烧	N/A			
3	化学品（碳酸钙、碳酸钠）				
	交通运输和机械排放				
4	道路车辆				
5	非道路车辆和机械				
	废弃物排放管理				
6	工厂废弃物的垃圾填埋场排放	N/A			
7	废水厌氧处理系统	N/A			
8	以上不包括的其他直接排放：				
	直接排放总量（第 1 行～第 8 行的总和）				
输出的电力和蒸汽的排放（直接排放总量的一个子集）					
9	有关电力输出的排放				
	输出电力的碳强度（磅 CO_2/MW·h）				
	电网电力输出的碳强度（磅 CO_2/MW·h）				
	估算电网温室气体排放强度的方法：				
10	输出蒸汽的排放				
11	输出总排放量（第 9 行～第 10 行的总和）				
解释用于确定所有权/控制权未完全属于公司所有的方法。WRI/WBCSD 温室气体议定书等，可作为确定所有权/控制权的指南供参考。 列入用于理解清单结果所需的其他任何信息：					
CO_2 当量通过乘以各气体的 IPCC GWP 值（CO_2 = 1，CH_4 = 21，N_2O = 310）并将三种气体求和得出。也可不需对三种气体单独估算而直接使用 CO_2 当量的排放因子。					

（源于公司全部或部分拥有和控制的排放源的排放）

N/A：不适用。生物质的二氧化碳排放未包含着 GHG 总量中，因这部分碳被认为是自然循环的一部分。

表 10.13　报告 GHG 非直接排放清单结果的表格示例

<table>
<tr><td colspan="2" rowspan="2">凡是已被确定为无关紧要或非实质性的排放，请填写“NM”且在脚注中予以说明确定的依据。</td><td colspan="4">t</td></tr>
<tr><td>CO_2</td><td>CH_4</td><td>N_2O</td><td>CO_{2e}</td></tr>
<tr><td colspan="6">外购电力和蒸汽相关的间接排放，包括独立供电区</td></tr>
<tr><td>1</td><td>消耗外购电力产生的间接排放</td><td></td><td></td><td></td><td></td></tr>
<tr><td>2</td><td>消耗外购蒸汽产生的间接排放</td><td></td><td></td><td></td><td></td></tr>
<tr><td>3</td><td>外购电力或蒸汽的间接排放总量（1 和 2 的总和）</td><td></td><td></td><td></td><td></td></tr>
<tr><td colspan="6">其他间接排放</td></tr>
<tr><td>4</td><td>包括在清单中的其他间接排放描述：</td><td></td><td></td><td></td><td></td></tr>
<tr><td colspan="6">外购和输出化石燃料产生的二氧化碳</td></tr>
<tr><td>5</td><td>输入的二氧化碳（例如，用于中和）</td><td></td><td></td><td></td><td></td></tr>
<tr><td>6</td><td colspan="5">输出化石燃料产生的二氧化碳（如，输出至 PCC 工厂）
注 1：这只包括可追溯至化石燃料的二氧化碳输出部分。输出生物质产生的二氧化碳报告在 10.7 中。
注 2：这个输出二氧化碳不应该报告在排放表 10.12 中。</td></tr>
<tr><td colspan="6">解释用于确定所有权/控制权未完全属于公司所有的方法。WRI/WBCSD 温室气体议定书等，可作为确定所有权/控制权的指南供参考。
列入用于理解清单结果所需的其他任何信息：

CO_2 当量通过乘以各气体的 IPCC GWP 值（$CO_2=1$，$CH_4=21$，$N_2O=310$）并将 3 种气体求和得出。也可不需对三种气体单独估算而直接使用 CO_2 当量的排放因子。</td></tr>
</table>

（由外购电力/蒸汽，以及净输出化石 CO_2 引起的排放）

表 10.14　报告用于准备清单的排放因子（EF）的表格示例（包括单位）

		CO_2	CH_4	N_2O	CO_{2e}	因子来源
化石燃料燃烧						
燃料	燃烧单位					
生物质燃烧						
燃料	燃烧单位					
		N/A				
		N/A				
		N/A				
		N/A				
		N/A				
		N/A				
		N/A				
废弃物管理						
垃圾填埋排放 1:		气体收集%＝			“k” ＝	“L_0” ＝
垃圾填埋排放 2:		气体收集%＝			“k” ＝	“L_0” ＝
垃圾填埋排放 3:		气体收集%＝			“k” ＝	“L_0” ＝
厌氧处理排放:					“因子” ＝	
外购电力和蒸汽						
外购电力的排放因子						
外购蒸汽的排放因子						

N/A：不适用。生物质的二氧化碳排放未包含在 GHG 总量中，因这部分碳被认为是自然循环的一部分。

表 10.15　GHG 清单结果示例：清单的运营边界

使用此处以提供有助于理解清单运营边界的额外信息，包括所使用的对部分拥有或控制的排放源的排放分配方法。 （如需要请附页） 用于第三方进行废纸分类作业的少量外购电力包括在工厂的清单结果中。此外，一个由其他公司所拥有的燃气轮机 CHP 系统在现场为工厂提供电力和蒸汽，但系统大部分电力被外售。这部分排放用简化的效率方法进行了分配。当工厂停车，我们有时会继续使用工厂所有的涡轮机用生物质发电并出售给电网。	标记识别 包括在清单的操作
采伐	X
木材/芯片/树皮/废纸/其他的原材料运输车辆	X
产品、副产品或废弃物运输车辆	
剥皮	X
破片	X
机械法制浆	
化学制浆——硫酸盐	X
化学制浆——亚硫酸盐	
化学制浆——其他	
半化学制浆	
回收炉——硫酸盐	X
溶液炉——亚硫酸盐	
溶液炉——semichem	
石灰窑煅烧炉	
非冷凝气体焚烧炉	X
废纸制浆和清洁	X

续表 10.15

废纸制浆和清洁	X
脱墨	X
化学或半化学纸浆漂白	X
脱墨增白	X
现场配制的化学品（如：二氧化氯、臭氧）	X
纸或纸板生产	X
涂料（包括液压涂料）	X
卷切边、卷包装、薄板切割	X
现场电力和蒸汽锅炉	X
现场燃气轮机	
燃气红外烘干机	X
其他化石燃料的燃烧机	X
污水处理操作	X
污泥处理	X
垃圾填埋场接收的工厂废弃料	X
空气排放控制装置	X
道路车辆	X
非道路车辆和机械	X
普通办公室/工厂员工办公区	X
其他操作——描述：现场商业废纸收集和整理	
其他操作——描述：	
其他操作——描述：	

此表格可以被用来表示清单的边界和它们的所有权。需提供边界的总体描述，任何额外的信息都必须有所解释，然后在适当的位置标注上“X”。

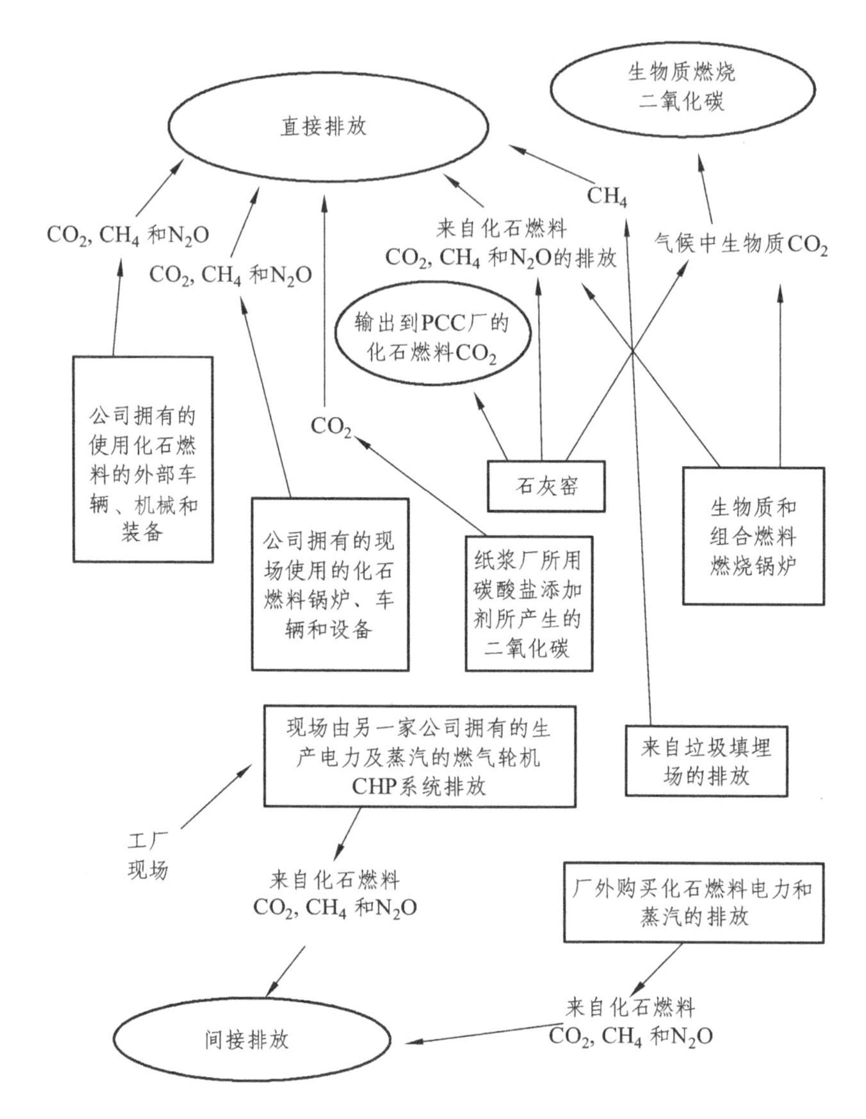

图 10.2　清单结果示例图解

表 10.16　GHG清单结果示例：直接排放

凡是已被确定为无关紧要或非实质性的排放，请填写“NM”且在脚注中予以说明确定的依据。		直接排放总量（t）			
过程排放和与能源有关的排放		CO_2	CH_4	N_2O	CO_{2e}
1	固定源化石燃料燃烧	720 000	100	80	746 900
2	生物质燃烧	N/A	120	40	14 920
3	化学添加剂（$CaCO_3$和Na_2CO_3）	5 500	0	0	5 500
	运输和机械排放				
4	道路车辆				
5	非道路车辆和机械	NM	NM	NM	NM
	废弃物处理排放				
6	垃圾填埋场中工厂废弃物的排放	N/A	511		10 730
7	污水厌氧处理系统	N/A			N/A
8	上述不包括的直接排放及解释：				
	直接排放总量(第1行～第8行总计)				
与输出电力和蒸汽相关的排放（直接排放总量的一个子集）					
9	有关输出电力的排放	0	6	2	746
	输出电力的碳排放强度（磅CO_2/MW·h）			< 20	
	接入电网的碳强度（磅CO_2/MW·h）			1 452	
	电网温室气体排放强度的估算方法：				
10	有关输出蒸汽的排放	0	0	0	0
11	输出总排放(第9行和第10行总合)	0	6	2	746
解释用于确定所有权/控制权未完全属于公司所有的方法。WRI/WBCSD温室气体议定书等，可作为确定所有权/控制权的指南提供参考。 列入用于理解清单结果所需的其他任何信息： 这些排放量是不确定的，但是用可获得的最高的燃油消耗数据和排放因子可估算出这些排放小于工厂总排放的0.5%。因此，将其报告为非实质性（NM）。 CO_2当量通过乘以各气体的IPCC GWP值（$CO_2=1$，$CH_4=21$，$N_2O=310$）并将3种气体求和得出。也可不需对三种气体单独估算而直接使用CO_2当量的排放因子。					

（源于公司全部或部分拥有和控制的排放源的排放）

N/A：不适用。生物质的二氧化碳排放未包含在GHG总量中，因这部分碳被认为是自然循环的一部分。

表 10.17　GHG清单结果示例：非直接排放

凡是已被确定为无关紧要或非实质性的排放，请填写“NM”且在脚注中予以说明确定的依据。		t			
		CO_2	CH_4	N_2O	CO_{2e}
外购电力和蒸汽相关的间接排放，包括独立供电区					
1	消耗外购电力产生的间接排放				72 000
2	消耗外购蒸汽产生的间接排放				12 400
3	外购电力和蒸汽的间接排放总量（1和2的总和）				84 400
其他间接排放					
4	包括在清单中的其他间接排放描述：				0
外购或输出化石燃料产生的二氧化碳					
5	输入的二氧化碳（例如，用于中和）	0			
6	输出化石燃料产生的二氧化碳（如，输出至 PCC 工厂）21 000 注 1：这只包括可追溯至化石燃料的二氧化碳输出部分。输出生物质产生的二氧化碳排放在10.7中报告。 注 2：这个输出二氧化碳不应该报告在排放表10.12中。				
解释用于确定所有权/控制权未完全属于公司所有的方法。WRI/WBCSD温室气体议定书等，可以作为确定所有权/控制权的指南提供参考。					
列入用于理解清单结果所需的其他任何信息：					
CO_2当量通过乘以各气体的 IPCC GWP 值（$CO_2=1$，$CH_4=21$，$N_2O=310$）并将3种气体求和得出。也可不需对三种气体单独估算而直接使用CO_2当量的排放因子。					

（由外购电力/蒸汽，以及净输出化石 CO_2 引起的排放）

表 10.18　GHG清单结果示例：用于准备清单的排放因子（EF）

		CO_2	CH_4	N_2O	CO_{2e}	排放因子来源
化石燃料燃烧						
燃料	燃烧设备					
汽油	林业设备				66.8 t/ TJ HHV	表 10.9
柴油	卡车和机械				78.6 t/ TJ HHV	表 10.9
煤	锅炉	88.8 t/ TJ HHV	0.7 kg / TJ HHV	1.5 kg/ TJ HHV		表 10.2 和表 10.5（校正未氧化的碳）
天然气	锅炉	50.2 t/ TJ HHV	5 kg/ TJ HHV	0.1 kg/ TJ HHV		表 10.2 和表 10.5（校正未氧化的碳）
生物质燃烧						
燃料	燃烧设备					
树皮和木材剩余燃料	锅炉	N/A	11 kg/ TJ HHV	4 kg/ TJ HHV		表 10.8
		N/A				
		N/A				
		N/A				
		N/A				
废弃物管理						
垃圾填埋排放 1	气体收集百分比 = 75		“*k*” = 0.03		“L_0” = 100 m^3MG dry wt	
垃圾填埋排放 2	气体收集百分比 =		“*k*”		“L_0”	
垃圾填埋排放 3	气体收集百分比 =		“*k*”		“L_0”	
厌氧处理产生的排放			“EF” =			
外购电力和蒸汽						
外购电力的排放因子						
从当地电网购买电力					726 kg CO_2/ MW·h	来自电力供应商的信息
外购蒸汽的排放因子						

N/A：不适用。生物质的二氧化碳排放未包含在 GHG 总量中，因这部分碳被认为是自然循环的一部分。

10.3 硫酸盐制浆工厂石灰窑炉和煅烧炉产生的温室气体排放

正确估算来自硫酸盐制浆工厂石灰窑和煅烧炉中的温室气体排放存在很大的困扰。本部分内容说明了一些在本综述中包含的议定书所建议的方法。此外，它还包含了对估算这些排放的正确方法的讨论。正确的做法是清单中只包括煅烧炉和石灰窑中与化石燃料相关的二氧化碳排放，以及当被认为对清单具备实时性影响情况下的甲烷和氧化亚氮。

10.3.1 现有议定书

加拿大环境部在 1990 年—2002 年的温室气体清单中指出，来自纸浆厂造纸废液的石灰再生过程中的排放不包含在工业过程章节。因为二氧化碳源自于生物质，它记录在“土地利用变化和林业”部门。

IPCC 认为来自工厂石灰窑和煅烧炉的二氧化碳应当包含在温室气体清单中。同时又指出从废碳酸钙（例如：木浆和纸业）中再生石灰的工业过程，是不太可能报告他们的石灰产量的。这些数据的遗漏可能会导致低估一国的石灰产量。而没有直接指明是否应当包括二氧化碳的问题。IPCC 建议燃油和燃气石灰窑的排放因子分别为 1.0 和 1.1 kg 甲烷/TJ。但这些因子并不是为硫酸盐制浆厂石灰窑开发的。

EPA 建议在硫酸盐制浆石灰渣煅烧所产生的二氧化碳，不应包括在温室气体清单中。在美国温室气体清单排放源和汇中，EPA 指出：在某些情况下，石灰从制浆厂和污水处理厂的碳酸钙副产物中产生。这些过程中所产生的石灰没有包括在 USGS 商业石灰消耗数据中。在制浆工业中（主要是硫酸盐制浆过程中），石灰在苛化由碳酸钠和硫化钠组成的工艺溶液（绿液）中被消耗。绿液是稀释黑液燃烧产生的熔炼物所产生的，黑液中含有源自木料的生物碳。硫酸盐制浆工厂在苛化操作后还原碳酸钙“泥浆”且大部分硫酸盐工厂在苛化操作后还原废碳酸钙并将其煅烧成石灰（从而产生了二氧化碳），以供制浆工艺重新使用。虽然再生的石灰可以被认为是一种石灰的生产过程，在此过程中所产生的二氧化碳主要是来源于生物质。所以，这个排放不会被纳入总量中。

10.3.2 正确统计来自硫酸盐制浆工厂石灰窑分解炉内的温室气体排放

10.3.2.1 二氧化碳

NCASI 最近检查了石灰窑温室气体排放量的问题，下面的讨论大部分来自该文件。制浆化学品的回收和再利用是硫酸盐制浆工艺必不可少的。该恢复过程涉及两个相互关联的循环，在图 10.3 中有描述。这些可以认为是一个钠循环和一个钙循环。在钠循环中，氢氧化钠和硫化钠的混合白液将被添加到制浆蒸煮器内的木片中。经过该过程木材中的大部分非纤维性材料被溶解。在制浆流程结束时蒸煮器卸料，产生由木质纤维和被称为黑液（因含有未溶解的木质素类材料而呈现深色）的制浆废液的复合物。含有制浆废液化合物的黑液通过清洗、蒸发、浓缩从木纤维中分离，之后送往回收炉，在受控的条件下燃烧。

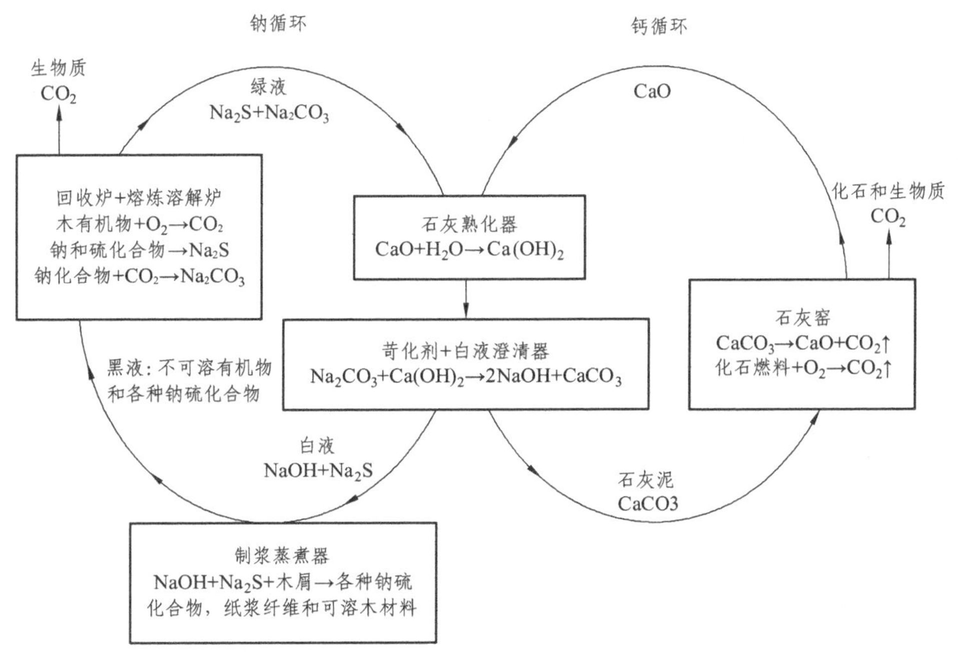

图 10.3 硫酸盐制浆法和化学回收系统简图

回收炉产生的大量蒸汽被用于整个工厂的生产。此外，由于受控的炉底缺氧条件，生成主要含碳酸钠和硫化钠的熔融物。在回收炉中，通过还原黑液中的各种硫化合物形成硫化钠。碳酸钠是由钠化合物（主要是氧化钠和硫化钠）与二氧化碳进行反应而生成的，作为生物质燃烧的木质材料则是黑液在此作出的最大的贡献。

熔融物从回收炉底部卸出并溶于水以生产绿液。随后绿液中的碳酸钠通过在苛化器中与氢氧化钙反应转化成氢氧化钠，产生碳酸钙沉淀。移除沉淀以生产白液，用于制浆的氢氧化钠和硫化钠复合物。通过这种方式完成钠循环。因少量的钠流失，工厂通常根据是否需要额外的硫以及回收系统不同工艺的产能，通过添加碳酸钠、硫酸钠或氢氧化钠补充。

钙循环和钠循环在苛化器中相交。绿液中的碳酸钠与氢氧化钙在苛化过程中反应生成碳酸钙（$CaCO_3$）。这个碳中所含的碳酸钙来源于木材，并在回收炉内转变成生物质二氧化碳。随后在回收炉中与氯化钠反应形成碳酸钠，最终在苛化器中转换成碳酸钙。因此，在本质上，苛化中的反应完成了生物碳从钠循环到钙循环的转移。

苛化形成的碳酸钙从白液中分离脱水（形成白泥），洗涤后，在石灰窑或者煅烧炉中燃烧以产生氧化钙。碳酸钙在石灰窑中转换成氧化钙的过程会释放二氧化碳，其中的碳源于木料并且在绿液中通过碳酸钠转移至钙循环。

因此，除了在回收系统中添加碳酸钙作为化学添加剂的情况，温室气体清单中唯一所需包含的二氧化碳来自煅烧炉中的化石燃料燃烧。在本报告的其他部分，有关于一些工厂所使用的含碳酸盐添加剂相关的 GHG 排放的额外讨论。

10.3.2.2 甲　烷

已发现少量的甲烷来自一些硫酸盐制浆厂中石灰窑的排放。在 20 世纪 70 年代末，通过对三个工厂的取样，发现甲烷浓度通常不到 1 ppm 的量（体积分数），虽然有测定结果高达 34 ppm。对于三个工厂的 73 个测量值，除了 7 个结果外均小于 5 ppm。对于这三个工厂，5 ppm 对应的排放量为生产每吨纸浆排放 0.004 kg 甲烷。假设石灰窑燃料消耗率为 1.5 GJ/t 纸浆，这等于 2.7 kg 甲烷/TJ。

IPCC 建议甲烷在燃油和燃气石灰窑的排放因子分别为 1.0 和 1.1 kg 甲烷/TJ。但这些因子并不是为硫酸盐制浆厂石灰窑开发的。

虽然数据陈旧且有限，NCASI 的排放因子 2.7 kg 甲烷/TJ 可能比用于商业窑炉的 IPCC 排放因子更适合估算硫酸盐制浆工厂石灰窑产生的甲烷排放。如果有新的数据产生，那么该排放因子有可能被修改。

10.3.2.3 氧化亚氮

因为氧化亚氮是在部分燃烧过程中形成的，检查硫酸盐制浆工厂石灰窑氧化亚氮的排放潜力是适宜的。这种气体是潜在的重要温室气体，因为它的全球变暖潜值为二氧化碳的 310 倍。IPCC 评估了文献并总结出燃烧温度在 538 °C ~ 927 °C 的范围外是不太可能产生氧化亚氮的。煅烧石灰初始温度大约为 816 °C，在石灰窑中，温度通常在 980 °C ~ 1 200 °C。在石灰窑中加热固体钙，需要一个高于适宜产生氧化亚氮形成的温度范围的燃烧温度。因此，硫酸盐制浆制造厂的石灰窑预计不会是一个重大的氧化亚氮排放源。

一些工厂使用煅烧炉而非窑来再生石灰，由于煅烧炉工作在一个较低的温度（最高温度约 870 °C），它将是一个潜在的氧化亚氮排放源，但是缺乏具体数据。

因此，假设石灰窑产生的氧化亚氮很少，且不需要报告是合理的。然而，对煅烧炉的情况该假设并不合理。但因缺乏数据，所以建议使用类似尺寸的化石燃料锅炉 N_2O 排放因子。

10.3.2.4 使用硫酸盐制浆工厂中石灰窑气生产碳酸钙沉淀

碳酸钙颜料可在一些等级的纸和纸板的生产中作为涂层和填料。碳酸钙颜料通过研磨石灰石或大理石，或通过化学沉淀碳酸钙来制造。在一些工厂，通过作为现今通常做法，是使用石灰窑烟道气 CO_2（或其他锅炉烟气）通过附属厂来生产碳酸钙沉淀并正确描述石灰窑的排放是很复杂的。PCC 的生产过程中涉及购买的氧化钙（石灰）和富含二氧化碳的石灰窑气中进行反应来生产 PCC。尽管其他厂烟道废气有时候被使用，但是石灰窑气仍被看好，因为它具有很高含量的二氧化碳。

虽然在附属厂用于生产 PCC 的二氧化碳与整个工业的总体排放相比很少，但对于造纸厂单独而言数量却很显著，因为烟气中 50%或者更多的二氧化碳在 PCC 制造过程中被消耗。确实，一些硫酸盐制浆厂使用生物质能提供几乎所有的能源需求，仅在石灰窑中化石燃料有着明显的使用。在这样的工厂，PCC 在制造过程中捕获的二氧化碳，实际上超过工厂排放的化石二氧化碳。

因输出至 PCC 工厂的二氧化碳未经造纸厂排放或源于任何属于工厂的源，所以将其报告为输出而不是排放。当二氧化碳源自于石灰窑时，该气体由源自化石燃料二氧化碳和源自生物质二氧化碳复合组成。计算工具建议，在报告中应该把这两种类型的二氧化碳单独报告。源自化石燃料的二氧化碳输出数据同其他源自化石燃料的二氧化碳数据一起报告，而源自生物质的二氧化碳可在 10.7 中报告（由生物质燃烧产生的二氧化碳）。

对于由造纸厂排放生产的 PCC，需要注意的是，计算工具的目的是帮助识别工厂或公司产生的温室气体量，而不是识别那些排放的最终归属。计算工具也不准备注明在 PCC 生产中使用造纸厂排放作为原材料有关的交替使用的生命周期。这些问题需要分析，而且远远比本清单指南涵盖范围内所可能进行的分析广泛。

10.4 热电联产系统（CHP）的温室气体排放分配：建议指南及方法回顾

本部分包含纸浆及造纸厂温室气体排放的估算（版本 1.1），10.2.12.6 中效率方法的相关材料，同时涉及 CHP 系统排放其他分配方法的附加信息。

10.4.1 建议指南

当电力由热电联产系统（CHP）生产时，有必要将 CHP 系统的排放分配至不同的能量输出源。当然，如果工厂掌握着 CHP 系统并且使用着此系统所有的输出，那么前述分配过程则没有必要，因为所有排放都是工厂的直接排放。但是在多数情况下，工厂或许会从外部提供者接收 CHP 能量，或许会输出一部分其 CHP 系统输出。例如：如果某工厂从附近电力车间外购蒸汽，则有必要估算与蒸汽外购相应的间接排放。类似地，如果某制造商输出源自 CHP 系统的电力但是将蒸汽内部使用，则有必要估算有多少排放归因于输出电力。

虽然有好几种针对 CHP 系统排放的分配方法，但是在这些计算方法中最推荐的方法是效率方法，因为其试图将能量输出与产生这些能量所需的燃料数量相联系，并将其扩展至生产这些能量所造成的温室气体量。效率方法也是 WRI/WBCSD（WRI 2004b，c）所建议的三种方法之一。

10.4.2 方法综述

关于 CHP 车间的电力及蒸汽或热水输出的排放，有至少四种方法可以广泛应用至其分配中。所有陈述的这四种方法涉及估算总 CHP 系统排放，此排放基于化石燃料燃烧及将总排放分配至不同的输出流。排放分配要么基于已知的能量输出数值，每个能量输出中“有用能量”的含量，要么通过估算产生每笔能量输出的原始燃料能量消耗。

排放分配的财务（金融）数值方法涉及指派一货币数值至每一能量输出流并且根据能量值分配排放。用于确定这些数值的方法是视现场具体情况而定，这种分配方法没有可供选择的应用方式。因此，本指南不建议企业在分配 CHP 系统排放时使用财务方法。

效率方法是基于排放分配的，而排放分配是参考用于生产每笔能量输出所用燃料数量的。此方法通过假设或估算流程中不同节点的能量转换效率而后反算出与每笔能量输出流相关的燃料数量。此方法可以使用其简化形式或复杂形式，同时，此方法也是木料制品温室气体核算所建议的计算方法。

热含量及做功潜力方法在分配排放时基于有用能量在每笔能量输出中的数量。这两种分配方法视电力中的能量含量是“完全利用”的，换言之，电力中的能量在流程中是以有用的形式消耗的。分配方法的主要区别在于如何确定与蒸汽相关的能量含量。热含量方法假设蒸汽（或热水）中有用能量含量等同于可从中提取的热量，而做功潜力方法假设有用的能量含量等同于蒸汽最大做功。相应地，做功潜力方法不被建议为分配 CHP 系统排放的方法，因其包含热水能量输出流（热水不能做功）。

以下将结合给一个假定的 CHP 系统分别按照三种方法分配 GHG 排放的示例简单介绍效率、热含量及做功潜力方法。

10.4.2.1 效率方法

1. 简化效率方法

详见 10.2.12.6 中关于“简化效率方法”部分。

2. 详细的效率方法

对于能量输出仅含单一热输出（以蒸汽或热水的形式）和单一电能输出的简单 CHP 系统，联用公式 10.14 和 10.15 以分配各能量输出的 GHG 排放是相当简单明确的。然而，许多工业热电联产系统包括多个热输出流和来自多个不同驱动力的发电机所生产的合并电力。要使用效率方法去分配更加复杂的热电联产系统的温室气体排放，公式 10.14 和 10.15 可修改为更加通用的形式，如下：

$$E_{H1}=\left\{\frac{\left(\dfrac{H_1}{e_{H1}}\right)}{\left(\dfrac{H_1}{e_{H1}}\right)+\left(\dfrac{H_2}{e_{H2}}\right)+\cdots+\left(\dfrac{P_1}{e_{P1}}\right)+\left(\dfrac{P_2}{e_{P2}}\right)+\cdots}\right\}\times E_T \quad (10.14)$$

$$E_{P1}=\left\{\frac{\left(\dfrac{P_1}{e_{P1}}\right)}{\left(\dfrac{H_1}{e_{H1}}\right)+\left(\dfrac{H_2}{e_{H2}}\right)+\cdots+\left(\dfrac{P_1}{e_{P1}}\right)+\left(\dfrac{P_2}{e_{P2}}\right)+\cdots}\right\}\times E_T \quad (10.15)$$

式中 E_{H1}——热生产蒸汽流 1 所占的排放；

E_{P1}——通过发电机 1 生产电力所占的排放；

E_T——热电联产厂的总排放量；

H_1——蒸汽流 1 中所含的热输出；

H_2——蒸汽流 2 中所含的热输出；

P_1——发电机 1 的输出功率；

P_2——发电机 2 的输出功率；

e_{H1}——蒸汽流 1 热生产的总效率；

e_{H2}——蒸汽流 2 热生产的总效率；

e_{P1}——发电机 1 电力生产的总效率；

e_{P2}——发电机 2 电力生产的总效率。

生产设施可能已经具备能量平衡数据，此能量平衡数据包含了可施行详细效率方法的信息。在这些情况下，效率方法应用能量平衡去估算每一个热电联产输出流所需的燃料量。这可以转化成每个流的温室气体分配。在简化效率方法中，热水流与蒸汽输出是同样处理的。

计算示例：复杂热电联产系统的排放分配。

图 10.4 演示了一假设热电联产系统，它包括三个能量输出流（一个蒸汽流 H_1 和两个电力输出流 P_1、P_2），并且包含了两个燃料输入（一个输入至燃气涡轮机，另一个输入到热回收蒸汽发生器（HRSG））。为了使用公式 10.16 和公式 10.17 去分配此热电联产系统的三股能量输出的温室气体排放，每个输出的效率因子必须是已开发的或者假设的。

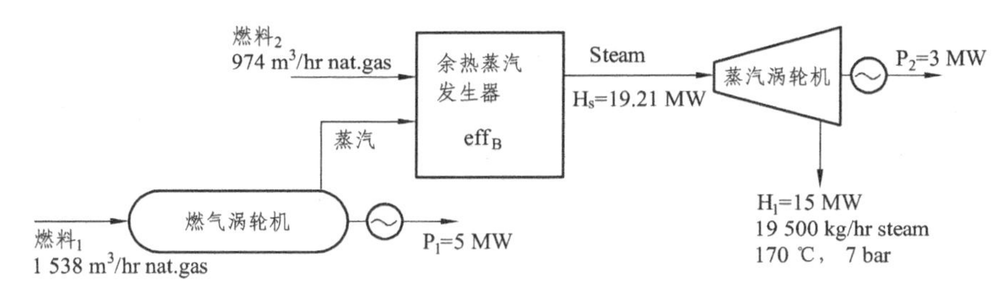

图 10.4

CHP 系统排放与前文示例相同：

燃料 1 的总排放 = 3 356 kg CO_2-eq./hr

燃料 2 的总排放 = 2 126 kg CO_2-eq./hr

P_1 为燃气涡轮的输出功率，基于制造商的信息其效率估计为 0.3（30%）。燃气涡轮的机械损耗大约为 5%，因此，生产涡轮机废气的废热的"效率"为 1 − 0.05 − 0.3 = 0.65，或 65%。利用等式 B3 和 B4，将燃气涡轮机中燃料燃烧的排放分配给 P_1 和废热，以 1 个小时为基准进行如下计算：

$$E_{P_1}=\left\{\frac{\left(\dfrac{P_1}{e_{P_1}}\right)}{\left(\dfrac{P_1}{e_{P_1}}\right)+\left(\dfrac{H_{\text{eat}}}{e_{H_{\text{eat}}}}\right)}\right\}\times E_{F_1}$$

$$=\left\{\frac{\left(\dfrac{5\text{ MW}}{0.3}\right)}{\left(\dfrac{5\text{ MW}}{0.3}\right)+\left(\dfrac{10.83\text{ MW}}{0.65}\right)}\right\}\times 3\,356\text{ kgCO}_2\text{eq}=1\,678\text{ kgCO}_2\text{eq}$$

术语"效率"被用于此以表示燃气涡轮机的废热产量与燃气涡轮机的燃料能量输入之比。虽然废热生产率一般不用效率因子表示，但在此例中需要此因子以用于排放分配的效率方法，因燃气涡轮机废热是 HRSG 的一个能量输入。

$$E_{H_{\text{eat}}}=\left\{\frac{\left(\dfrac{H_{\text{eat}}}{e_{H_{\text{eat}}}}\right)}{\left(\dfrac{P_1}{e_{P_1}}\right)+\left(\dfrac{H_{\text{eat}}}{e_{H_{eat}}}\right)}\right\}\times E_{F_1}$$

$$=\left\{\frac{\left(\dfrac{10.83\text{ MW}}{0.65}\right)}{\left(\dfrac{5\text{ MW}}{0.3}\right)+\left(\dfrac{10.83\text{ MW}}{0.65}\right)}\right\}\times 3\,356\text{ kgCO}_2\text{eq}=1\,678\text{ kgCO}_2\text{eq}$$

H_1和 P_2的效率因子的开发是很复杂的，因为热电联产系统集成了两个燃料输入流（F_1和F_2）。余热蒸汽发生器（HRSG）中产生的蒸汽能量，来自于燃气涡轮机（热是来自燃料流 F_1的部分能量）和天然气补充燃烧（常常称作补燃燃烧器）所共同产生的废热。在分配关于余热蒸汽发生器（HRSG）的排放时，从燃气涡轮机中排出的废气被视为燃料，并且分配给此流（$E_{H_{eat}}$）的排放量会被添加到 F_2的排放（E_{F_2}）中，然后总排放量（E_{F_2}）会在 H_1和 P_2之间分配。

在 HRSG 中将这两种能源转化为蒸汽的效率不同。工厂信息显示，在余热锅炉中，将燃气涡轮机中的废气转换成蒸汽能量的效率是 80%。在补燃燃烧器中辅助燃料的燃烧效率是 100%（这对于辅助燃烧的 HRSG 来说通常是真实的）。此信息可用于开发余热锅炉的整体效率，如下：

$$eff_B = 100\% \times \left(\frac{10.55 \text{ MW}}{10.55 \text{ MW} + 10.83 \text{ MW}} \right) + 80\% \times \left(\frac{10.83 \text{ MW}}{10.55 \text{ MW} + 10.83 \text{ MW}} \right) = 90\%$$

假定与 H_1相关的效率等同于余热锅炉中的蒸汽生产效率（H_S），为 90%。据工厂信息显示，背压汽轮机将膨胀转换为机械功（各向同性膨胀效率）的效率为 75%，发电机将机械功转换为电力的效率为 95%。因此，生产电力输出的效率 P_2为：

$$(eff_B) \times (eff_{\text{turbine}}) \times (eff_{\text{generator}}) = (0.9) \times (0.75) \times (0.95) = 0.64, \text{ or } 64\%$$

$$E_{F_2} = E_{F_2} + E_{H_{eat}} = 2{,}126 + 1{,}678 = 3{,}804 \text{ kgCO}_2\text{eq}$$

$$E_{P_2} = \left\{ \frac{\left(\frac{3 \text{ MW}}{0.64} \right)}{\left(\frac{3 \text{ MW}}{0.64} \right) + \left(\frac{15 \text{ MW}}{0.9} \right)} \right\} \times 3{,}804 \text{ kgCO}_2\text{eq} = 835 \text{ kgCO}_2\text{eq}$$

$$E_{H_1} = \left\{ \frac{\left(\frac{15 \text{ MW}}{0.9} \right)}{\left(\frac{3 \text{ MW}}{0.64} \right) + \left(\frac{15 \text{ MW}}{0.9} \right)} \right\} \times 3{,}804 \text{ kgCO}_2\text{eq} = 2{,}969 \text{ kgCO}_2\text{eq}$$

表 10.19 总结了在热电联产系统示例中三个输出流的排放因子和排放。

表 10.19

	总能量（MW）	功效	蒸汽温度（°C）	蒸汽压力（bar）	CO_2 排放（$kgCO_2$）	CO_2 排放因子（$kgCO_2$/MW·h）
P_1（电流）	5	0.3	N/A	N/A	1 678	336
P_2（电流）	3	0.64	N/A	N/A	835	278
H_1（蒸汽）	15	0.9	170	7	2 969	198
合计	5 482					

10.4.2.2 热含量方法

在热含量的方法中，电力中的所有能量都被视为有用的。然而，总能量中仅有一部分可以被用于生产用热的蒸汽（或沸水）被认为是有用的。此外，我们假设蒸汽被用于间接加热，冷凝液会返回热电联产系统。如果冷凝液没有返回或者热水输出流被考虑在分配范围内，则可以参考除下面所示的其他条件（如：锅炉用水的温度和压力）。因此，可以使用公式 10.16 来计算蒸汽的有效能量含量：

$$\text{有效能量} = F_i \times (H_i - H_{\text{ref}}) \tag{10.16}$$

式中 F_i——蒸汽的质量，t（1 000 kg）；

H_i——每 kJ/kg 中蒸汽流 i 的比焓；

H_{ref}——参考条件下的比焓（与假设在 100 °C 和一个大气压力下，回流的冷凝液一致）。

如果蒸汽（或热水）流量按照总能量的方式表示，对应的质量可以用公式 10.17 计算：

$$F_i = \frac{\text{总能量}}{H_i} \tag{10.17}$$

例如，考虑一个每年二氧化碳排放总量为 174 000 t 的热电联产系统，其总能量输出如表 10.20 所示。电力中的有效能量含量等同于总能量，且对于三个蒸汽流来说，使用公式 10.18 来计算其中的有效能量。对于每个能量流输出分配二氧化碳排放及排放因子（CO_2 t/GJ 总能量）示于表 10.20 中。

表 10.20　基于热含量方法温室气体排放的分配

热电联产系统二氧化碳排放总量						
	A 总能量 （GJ）	B 蒸汽 温度 （°C）	C 蒸汽 压力 （barg）	D 有用的能量 Eq.1 （GJ）	E CO_2 排放 $E=H\times D_i/\sum D$ （tCO_2）	F CO_2 排放因子 $F=E/A$ （tCO_2）
电流	245	N/A	N/A	245	14 167	57.8
蒸汽（1）	1 355	400	40	1 178	68 120	50.3
蒸汽（2）	1 100	300	20	947	54 762	49.8
蒸汽（3）	750	200	10	639	36 951	49.3
合计	3 450			3 009	174 000	

10.4.2.3　做功潜力法

在其他应用中，热电联产系统中生产的蒸汽可用于驱动机械设备。在这些情况下，更合适使用做功潜力法分配排放。做功潜力法不适合应用在包含热水输出的热电联产系统中。类似于热含量方法，做功潜力法认为电能中所有能量都是有用的，并且蒸汽中的一部分能量是有用的。然而，在做功潜力法中，蒸汽总能量中有用的部分能量是对应蒸汽在开放（流动）、稳态、热力学可逆过程下所能做的最大功。这部分功在热力学上被称为“有用功”或“放射本能”。涉及参考案例的特定蒸汽流的放射本能，可使用公式 10.18 计算：

$$\text{有用功}=F_i\times\{[H_i-(T_{\text{ref}}+273)\times S_i]-[H_{\text{ref}}-(T_{\text{ref}}+273)\times S_{\text{ref}}]\} \quad (10.18)$$

式中　F_i——蒸汽的质量，t（1 000 kg）；

H_i——每 kJ/kg 中蒸汽流 i 的比焓；

H_{ref}——参考条件下的比焓（与假设在 100 °C 和一个大气压力下，回流的冷凝液一致）；

S_i——蒸汽流 i 的比熵，在 kJ/kg.k；

S_{ref}——参考条件下的比熵；

T_{ref}——参考条件下的温度。

表 10.21 中给出了对同一热电联产系统用做功潜力法对每个能量输出流分配二氧化碳排放量和排放因子的计算方法。

表 10.21　基于做功潜力法的温室气体排放量分配

热电联产系统二氧化碳排放总量						
	A 总能量 （GJ）	B 蒸汽 温度 （°C）	C 蒸汽 压力 （barg）	D 有用的能量 Eq.1 （GJ）	E CO_2 排放 $E=H\times D_i/\sum D$ （tCO_2）	F CO_2 排放因子 $F=E/A$ （tCO_2）
电流	245	N/A	N/A	245	48 200	197
蒸汽（1）	1 355	400	40	320	63 000	46.5
蒸汽（2）	1 100	300	20	210	41 200	37.5
蒸汽（3）	750	200	10	109	21 500	28.7
合计	3 450			884	174 000	

10.5　现有盘查议定书中估算交通车辆与机械的温室气体排放方法概述

10.5.1　概　述

温室气体国家清单中，移动源的排放集中在高速公路旅行以及铁路、航空和水路运输。高速公路旅行排放是迄今为止移动排放中最显著的组成部分。纸浆和造纸厂的一些移动源排放很少会被关注到，例如工业设施或在林业经营中所用车辆的排放。一些清单文件表明非高速公路设施以及建设车辆似乎适用于部分上述排放源。

WRI/WBCSD 的温室气体议定书根据车辆的所有权或控制权，对移动排放源区分为直接排放和间接排放。WRI/WBCSD 议定书中的范围 1 的报告要求包括了所有的直接排放，而不管其发生地（WRI 2004a）。因为企业的清单往往包括现场和场外车辆的排放，因此本章节中给出的参考，可用来估算林产品工业中有时会用到的各种非道路车辆及设备的排放。

企业如果有兴趣估算其拥有的道路车辆的排放，可使用各种组织所提供的信息，包括 IPCC 1997c 和 WRI/WBCSD（WRI 2004d）。WRI/WBCSD 所提供的交通排放的计算工具可在互联网上查找到（WRI 2004d），并且已在此进行了简要总结。附在本报告的 Excel 工作簿中整合了 WRI/WBCSD 所提供的运输计算工具（WRI/WBCSD 所提供的基于距离的计算工具，不包括在本报告所附的 Excel 中）。

10.5.1.1 二氧化碳

从本质上讲所有的议定书都建议：运输车辆和设施的二氧化碳排放可由燃料消耗量及碳含量数据进行计算。这是经下列议定书所确认的：修订后1996 年 IPCC 指南（IPCC 1997c），2000 年 5 月 IPCC 优良做法（IPCC 2000），EMEP/CORINAIR 排放清单指南第三版（EEA，2004 年），以及 WRI/WBCSD 的温室气体议定书计算工具（WRI 2004d）。一些议定书同样提供了基于距离的排放因子（kg CO_2/vehicle km），它们可以交叉检查上述估计。

可以合理地认为，企业能够估算现场车辆所使用燃料的消耗量与碳含量。如果缺乏燃料的碳含量信息，企业可以使用由国家相关部门公布的数值。

在某些情况下，当局发布一个单一的以二氧化碳当量为单位的排放因子，并且此因子合并了甲烷和氧化亚氮的排放。例如澳大利亚温室效应挑战组织（AGO 2004），排放因子不仅包括所有三种温室气体，还包括上游排放的影响，如燃料开采、加工和运输（即完整的燃料循环排放）。

10.5.1.2 甲烷和氧化亚氮

1. 修订后 IPCC 1996 指南和 2000 年 5 月的最佳实践文档

修订后 IPCC 1996 指南中的参考手册包含“表观非道路源”的排放因子。（IPCC 1997c，页面 1.88）。修订后 IPCC 1996 指南包含由 EMEP/CPROMAOR 排放库存手册公布的排放因子，此手册于 1996 年被 USEPA 更新。两套排放因子示于表 10.22 和表 10.23 中。

表 10.22 基于非道路移动源和机械燃料消耗量的氧化亚氮和甲烷的排放因子
（IPCC 1997c）（根据EMEP/CORINAIR IPCC修正了 1996 指南）

源和发动机类型	g N_2O/千克燃料	g N_2O/MJ	g CH_4/千克燃料	g CH_4/MJ
林业——柴油机	1.3	0.03	0.17	0.004
工业——柴油机	1.3	0.03	0.17	0.004
铁路——柴油机	1.2	0.03	0.18	0.004
工业——四冲程汽油机	0.08	0.002	2.2	0.05
林业——二冲程汽油机	0.02	0.000 4	0.04	7.7
工业——二冲程汽油机	0.02	0.000 4	0.05	6.0

表 10.23　非高速公路车辆的氧化亚氮和甲烷的排放因子（IPCC 1997c）
（IPCC根据美国环境保护署数据修正了 1996 指南）

源和发动机类型	g N_2O/kg 燃料	g N_2O/MJ	g CH_4/ kg 燃料	g CH_4/MJ
船舶				
残余	0.08	0.002	0.23	0.005
蒸馏物	0.08	0.002	0.23	0.005
汽油	0.08	0.002	0.23	0.005
机车				
残余	0.08	0.002	0.25	0.006
柴油机	0.08	0.002	0.25	0.006
煤	0.08	0.002	0.25	0.006
农用设备				
燃气/拖拉机	0.08	0.002	0.45	0.011
其他燃气	0.08	0.002	0.45	0.011
柴油/拖拉机	0.08	0.002	0.45	0.011
其他柴油	0.08	0.002	0.45	0.011
建筑				
沼气建设	0.08	0.002	0.18	0.004
柴油建设	0.08	0.002	0.18	0.004
其他非高速公路源				
燃气雪地车	0.08	0.002	0.18	0.004
小型天燃气设施	0.08	0.002	0.18	0.004
重型天然气设施	0.08	0.002	0.18	0.004
重型柴油设施	0.08	0.002	0.18	0.004

2. EMEP/CORINAIR 排放清单指南

EMEP/CORINAIR 排放清单指南包含了基于发动机功率输出的第二套排放因子（EEA 2004）。这些排放因子以可基于发动机设计以及发动机使用年限进行校正的方式列出。它们可被用来估算所有化石燃料引擎的排放。这些排放因子和需要调整的因子示于表 10.24。

表 10.24　CORINAIR基于发动机输出的非道路移动源和机械设施的N_2O和CH_4的排放因子

（源自EEA 2004）

源和发动机类型	功率	N_2O（g/kW·h）	CH_4（g/kW·h）
基准线因子			
柴油发动机		0.35	0.05
二冲程汽油机	0～2 kW	0.01	6.60
二冲程汽油机	2～5 kW	0.01	3.55
二冲程汽油机	5～10 kW	0.01	2.70
二冲程汽油机	10～18 kW	0.01	2.26
二冲程汽油机	18～37 kW	0.01	2.01
二冲程汽油机	37～75 kW	0.01	1.84
二冲程汽油机	75～130 kW	0.01	1.76
二冲程汽油机	130～300 kW	0.01	1.69
四冲程汽油机	0～2 kW	0.03	5.30
四冲程汽油机	2～5 kW	0.03	2.25
四冲程汽油机	5～10 kW	0.03	1.40
四冲程汽油机	10～18 kW	0.03	0.96
四冲程汽油机	18～37 kW	0.03	0.71
四冲程汽油机	37～75 kW	0.03	0.54
四冲程汽油机	75～130 kW	0.03	0.46
四冲程汽油机	130～300 kW	0.03	0.39
四冲程液化石油气		0.05	1.0
用于柴油发动机污染物的加权因子			
（将如下因子与上述基准因子相乘）			
自然吸气直喷		1.0	0.8
涡轮增压直喷		1.0	0.8
内冷涡轮增压直喷		1.0	0.8
内冷涡轮增压预燃注油		1.0	0.9
自然吸气预燃注油		1.0	1.0
涡轮增压预燃注油		1.0	0.95

续表 10.24

源和发动机类型	功率	N_2O（g/kW·h）	CH_4（g/kW·h）
老化因子			
（将如下因子与上述计算所得因子相加）			
柴油发动机		0%每年	1.5%每年
二冲程汽油发动机		0%每年	1.4%每年
四冲程汽油和液化石油气发动机		0%每年	1.4%每年

3. 澳大利亚温室气体挑战计划——排放因子及方法工作簿

加入澳大利亚温室气体挑战计划的制造商在估计排放量时，使用包括二氧化碳、甲烷和氧化亚氮的排放因子，并考虑完整的燃料循环排放（例如：包括了来自于燃料开采、加工和运输的上游排放）。

4. 芬兰——1990～2002 年芬兰的温室气体排放，国家清单报告

芬兰的清单文件：芬兰 1990～2002 年温室气体排放，国家清单报告，包含一系列的“小规模燃烧”的排放因子，其中大部分因子来自 CORINAIR 排放清单手册。一些与林产品工业有关的排放因子如表 10.25 所示。

表 10.25　芬兰非道路林业和工业机械的排放因子

（2004 芬兰环境部）

排放源	燃料	CH_4（mg/MJ）	N_2O（mg/MJ）
非道路机械/林业	柴油（柴油机）	4.3	32.5
非道路机械/林业	汽油	139.0	0.3
非道路机械/建筑	柴油（柴油机）	4.3	31.7
非道路机械/建筑	汽油	133.4	1.7
非道路机械/其他	柴油（柴油机）	4.1	31.5
非道路机械/其他	汽油	95.0	1.2
非道路机械/其他	液化石油气	64.6	3.2

5. 加拿大

加拿大温室气体挑战，对于实体&基于设施的报告指南，加拿大气候变化自愿挑战和登记报告（VCR）-3.0 版，2004 年 7 月发布。

VCR 指南提供了一组用于估算运输工具燃料消耗相关排放的 CO_2、CH_4 和 N_2O 排放因子（VCR 2004）。它还提供了另一套用来估算运输工具（如铁路运输，公交）间接排放的排放因子（以 CO_2 当量的形式）。表 10.26 和表 10.27 转载了 VCR 推荐的排放因子。

表 10.26　加拿大普通运输工具燃料的排放因子

（转载自 2004 年VCR）

运输工具（燃料）	CO_2	CH_4	N_2O
汽车（汽油）	2.360 kg/l	0.000 12 kg/l	0.000 26 kg/l
汽车（乙醇混合汽油）	2.124 kg/l	0.000 12 kg/l	0.000 26 kg/l
汽车（柴油）	2.730 kg/l	0.000 05 kg/l	0.000 2 kg/l
轻型货车（汽油）	2.360 kg/l	0.000 22 kg/l	0.000 41 kg/l
轻型货车（乙醇混合汽油）	2.124 kg/l	0.000 22 kg/l	0.000 41 kg/l
轻型货车（柴油）	2.730 kg/l	0.000 07 kg/l	0.000 2 kg/l
重型车辆（汽油）	2.360 kg/l	0.000 17 kg/l	0.001 kg/l
重型车辆（乙醇混合汽油）	2.124 kg/l	0.000 17 kg/l	0.001 kg/l
重型车辆（柴油）	2.730 kg/l	0.000 12 kg/l	0.000 08 kg/l
摩托车（汽油）	2.360 kg/l	0.001 4 kg/l	0.000 046 kg/l
摩托车（乙醇混合汽油）	2.124 kg/l	0.001 4 kg/l	0.000 046 kg/l
丙烷车辆	1.500 kg/l	0.000 52 kg/l	0.000 028 kg/l
天然气车辆	2.758 kg/kg	0.032 10 kg/kg	0.000 09 kg/kg
非道路车辆（汽油）	2.360 kg/l	0.002 7 kg/l	0.000 05 kg/l
非道路车辆（乙醇混合汽油）	2.124 kg/l	0.002 7 kg/l	0.000 05 kg/l
非道路车辆（柴油）	2.730 kg/l	0.000 14 kg/l	0.001 1 kg/l
铁路机车（柴油）	2.730 kg/l	0.000 15 kg/l	0.001 1 kg/l
船艇（汽油）	2.360 kg/l	0.001 3 kg/l	0.000 06 kg/l
船舶（柴油）	2.730 kg/l	0.000 15 kg/l	0.001 00 kg/l
船舶（轻馏分油）	2.830 kg/l	0.000 3 kg/l	0.000 07 kg/l
船舶（重残油）	3.090 kg/l	0.000 3 kg/l	0.000 08 kg/l
常规飞机（航空汽油）	2.330 kg/l	0.002 19 kg/l	0.000 23 kg/l
喷气飞机（航空涡轮燃料）	2.550 kg/l	0.000 08 kg/l	0.000 25 kg/l

表 10.27　加拿大运输工具的间接排放因子

（转载自 2004 年VCR表 6）

铁路运输（货运）	0.016 2 kg　CO_2-当量/t-km
铁路运输（客运）	0.103 3 kg　CO_2-当量/乘客-km
公共汽车（市区）	0.146 0 kg　CO_2-当量/乘客-km
公共汽车（城际）	0.056 5 kg　CO_2-当量/乘客-km
航空旅行	0.135 9 kg　CO_2-当量/乘客-km

6. WRI/WBCSD 的温室气体议定书及支持文件

由于甲烷和氧化亚氮“在总交通运输排放中仅占较少部分”，所以 WRI/WBCSD 议定书只包括移动源排放的二氧化碳。企业可选择估算由移动源所排放的甲烷和氧化亚氮。表 10.28 和表 10.29 包含了 WRI/WBCSD 温室气体议定书中提供的基于所用燃料及行驶距离的缺省排放因子。

表 10.28　不同运输燃料的缺省排放因子

（WRI 2004d）

燃料类型	基于低位热值 kg CO_2/GJ
汽油	69.25
煤油	71.45
喷气飞机燃料	70.72
航空汽油	69.11
柴油	74.01
蒸馏燃油一	74.01
蒸馏燃油二	74.01
残留燃油四	74.01
残留燃油五	77.30
残留燃油六	77.30
液化石油气	63.20
润滑油	73.28
无烟煤	98.30
烟煤	94.53
丙烷	62.99
次烟煤	96.00
木材，木渣燃料	100.44
天然气	56.06

表 10.29 对于不同类型的移动源和活动数据默认的燃料经济因子（WRI 2004d）

车辆类型	L/100 km	mpg	g CO_2/km
小型气/电混合动力	4.2	56	100.1
小型燃气汽车（高速公路）	7.3	32	175.1
小型燃气汽车（城市）	9.0	26	215.5
中型燃气汽车（高速公路）	7.8	30	186.8
中型燃气汽车（城市）	10.7	22	254.7
大型燃气汽车（高速公路）	9.4	25	224.1
大型燃气汽车（城市）	13.1	18	311.3
中型货车（高速公路）	8.7	27	207.5
中型货车（城市）	11.8	20	280.1
迷你货车（高速公路）	9.8	24	233.5
迷你货车（城市）	13.1	18	311.3
大型货车（高速公路）	13.1	18	311.3
大型货车（城市）	16.8	14	400.2
中型皮卡（高速公路）	10.7	22	254.7
皮卡车（城市）	13.8	17	329.6
大型皮卡（高速公路）	13.1	18	311.3
大型皮卡（城市）	15.7	15	373.5
液化石油气汽车	11.2	21	266
柴油汽车	9.8	24	233
汽油轻卡	16.8	14	400
汽油重卡	39.2	6	924
柴油轻卡	15.7	15	374
柴油重卡	33.6	7	870
轻型摩托车	3.9	60	93
柴油巴士	35.1	6.7	1035

10.6 源于纸浆和造纸厂垃圾管理的温室气体排放：推荐方法和现有方法概述

10.6.1 垃圾填埋场甲烷排放估算的推荐方法

这些计算工具假设许多企业会将企业控制的填埋场包含在清单边界范围内。这些工具同样可以用在如下案例中：工厂的过程废弃物由市政固态废弃物填埋所处理，同时企业关心的是估算工厂对市政填埋在排放方面的贡献。报告格式按照仅披露公司自有垃圾填埋场排放量的情况而准备。

类似于为多数议定书所接受的例子，在这些工具中仅对甲烷排放有所处理，因为源自填埋场的二氧化碳由生物质碳构成，而氧化亚氮排放假定是可忽略的。

表 10.1 中显示的是废弃物填埋的排放因子。此因子是基于一系列保守的假设，并且在多数情况下，会导致比实际填埋工厂废弃物的排放更高的估算。在决定气体排放是否对清单具备实质性时，排放因子非常有用。为准备估算以用于清单结果，计算工具推荐在此描述的方法，这些方法都包含在本报告附带的 Excel 工作簿中。

10.6.1.1 使用填埋气体收集系统的数据

在某些情况下，企业填埋场是用低渗透性的覆盖材料所覆盖，并且收集了填埋气体。在多数这种情况下，收集及破坏的甲烷的数量可通过厂区具体的数据予以估算。

IPCC 建议，从企业估计的由填埋而产生的甲烷气体总量减去甲烷的破坏量来使用该信息。此种方法的问题在于，估算甲烷生产量时有很大的不确定性，其燃烧的数量（测量值）便很容易比生产量（估算值）更大，从而产生负排放。同样的，估算的生产率与测量后收集率的比较可能会得出非常低的收集效率，这仅是因为估算甲烷生产时的不确定性。

另一种可行的方法是，测量收集系统捕获的甲烷量。可选的办法是估计收集效率，而后反算生产的甲烷数量。例如：如果某工厂覆盖的填埋场地决定了其收集系统每年收集了 90 t 的甲烷，而工厂估算其收集效率为 90%，此种情况下，生产的甲烷为 100 t。

此方法的问题在于，填埋气体收集系统的效率会有所变化，以及存在的不确定性。已报告的收集效率范围为 60% ~ 85%（USEPA 1998d）。这种变化性及不确定性使得 IPCC 认为，“使用未记载的对填埋气体回收潜力的估算是不合适的，例如某些估算会过高估计回收的数量”（IPCC 2000）。尽管如此，此方法是建立在测量值——收集的气体量的基础上的。因此，可以很合理地认为，在少数情况下，它会产生比 IPCC 缺省方法更加精确的估算。这对于林产工业填埋尤为正确，因为数据太有限，而不能导出应用 IPCC 默认林产工业垃圾数学模型所需参数。

因此，在这些计算工具中建议，当填埋场被低渗透率的覆盖物所覆盖，以及其装备了用正常标准建设并运行的气体收集系统时，甲烷收集率可由测量甲烷的收集量并估算收集效率反算获得缺省收集效率 75%被一些当局所使用，同时也被建议，除非可获得厂区特定的收集效率数据（USEPA 1998d）。

这些计算工具同时假设所有捕获及燃烧的甲烷被转化为生物质二氧化碳，因此不需包含于清单中。使用这些缺省值以及假设后，甲烷生产的估算可通过公式 10.19 来完成。

$$\text{排放至大气的 } CH_4(m^3/y) = [(REC/FRCOLL) \times (1 - FRCOLL) \times FRMETH \times (1 - OX)] + [REC \times FRMETH \times (1 - FRBURN)] \quad (10.19)$$

式中 REC——收集的填埋气体量，使用场地特定基准，m^3/y；

FRCOLL——生产的填埋气体中被收集的比例，缺省值为 0.75；

FRMETH——填埋气体中甲烷的比例，缺省值为 0.5；

OX——在填埋表面层被氧化的甲烷比例，缺省值为 0.1；

FRBURN——收集到的甲烷中被燃烧掉的部分，视场地具体情况而定。

10.6.1.2 无气体收集数据时对填埋场的填埋甲烷估算

1. 简化的一阶衰减方法

在 10.6.1.1 中描述的方法不能使用时，建议企业采用一阶衰减模型以估算填埋气体排放，并使用为纸浆和造纸厂工业垃圾填埋而导出的参数。这是 IPCC 推荐的默认方法，并被多数国家主管部门采用（IPCC 2000）。可以用于估算活动状态和非活动状态的垃圾填埋场的甲烷排放量。

在年度存放恒定（或假设为恒定）时，IPCC 的缺省方法会折合为两个等式。这种简化方法应该足够使用，除非被填埋的废弃物数量或种类在各年度中变化很大，或填埋场的设计或运营改变很大以至于对甲烷生产或释放产生了重大影响（例如：安装了气体收集系统）。

$$源自填埋场的垃圾产生的\ CH_4(m^3/y) = RL_0(e^{-kC} - e^{-kT}) \quad (10.20)$$

式中 R——每年送至填埋场的平均垃圾数量，Mg/y；

L_0——甲烷最终的生产潜力，m^3/Mg waste；

k——常规甲烷生产率，1/y；

C——填埋场不再接收垃圾的时间，y；

T——填埋场开始运营的年度，y。

（注意：R 及 L_0 可以是湿重、干重、降解有机碳或其他形式，但是 R 及 L_0 的单位必须相同）

并不是所有生成的甲烷都被释放到大气中去。对大气排放的估算，是将公式 10.22 的计算结果运用到公式 10.23 中。对拥有现代化气体收集和燃烧系统，但没有回收气体测量设备的垃圾填埋区而言，甲烷的回收量可以假定为 75%（USEPA 1998d）。

$$CH_4(m^3/y)释放量 = [(CH_4\ 生产量 - CH_4\ 回收量) \times (1 - OX)] + [CH_4\ 回收量 \times (1 - FRBURN)] \quad (10.21)$$

式中 CH_4 生产量——来自公式 10.22；

CH_4 回收量——收集的甲烷量，视场地具体情况而定；

OX——填埋场表层在逸散前被氧化的比例，通常假设为 0.1；

FRBURN——收集到的甲烷中经燃烧的比例，视场地具体而定。

如果填埋量发生显著变化，或垃圾填埋场的设计发生改变以至于一些参数值发生实质性变化，则需要更复杂的方法。为了应对这些更复杂的情况，推荐方法是对每年的气体排放量进行建模，进而累加以预测本年度发生的气体排放。更详细的分析说明见下文。

本文列出了一些在公式中所用到的 L_0 和 k 参数值的来源。遗憾的是，在不同议定书中参数值的变化相当显著并且参数值仅基于少量数据。

2. 详尽一阶衰减方法

考虑到每年送入垃圾填埋场的废弃物数量有变化，IPCC 针对这种情况提出了一个变量。利用这个变量结合公式 10.24 和公式 10.25，可以从第一年开始估算出接下来各年废弃物存放产生的甲烷量。

$$给定年份上一年存放废弃物排放的\ CH_4(m^3/y) = kR_yL_0(e^{-k[T-Y]}) \quad (10.22)$$

式中 k——甲烷产生率常数，1/yr；

R_y——y 年发送到垃圾填埋场的垃圾量，Mg/yr；

L_0——甲烷最终的生产潜力，m^3/Mg 废弃物；

T——待估算排放的年度，格式等同于填埋场开放使用的年度；

Y——填埋场开放使用并填埋垃圾后的年度。

这样（T-Y）等于年数，即从开始填埋垃圾年度起至待估计排放量的年度之间的年数。

$$CH_4\text{排放量}(m^3/y) = [(CH_4\text{产生量} - CH_4\text{回收量}) \times (1 - OX)] + [CH_4\text{回收量} \times (1 - FRBURN)] \quad (10.23)$$

式中 CH_4产生量——源自公式 10.22；

CH_4回收量——甲烷的收集量，视特定场地而定；

OX——填埋场表层在逃逸前被氧化的比例，通常为 0.1；

FRBURN——收集的甲烷中经燃烧的比例，视特定场地而定。

要完成以上计算，需估算自填埋场开始使用后每年度垃圾存放数量。IPCC 规定，对于非常旧的垃圾填埋场，在本年度开始之前至少有三个废弃物降解半衰期是可追溯的。鉴于对多种林产品工业废料缓慢降解的观察显示，25 年是满足这一标准的最低年限。对于每年的存放量，估算当年及来年甲烷的泄漏量。在随后的年度中，释放的甲烷量为每一个上年度进行垃圾存放并在当年释放甲烷的量的总和。

计算方法如下：在第 1 年存放了数量为 A 的废弃物，并估计在接下来第 1、2、3、…年甲烷的释放量分别为 X_1、X_2、X_3、…t。报告中第 1 年甲烷排放量为 X_1 t；第 2 年存放了数量为 B 的废弃物，并估计在接下来第 2、3、4、…年的甲烷释放量分别为 Y_2、Y_3、Y_4、…t。报告中第 2 年甲烷的排放量为 $X_2 + Y_2$ t；第 3 年存放了数量为 C 的废弃物，并估计在接下来第 3、4、5、…年的甲烷释放量分别为 Z_3、Z_4、Z_5、…t。报告中第三年甲烷的排放量为 $X_3 + Y_3 + Z_3$ t；……此过程每年往复循环。

k 和 L_0 与简化的一阶衰减方法中相同。

3. 一阶甲烷生成速率常数——k

即使是城市垃圾填埋场，一阶速率常数也具有很大的不确定性。关于林产工业垃圾填埋场的一阶速率常数确定性更差。指南对于本研究给出的值按来源概述如下：

（1）IPCC——k 通常在每年 0.005 ~ 0.4 之间变动，城市固体废弃物的缺省值为 0.05/年（IPCC 1997c）。

（2）英国——k 通常为缓慢降解垃圾 0.05/年，快速降解垃圾 0.185/年（AEA 技术 2001）。

（3）瑞典——k 所有垃圾填埋场均等于 0.09/年（瑞典环保局 2004）。

（4）加拿大——k 木材废弃物堆填区为 0.01/年，城市固体废弃物按省份不同而有所差异（加拿大环境部 2004）。

（5）美国环境保护署——k 在每年降水大于 25 英寸（63.5 cm）的地区为 0.04/年，少雨地区为 0.02/年（针对城市固体废弃物垃圾填埋场）（美国环保局 1998d）。

（6）芬兰——在最新提供的国家清单中，芬兰使用 IPCC 中的方法 2（芬兰环境部 2004）。对 1990～2002 年不同废弃物的 k 值进行确定：

$k_1 = 0.2$（城市固体废弃物和污泥中的食品垃圾）。

$k_2 = 0.03$（在城市固体废弃物、建设和拆迁废弃物中的木材废弃物，以及城市固体废弃物中含有木质素的垃圾纸张）。

$k_3 = 0.05$（上述以外的工业固体废弃物和城市固体废弃物中的其他部分）。

4. 甲烷的最终生产潜力——L_0

L_0 的值差异很大。除非另有说明，以下为城市固体废弃物的参数值。同样有必要说明的是，L_0 可以表示为湿重、干重或其他。L_0 和 R（处理的废弃物的量）形式可以随意，但必须相同。城市固体废弃物的参数值通常在湿废弃物的条件下。

（1）IPCC——IPCC 引用的来源表明，L_0 低于 100 至高于 200 m^3/Mg 的范围中变化。并给出了计算特定现场 L_0 的公式（IPCC 1997c）：

L_0 =（DOC，废弃物中可降解的有机碳分数）×（DOC_f，降解至垃圾填埋气中的 DOC 分数）×（16/12，将碳转换为甲烷）×（F，源于管理良好的垃圾填埋场的气体中的甲烷分数，默认值为 0.5）×（MCF，管理良好的垃圾填埋场释放气体中甲烷的量）

IPCC 推荐的城市固体废弃物填埋场的默认为（IPCC 1997c，2000）：

DOC——不同国家的默认值为 0.08～0.21，但建议采用特定现场的测定值。

DOC_f——若 DOC（包括木质）的默认值为 0.5～0.6。

F——默认值为 0.5。

MCF——现代化管理的垃圾填埋区为 1.0；浅层（深度小于 5 m）的无管理的垃圾填埋区为 0.4；深层无管理垃圾填埋区为 0.8。

（2）英国——用 IPCC 提供的公式计算 L_0。国家研究机构确定不同类型垃圾的 DOC。DOC_f 假定为 0.6，F 通常为 0.5（旧式浅层填埋区为 0.3），MCF 假定为 1.0（AEA 技术 2001）。

（3）瑞典——采用 45 kg CH_4/t（等同于 63 m^3/Mg），特别是对纸浆和造纸厂污泥堆填区的 L_0（瑞典 EPA 2004）。

（4）芬兰——在较早的垃圾填埋场甲烷的国家清单中，芬兰虽未使用一阶衰减模型方法，但仍需要估计 L_0。芬兰使用的是 IPCC 的 L_0 公式（芬兰技术研究中心，2001），这里给出公式的变量值：

DOC = 0.4，纸张和纸板，湿重；

= 0.3，木材和树皮，湿重；

= 0.1，脱墨垃圾，湿重（定义并不明确，脱墨污泥被单独列出）；

= 0.45，林业污泥，未说明，干重（假设固体含量为 30%）；

= 0.3，脱墨污泥，干重（假设固体含量为 30%）；

= 0.3，林业纤维污泥，干重（假设固体为 30%）。

DOC_f = 0.5（以反映芬兰垃圾填埋场的低温和非最佳分解条件）。

MCF = 0.7（假定半数垃圾运往小填埋场且 MCF = 0.4，其余运往大型垃圾填埋场且 MCF = 1）。

F = 0.5。

合并以上参数，假设MCF为1，并考虑木产品工业垃圾干基DOC范围为 0.3 ~ 0.45，计算得出 L_0 的范围为 0.1 ~ 0.15 kg CH_4/kg 干垃圾或 140 ~ 210 m^3/Mg。

（5）加拿大——加拿大使用 118 kg CH_4/t 木材垃圾，即 165 m^3/Mg，对木材垃圾填埋场的甲烷潜力进行计算。1941 ~ 1989 年加拿大对城市固体废弃物 L_0 使用 165 kg CH_4/t，1989 年之后，建议采用 117 kg CH_4/t 对城市固体废弃物填埋场的 L_0 值进行计算（加拿大环境部 2004）。

（6）美国——EPA 的排放因子汇编（AP-42）指出 100 m^3/Mg 建议作为大多数城市固体废弃物填埋场的默认值（美国环保局 1998d）。

5. 推荐的 k 和 L_0 缺省值

对于垃圾主要成分是废水处理污泥的情况，速率常数 k 值的合理范围为 0.01 ~ 0.1/年，L_0 为 50 ~ 200 m^3/Mg。NCASI 在进行可以缩小这些范围的研究。初步结果表明，林产工业垃圾填埋所产生的气体量比按照城市固体废弃物的参数预测出的气体量要小。据此，建议直到研究完成，并且除非公司有国家或现场的特定因子，需使用表 10.30 中列出的参数值进行计算。

表 10.30　估算木制品工业垃圾填埋场甲烷排放量推荐的 k 和 L_0 缺省值

参数	缺省值
k	0.03 每年
L_0	100 m^3/Mg 干废弃物

10.6.2 估算污水或污泥厌氧处理过程 CH_4 排放量的推荐方法

大部分现有的温室气体议定书只针对厌氧处理和消化过程的温室气体排放量。因此，这些计算工具是在假设其他类型的废水和污泥处理过程的排放量是可以忽略不计的情况下提出的。虽然有氧和兼性处理系统可能有溶解氧耗尽的区域，但是在曝气稳定池、活性污泥系统以及与之相关的滞留池中甲烷产生率比厌氧系统的排放低得多。在任何情况下，由于缺乏数据，不可能合理估算有氧和兼性处理系统的排放。

对于厌氧系统，仅需估算甲烷排放，理由是①来自污水和污泥处理过程的二氧化碳排放中包含生物质碳，此生物质碳未包含于大多数温室气体议定书；②其他议定书假设如果存在 N_2O 排放，仅在废水排放后产生。

10.6.2.1 厌氧处理过程中废气被捕获的情形。

在许多情况下，厌氧处理系统是有覆盖的，并且气体被收集及燃烧。目的之一是为了阻止气味，为了达到这个目的，系统必须非常高效。因此，以温室气体清单为目标，假设当排放的甲烷在厌氧处理操作中被捕获和燃烧，其收集和破坏是完全的，从而没有甲烷排放。如果工厂的情况表明并不是少量的甲烷在收集过程中逸散，工厂需尝试统计这些排放，但该情况对于收集和燃烧甲烷的工厂而言，一般属非正常状态。

当然，如果气体被释放到大气中而不是被燃烧，那么这些气体应该包括在清单中。

10.6.2.2 厌氧处理过程中废气被释放至大气中的情形。

厌氧处理操作中，如果废气没有被收集及燃烧，那么很有必要估算释放至大气中的甲烷。在某些情况下，例如这些气体通过一个密封容器的通风孔释放，释放可以直接测量。在其他大多数情况下，它们必须被估算。

这些计算工具在 2000 年 5 月优良做法文件中已作描述，且公式 10.24 所示的（IPCC 2000）IPCC 缺省方法被建议使用。尽管 IPCC 文档允许此方程应用于非完全厌氧系统（通过乘以小于 1 的任意调整因子），目前没有现成的数据以支持调整因子的选择。因此这里推荐，甲烷的排放估算仅限于从厌氧处理或污泥消化系统中进行，直到有其他系统的因子可供使用。

$$\text{厌氧处理装置甲烷排放(kg/年)} = (OC \times EF) - B \qquad (10.24)$$

式中 OC——供给厌氧系统的化学需氧量或化学耗氧量，kg/年；

EF——排放因子，默认值 = 0.25 kg CH_4/kg *COD* 给料或 0.6 kg CH_4/kg *BOD* 给料（或其他基于 *BOD* 的因子，该因子可根据现场特定的 *COD/BOD* 比率，乘以基于 *COD* 因子 0.25 kg CH_4/kg *COD* 而获得）；

B——现场特定条件下获得的甲烷捕获和燃烧量，kg CH_4 甲烷/年。

如果是单独处理固体，则可以使用公式 10.25 进行污泥消化系统的排放估算。在污泥被燃烧的情况下，它包含于其他章节中已讨论的生物质燃烧的温室气体排放。

$$\text{厌氧污泥消化设备的甲烷排放(kg/年)} = (OCs \times EFs) - B \quad (10.25)$$

式中 *OCs*——污泥的有机物含量；

EFs——排放因子，单位与 *OCs* 一致。IPCC 的默认值为 0.25kg CH_4/kg 污泥给料；

B——现场特定条件下获得的甲烷捕获和燃烧量，kg CH_4/年。

在大多数议定书下，废水的 N_2O 排放被认为在废水排入受纳水体后发生。因此，这些排放不在此工具中说明。

10.6.3 概述现有的方法

10.6.3.1 IPCC

修订 1996 年 IPCC 指南以适用于国家温室气体清单和优良作法以及国家温室气体清单里的不确定性管理。

注意：在下面的讨论中，一些符号的使用与用于 IPCC 文档的是不同的。这样做是为了消除在 IPCC 文档中使用类似符号的变量之间可能存在的混淆。

1. 垃圾填埋场——归于一年的方法

IPCC 的缺省方法对于来自垃圾填埋场的甲烷排放预估仅限于城市固体废弃物填埋场。1996 年的 IPCC 指导方针的参考手册第 6 章（IPCC 1997c）和 2000 年 5 月的优良作法文档（IPCC 2000）提供了两种通用的方法估算垃圾填埋场排放。第一个假定所有有机物都在它被放在垃圾填埋场的当年被降解，第二个假定是使用一阶模型估算随时间的释放量。优良做法文档表明一阶衰减方法应尽可能使用（IPCC 2000）。

归于一年的方法首先要估算被填埋废弃物的可降解有机碳（DOC）含量。IPCC 为某些大体积材料提供的默认值见表 10.31。

表 10.31　主要垃圾流的 DOC 缺省值，源于 IPCC1996 年修订方法

（用于城市固体废弃物中“湿或新鲜”的材料）

垃圾流	降解有机碳（按重量）
纸张和纺织品	40%
花园和公园废弃物及其他非食品腐烂有机物	17%
食品垃圾	15%
木头和稻草垃圾（不含木质素）	30%

可降解有机碳的碳总量中只有一小部分转化成了垃圾填埋气体。这部分用 DOC_f 表示。1996 的 IPCC 指南依靠一个简单的模型来生成 DOC_f 的缺省值 0.77，但 2000 年 5 月的 IPCC 优良做法指南和不确定性管理文档表明这个值太高除非 DOC 值中不包括木质素碳。2000 年 5 月的文档继续说当 DOC 包含木质素，DOC_f 缺省值的“优良做法”应该是 0.5 ~ 0.6，除非可获得更好的特定现场数据（IPCC 2000）。

之后 IPCC 应用了甲烷校正因子（MCF），意在解释如下事实：垃圾填埋场的设计和操作可以影响可降解碳分解成二氧化碳而不是甲烷的趋势。MCF 是对非管理垃圾填埋场与进行管理的垃圾填埋场甲烷生成潜力比率一个简单衡量。一个垃圾填埋场被认为是“被管理的”，它应该是控制垃圾存放，并至少满足下列之一：垃圾的覆盖材料、机械压实或平整。管理的垃圾填埋场作为基准条件，其 MCF 假定为 1.0。浅层（深度小于 5 m）的无管理的垃圾填埋区为 0.4，深层无管理垃圾填埋区为 0.8。在被管理的垃圾填埋场，缺省假设是甲烷包含 50%的垃圾填埋气体。MCFs 对无管理垃圾填埋场修订了该假设，例如对深层无管理垃圾填埋场填埋气甲烷含量为 40%（$0.8 \times 50\%$），浅层无管理垃圾填埋场为 20%（$0.4 \times 50\%$）。

在很多填埋场，气体被捕获并且燃烧，将碳转化为生物质二氧化碳。即：垃圾填埋场的甲烷转化为生物质二氧化碳。因为垃圾填埋场甲烷形成的 CO_2 是生物质碳，它不包含在 IPCC 排放清单里。引用 IPCC 的话“源自一年生生物质（如农作物、森林）的有机物降解是废弃物释放出的二氧化碳的主要来源。因此，在 IPCC 方法学中这些二氧化碳排放不被视为废弃物的净排放。如果生物质原料没有可持续的产生，净二氧化碳释放应该计算和报告在农业、土地利用变化和林业章节”（IPCC 1997c）。

因此，总的来说，IPCC 归于一年的方法设计如下计算：

$$\text{甲烷生成} = (\text{送到垃圾填埋场的数量}) \times DOC \times DOC_f \times 16/12 \times 0.5 \times MCF \quad (10.26)$$

式中　DOC——废弃物中可降解有机碳的比例（基于用来测量送到垃圾填埋场的垃圾数量相同的单位）；

DOC_f——降解为垃圾填埋气体的 DOC 比例；

16/12——从碳到甲烷的转换因子；

0.5——有管理的垃圾填埋场气体甲烷比例，缺省值；

MCF——垃圾填埋气体的甲烷数量相对于有管理的垃圾填埋场比率（有管理的垃圾填埋场 $MCF = 1$）。

$$释放的甲烷 = (生产的甲烷 - REC) \times (1 - OX) \quad (10.27)$$

式中　REC——通过燃烧甲烷转化成 CO_2 的数量；

OX——在垃圾填埋场覆盖物表面氧化的甲烷转换成 CO_2 的比例（缺省值是 0。但是 2000 年 5 月的 IPCC 优良做法文档表明，在发达国家良好管理的垃圾填埋场，可以使其值为 0.1）。

2. 垃圾填埋场——一阶衰减方法

IPCC 建议了两种方法适用于垃圾填埋场随时间甲烷排放的模型。第一个使用填埋场使用期平均垃圾接收量；第二个单独考虑每年的垃圾量（IPCC 1997c）。

3. 污水处理和厌氧污泥消化

在厌氧处理厂，废水中大部分的有机物被转化为生物污泥或者二氧化碳。因为碳来源于生物质，从污水处理中排放的 CO_2 不包含在温室气体清单内。但是，甲烷和氧化亚氮可能在废水处理时释放。特别地，甲烷是厌氧污水处理和污泥消化过程的一个重要排放。甲烷和氧化亚氮通常包含在温室气体清单里面。

1996 修订版指南的废弃物部分包含了从“人为污水”估算氧化亚氮排放的方法（IPCC 1997c）。这个讨论将读者导向手册的农业部分以获得更多的信息。在 IPCC 相应章节指出三个研究调查了运行污水处理设施的氧化亚氮排放（IPCC 1997c）。所有的研究均报告了 N_2O 排放。因此，在 IPCC 方法学“与污水处理和土地处理相关的氧化亚氮被认为是微不足道的”，并且进一步假设“所有的污水氮进入河流和江”之后，其中的一部分转换成了氧化亚氮（IPCC 1997c）。总之，IPCC 指南包含了人为污水排出后氧化亚氮排放的估算方法，但假设污水处理工厂的氧化亚氮排放可以忽略不计。这里没有讨论从木材制品或其他工业废水处理厂的氧化亚氮排放。

污水处理排放的甲烷却得到了 IPCC 指南文档更多的关注。在 IPCC 优良做法文档中的一个图显示了哪些类型的处理工艺有“潜在的 CH_4 排放”（IPCC 2000）。此图表明所有的厌氧处理过程都在 IPCC 指南涵盖范围以外，因甲烷生成的可能性很低，指南专注于厌氧废水处理和厌氧污泥消化。

1996 年修订的 IPCC 指南参考手册包含一个关于纸浆和造纸厂工业废弃物处理操作的讨论（IPCC 1997c）：

评估工业废水流甲烷产生的潜力，应该基于废水中可降解有机物的浓度、废水的体积、行业在厌氧池处理废水的习惯。

使用这些标准，IPCC 建议指出：纸浆和造纸厂在废水处理中是最可能产生甲烷的（IPCC 1997c）。

造纸和纸浆行业以及肉类和家禽加工工业产生大量的废水，其中包含有高水平的可降解有机物。此外，两个产业利用通常含废水处理系统的大型设施。肉类和家禽加工设施通常采用厌氧池来处理他们的废水，然而造纸和纸浆工业使用厌氧池处理也是众所周知的。

IPCC 从污水处理或污泥消化预估甲烷排放的方法相似于用于预估垃圾填埋场甲烷排放的归于一年方法。

计算排放使用公式 10.28：

$$\text{甲烷排放} = (TOW \text{ 或 } TOS) \times B_0 \times MCF \qquad (10.28)$$

式中 TOW 或 TOS——厌氧处理废水或污泥中的有机物含量；

B_0——CH_4 每单位有机物，与 TOW 或 TOS 单位一致；

MCF——没有被收集或燃烧的甲烷比例，根据处理单位从 0 变化到 1。

首先，需确定加入处理单元的可降解有机物的量。废水中总有机物（化学需氧量，COD）以 TOW 表示，而在污泥中的总有机物量以 TOS 表示。IPCC 参考手册包含一些限定数据，可用于估计纸浆和造纸厂废水 COD，但它们并不包含在这个报告中，因个别工厂在可获得数据时，质量会好很多（IPCC 1997c）。

把未经处理的废水 COD 分为 TOW 和 TOS，这两个流在后续计量中保持分离。污泥填埋计量显示在 10.6.1.2 小节中，而污泥消化的排放将使用公式 10.28 来计算。在污泥燃烧的情况下，它包含在生物质燃烧的温室气体排放的计算，在其他地方讨论。

对于工业废水，最大甲烷生产能力以 B_0 表示并表达为 kg CH_4/kg COD。IPCC1996 修订指南对废水和污泥的 B_0 给出了默认值 0.25 kg CH_4/kg COD。IPCC 指南的脚注解释说，因为 COD 的可降解有机物与可降解 BOD 中测定的物质是相同的材料，因此 B_0 将是 0.25 kg CH_4/kg COD 或 BOD。如果因子

基于 *BOD* 或 *COD* 去除，这个说法大致是真实的，但是指南没有说明，只是说 *TOW* 和 *TOS* 分别是工业废水和污泥总有机物量（IPCC 1997c）。IPCC 优良做法文档用这个解释改动了 1996 年指南（IPCC 2000）。

需注意可降解碳在有机废弃物中可以 *BOD* 或 *COD* 的形式测量。对于典型的民用未经处理的污水，*COD*（mg/l）高于 *BOD*（mg/l）2 ~ 2.5 倍。因此，使用与测量可降解碳一致的排放因子是很重要的。IPCC 指南仅提供了一个 B_0 的缺省值，既用于 *COD* 又用于 *BOD*。这不符合观测到的在未经处理污水中的 *BOD* 和 *COD* 水平差异。考虑到废水中 *BOD* 和 *COD* 的量不同，根据所用的不同测量方式，对同一数量的废水将得到不同的排放水平结果。为了确保对给定量的废水中的排放估算结果一致而不考虑所采用的有机碳测量方式，基于 *COD* 的 B_0 应默认放大 2.5 倍，以转换成以 *BOD* 为基础的值。因此，优良做法使用 0.25 kg CH_4/kg *COD* 的缺省值或者使用 0.6 kgCH_4/kg *BOD* 的缺省值。

重点是这个因子的基础必须和废弃物有机物含量的测定相匹配。特别是，一个人需要知道这个因子是适合 *BOD* 还是 *COD*，以及它们是根据未治理污水的有机物含量还是在治理中去除的有机物含量。

甲烷转换因子（*MCF*）再次被用于表示相对于参考系统的甲烷生成潜力。在这种情况下，有两个参考系统。*MCF* 对完全有氧系统是 0.0，然而对完全厌氧系统是 1.0。尽管参考手册示例出对不同国家的缺省 *MFC*，IPCC 建议应咨询专家以确定 *MCF* 的适合值（IPCC 1997c）。在此综述中，没有公布有氧或兼性处理系统的 *MCF* 值。

10.6.3.2 加拿大

加拿大温室气体挑战，对于实体&基于设施的报告指南，加拿大气候变化自愿挑战和登记，以及加拿大的温室气体清单（1990—2000）。

VCR（2004）指南没有包括具体的废弃物管理活动排放。然而，这些排放包含在加拿大温室气体清单里（1990—2002）（加拿大环境局 2004）。

加拿大没有计算生物质碳分解产生的 CO_2，然而，估算了 CH_4 和 N_2O 的排放（加拿大环境局 2004）。

1. 垃圾填埋场

因为加拿大的垃圾填埋场特点随着时间的推移而改变，加拿大使用 Scholl Canyon 模型（一阶衰减模型）估算垃圾填埋场的甲烷排放。这允许每年废弃物存放量的变化也允许衰变率根据管理实践和其他因素而变化。这是在 1996 年修订后的 IPCC 指南和 2000 年 5 月优良做法文档描述的一个选项。文中这些描述仅强调加拿大方法中涉及加拿大特定的参数值方面或背离 IPCC 方法的代表方面（加拿大环境局 2004）。

因为森林产业（行业）在加拿大规模很大，政府开发了单独估计木材废料垃圾填埋场甲烷排放的方法。经过评估加拿大专家对市政固体废弃物（MSW）垃圾填埋场模型的 k 值建议后，政府决定在主要的森林工业省份用最低的 k 值估算木料垃圾填埋场的排放。这个 k 为 0.01/年。加拿大政府考虑了木材废料中可降解的碳含量并假设木材废料填埋气体含有 50%甲烷以计算木材废料的甲烷生成潜力（L_0），该值为 118 kg CH_4/t 木材废料（加拿大环境局 2004）。

2. 污水处理和污泥消化

加拿大只估算了市政污水处理的温室气体排放，因为缺乏处理工业废水的数据（加拿大环境局 2004）。

有氧系统的甲烷排放被认为是微不足道的，该假设符合 IPCC 指南。估算厌氧系统的排放使用 Ortech 国际在 1994 年为加拿大环境局开发的一种方法。使用这种方法，估计有 4.015 kg CH_4/人/年可能会从废水厌氧处理排放（加拿大环境局 2004）。这个因子乘以每个省的人口数量以及每个省污水厌氧处理的比例来估计市政污水厌氧处理甲烷排放。

加拿大使用 IPCC 缺省方法估算人为污水的 N_2O 排放。IPCC 方法论假设（a）忽略在处理期间 N_2O 的排放量；（b）未经处理的人为污水中所有的氮均排放到河流或江，在那里，一部分氮转化为氧化亚氮（加拿大环境局 2004）。

10.6.3.3 芬兰——在芬兰温室气体的排放和消除

1. 垃圾填埋场

2001 年芬兰政府的估算是基于 IPCC 的归于一年的缺省方法（IPCC 1997c）。参数值选取能够代表芬兰的情况（芬兰 2001 的技术研究中心）。估计纸浆和造纸厂垃圾填埋场的排放所需参数值，如下所示。关于 IPCC 一年内所有方法的描述包括了更多关于变量和计算的信息。

$$\text{甲烷排放每年} = ([\text{废弃物处理每年} \times DOC \times DOC_f \times MCF \times F \times 16/12] - R) - (1 - OX) \quad (10.29)$$

式中 DOC——废弃物中可降解有机碳的比例（根据以下废弃物类型有所变化；虽然没有指定，强烈建议 DOC 的值包括木质素）；

= 0.4 适用于纸和纸板，湿基；

= 0.3 适用于木材和树皮，湿基；

= 0.1 适用于脱墨废弃物，湿废弃物基础（定义不明确，因为脱墨污泥单独列出）；

= 0.45 森林工业污泥，没有指定，干基（假定 30%的固碳含量）；

= 0.3 脱墨污泥，干基（假定 30%的固碳含量）；

= 0.3 林业纤维污泥，干基（假定 30%固碳含量）；

DOC_f——0.5（可降解有机碳降解到垃圾填埋气体的比例；1996 年修订的 IPCC 指南建议的缺省值为 0.77，但是 2000 年 5 月的优良做法文档修改 DOC_f 的缺省值为 0.5 ~ 0.6，当木质素包含于 DOC 的情况；芬兰使用 0.5 来反映低温和非最佳分解条件下芬兰垃圾填埋场的分解）；

MCF——0.7（实质上是垃圾填埋场的甲烷生成潜力相对于一个“有管理的”垃圾填埋场；芬兰假设一半的垃圾送去小的垃圾填埋场令 MCF = 0.4，另一半垃圾送去大的垃圾填埋场令 MCF = 1）；

F——0.5（垃圾填埋场气体中甲烷的比例；IPCC 缺省假设垃圾填埋场气体 50%是甲烷）；

16/12——转换因子；

R——垃圾填埋场甲烷回收的数量，这个值每年都在变化；

OX——0.1（在垃圾填埋场覆盖的上层 10%没有回收的甲烷被氧化成了 CO_2）。

在大多数最近的国家清单里，芬兰使用 IPCC 的层级 2 方法（芬兰环保部 2004）。在 1990 ~ 2002 年的清单，芬兰环保部门对不同的废弃物提供了 k 值：

$k_1 = 0.2$（城市固体废弃物和污泥中的食品垃圾）；

$k_2 = 0.03$（在城市固体废弃物、建设和拆迁废弃物中的木材废弃物，以及城市固体废弃物中含有木质素的垃圾纸张）；

$k_3 = 0.05$（上述以外的工业固体废弃物和城市固体废弃物中的其他部分）。

2. 污水处理和污泥消化

芬兰使用 IPCC 的缺省方法估算污水治理产生的甲烷排放（芬兰环境部 2004）。

$$CH_4\text{ 排放} = \text{有机物负荷} \times B_0 \times MCF \tag{10.30}$$

式中　有机物负荷——（在芬兰的情况下）工业废水的 COD 和民用废水的 BOD；

B_0——甲烷最大生成潜力，芬兰使用缺省值是 1996 年修订的指南给出的 0.25 kg CH_4/kg *COD* 或 *BOD*；2000 年 5 月的 IPCC 优良做法文档修订缺省值为 0.25 kgCH_4/kg *COD* 和 0.6 kg CH_4/kg *BOD*；

MCF——一个加权平均值，以反映芬兰处理厂甲烷生产潜力相对于厌氧处理厂。芬兰使用民用废水的 *MCF* 为 0.01，工业废水为 0.005。

根据 1996 年修订的 IPCC 指南来估算 N_2O 的排放，芬兰扩大了范围已不仅包括生活污水的氮排放，而且包括工业污水和渔场废弃物的氮排放（芬兰环境部 2004）。IPCC 方法估算废水排出后的 N_2O 排放，但是假设处理工厂的 N_2O 排放可以忽略不计。

10.6.3.4 日本——日本纸协会的信息

在对温室气体准备全国清单时，环境部包括了从含“废纸”的垃圾填埋场排放的甲烷和氧化亚氮，这些废纸被认为是污泥或来自纸浆和造纸厂生产的其他过程废弃物（JPA 2001）。排放因子是：

甲烷 = 151 kg/t 废纸

氧化亚氮 = 0.01 kg/t 废纸

10.6.3.5 瑞典——瑞典的国家清单报告（2004）

1. 垃圾填埋场

在瑞典的 2004 年的国家清单报告中，瑞典使用了一个非常类似于 IPCC 一阶衰减方法来估算垃圾填埋场的甲烷排放。1952 年以及之后的垃圾填埋场包含在分析内。速率方程的时间因子被略微调整以反映如下假设：所有的垃圾都在每年的 7 月 1 日被掩埋。此外，瑞典还开发了用于模型中的一系列参数的特定国家值（瑞典 EPA 2004）。

瑞典政府已经考察了从纸浆厂污泥填埋的甲烷生成。它使用值 45 kg CH_4/t 废弃物来代表纸浆和污泥厂填埋的甲烷生成潜力（瑞典 EPA 2004）。

用于垃圾填埋场甲烷排放量的一阶衰减模型的其他值如下 （瑞典 EPA2004）：

1980 年以前的 *MCF* = 0.6；

1980 年及以后的 *MCF* = 1.0；

F（垃圾填埋场气体的甲烷比例） = 0.5；

DOC_f（可降解有机碳降解到垃圾掩埋气体的比例）= 0.7；
OX（未收集气体在垃圾填埋场表层的氧化比例）= 0.1；
$t_{1/2}$（甲烷生成的半衰期）= 7.5 年；
k（一阶速率常数假设一个半衰期为 7.5 年）= 0.092/年。

2. 污水处理和污泥消化

瑞典国家清单报告表明“对所排放废水中的氮使用国家活动数据，结合模型。该模型用于估算未输入到市政污水处理厂的人为污水中的氮”（瑞典 EPA 2004）。公式用来从废水里的氮估算氧化亚氮的排放，包括与市政污水处理厂相关的数据、工业处理厂和数据不可获得的小处理厂（最后一项涉及假设，需假定与小处理厂相关的人数以及这些人的氮消费）。使用了 IPCC 把氮转化为氧化亚氮的缺省因子。

污泥相关的甲烷排放从垃圾填埋场的估算如上所述。厌氧污泥消化的温室气体排放没有被讨论，尽管报告已经注明已经消化污泥的垃圾填埋场气体潜力已经减少了 50%（瑞典 EPA 2004）。

10.6.3.6 美国——美国温室气体排放和汇的 EPA 清单

1. 垃圾填埋场

EPA 对垃圾填埋场的温室气体排放的分析重点是市政固体废弃物填埋场的甲烷排放，虽然也估算工业垃圾填埋场甲烷的排放量。这个方法的描述是来自 EPA 的美国温室气体排放和汇清单（1990—2002）（美国 EPA 2004）：

> 垃圾填埋场的甲烷排放被认为等于市政填埋场产生的甲烷排放，减去甲烷恢复和燃烧，加上工业填埋场产生的甲烷，减去释放到大气中以前的甲烷氧化。
>
> 从市政垃圾填埋场估算甲烷排放是基于每年更新的美国垃圾填埋场的数量模型。这个模型是基于实际废弃物处理模式，EPA 固体垃圾部门在 1986 年对垃圾填埋的广泛调查中证明。第二个模型被用来估算垃圾填埋场的数量（这个模型在美国 EPA 1993 描述）。对于在这里数据提到的每个垃圾填埋场，对甲烷排放有贡献的被存放的垃圾量根据它的开放使用年、垃圾接收速度、关闭年和设计能力予以估算。每年的国家市政垃圾填埋量根据填埋场进行分配。市政垃圾填埋场的排放通过对导致排放的废弃物数量乘以排放因子来估计……
>
> 估算垃圾填埋气体每年的回收量基于更新的数据，该数据收集于

燃烧设备供应商和由 EPA 的垃圾填埋沼气拓展项目（LMOP）汇编填埋气-能源项目（LFGTE）所得数据库……

工业垃圾填埋场的排放被假设等于市政垃圾填埋场的甲烷排放总量的 7%。市政和工业废弃物中被垃圾填埋场覆盖物氧化的甲烷数量均被假定为没有回收的甲烷生成量的 10%。为了计算净甲烷排放，甲烷回收和甲烷氧化都从市政和工业垃圾填埋场的甲烷生成里面减去。

在 1990 年的美国，报告给国会的人为甲烷排放估算的模型是 MSW 垃圾填埋场的双参数模型（美国 EPA 1993）。它是基于对超过 85 个美国 MSW 垃圾填埋场的气体生成数据进行经验分析，并根据放置的垃圾量和环境降雨估算甲烷生成量。

然而，EPA 也有一个模型，它等同于 IPCC 建议的一阶衰减模型。EPA 的一阶衰减模型在它的排放因子汇编中有描述，AP-42（美国 EPA 1988d）。EPA 把它的模型称作填埋气体排放估算模型（LAEEM）。NCASI 综述了 EPA 估算掩埋场气体的甲烷排放的常规方法并将结果发表在 NCASI 的技术公报 790 号（NCASI 1999）。这里的这些材料主要取自该公报。

LAEEM 是一个基于 PC 的自动估算工具，在 Windows 环境中运行，适用于估算市政固体废弃物（MSW）垃圾填埋场不受控制的空气排放，可以从美国环保署的空气质量规划和标准局获得。

LAEEM 包含 Scholl Canyon 模型，该模型是一阶单级模型，与 IPCC 一致。根据经验调整运动速率常数以反映垃圾湿度含量和其他垃圾填埋场条件的变化。Scholl Canyon 模型假定一旦垃圾被存放，气体产生速率达到峰值并且厌氧条件下立即建立。气体产生后假定按照一阶衰减以指数方式减少。这个模型可以把填埋场划分成不同的模块（年度废弃物积累）来计算随着时间积累的不同年限的废弃物变化。

建议的甲烷生成的缺省一阶速率常数（k）在每年降水大于 25 英寸的地区为 0.04/年，少雨地区为 0.02/年。推荐的甲烷生成潜力的缺省值（L_0）为 100 m^3 甲烷/Mg 废弃物（美国 EPA 1998d）。对这些 NCASI 建议源的检查结论是 EPA 的缺省值（MSW 的垃圾填埋场研究派生）对于木材产品的工业垃圾填埋场可能过高（NCASI 1999）。

2. 污水处理和厌氧污泥消化

在以前的清单中（如：在 USEPA 2001a 讨论的）EPA 表示它使用了 IPCC

方法估算废水处理的甲烷排放。这包括估算有机物产生的废水量并乘以排放因子。在这些之前的清单中 EPA 仅估算了厌氧处理操作中的甲烷排放，厌氧处理被认为处理了 15%产生在美国的国内废水 *BOD*（美国 EPA 2001a）。

在其最近的清单中，EPA 使用了不同的方法估算工业污水处理排放。以下描述的方法源自 EPA 的清单美国温室气体排放和汇（1990—2002）（美国 EPA 2004），并指出 EPA 符合 IPCC 的方法学描述（2000）：

> 通过乘以年度产品产量（t/每年）和平均流出量（m^3/输出 t），在流出量中的有机物含量（有机 *COD* 的克数/m^3），排放因子（g CH_4/g COD），厌氧降解的有机 *COD* 百分比，以估算甲烷排放。为开发对纸浆和纸类范畴的估算，*BOD* 代替 *COD* 使用，因为可以获得更加精确的 *BOD* 值。纸浆和造纸厂的污水排放因子是 0.6 kg CH_4/kg BOD_5……（这里 EPA 引用 IPCC 2000）。
>
> 纸浆和造纸厂工业类型的污水治理包括中和、筛选、沉降、浮选/旋液分离去除固体。这里最重要的一步是用来储存、沉降和生物处理的水池（次级处理）。在确定厌氧降解百分比时，无论是初级还是次级处理都会被考虑在内。初级处理池充气是为了减少厌氧活动。然而，水池很大，厌氧活动区域可能产生。大约 42%的 *BOD* 传递到次级处理，一般不会让空气进入（EPA）。假设 25%的 *BOD* 在次级处理水池中厌氧降解，有 10%释放到排出污水里（这里 EPA 引用了 1997 年出版的 EPA-600/R-97-09）。总的来说，污水有机物质的厌氧降解的百分比被认定是 10.3%……

EPA 引用的 2000 年 IPCC 指南和 EPA 从指南里开发的方法学有潜在的重大差异，IPCC 指南建议用有机材料在污水中的数量乘以“最大甲烷生产能力”（0.6 磅甲烷每磅 *BOD*）（1 磅≈0.4536 kg），然后乘以“废弃物厌氧处理的比例”，而 EPA 的方法是用有机材料的数量乘以“排放因子”（0.6 磅甲烷每磅 *BOD*）然后根据“被认为是厌氧降解的有机物（*BOD*）百分比”。从这个结论可以清楚看出，IPCC 认为有机物厌氧降解有形成甲烷的潜力，而 EPA 给这个潜力的最大值指定了一个排放因子。此外，IPCC 建议评估实际上被厌氧处理废弃物的比例，而 EPA 假设废水流中有机物的一部分被厌氧降解，不考虑所采用的污水处理技术。

10.6.3.7 WRI/WBCSD——温室气体议定书，2001 年 10 月

WRI/WBCSD 议定书（WRI 2001，2004a）将废弃物管理的温室气体排放划分到公司拥有的源（包含在 WRI/WBCSD 议定书的范围 1）和来自其他实体拥有的源（包含在范围 3）。

10.7 生物质燃烧排放的二氧化碳

10.7.1 估算生物质燃烧的 CO_2 排放量

纸浆和造纸厂从工业本身废弃物和过程流回收的生物质燃料能满足大约三分之二的自身能源需求。能源丰富的生物质来自收获和制造过程回收的木屑、树皮和制浆废液，是大气中的二氧化碳在树木生长过程中被固定然后转化为有机物碳。当这些生物燃料燃烧时，制造和燃烧过程中的二氧化碳排放是树木生长时固定的大气二氧化碳，因此，对大气中的二氧化碳水平没有净贡献。这个碳循环是一个闭环。新树的生长不断吸收大气二氧化碳和维护这个周期。

任何森林固碳的增加或减少都被计入森林综合统计系统。联合国气候变化框架公约对国家清单做了如上总体规定。大多数国际协议包括联合国家政府间气候变化委员会（IPCC）都采用了联合国规定的该公约。IPCC 表示生物质产生的排放不会增加大气的二氧化碳浓度（IPCC 1997a）。

10.7.2 估算生物质排放

这里报告关于生物质排放的如下信息：

（1）以温室气体排放和非温室气体排放的形式确保读者理解实体整体的能量介绍；

（2）对生物质燃料如何在造纸和纸浆生产中的产生和使用提供认识和理解。

表 10.32 ~ 表 10.34 可以被用来估计生物质燃烧的 CO_2 排放，表 10.35 可以用于记录结果。

注意：这个信息符合由世界资源研究所和世界可持续发展工商理事会设计的一般温室气体议定书（WRI 2001，2004a）。这些计算工具的用户可以根据特定设施或者公司需要对提供信息的格式和类型进行修改。

表 10.32　估算生物质派生的 CO_2 排放，源于燃烧木材、树皮和其他生物质燃料

（制浆液在表 10.33 中说明）

源描述	燃料类型	步骤 1		步骤 2		步骤 3	
Source Description	Fuel Type	A	B	C	D	E	F
Source Description	Fuel Type	燃料燃烧的数量	用来测量燃料使用数量的单位（注意：不要混淆 HHVs 和 LHVs）	CO_2 排放因子：（缺省值是：固体生物质：109* kg CO_2/GJ LHV）	CO_2 排放因子的单位	CO_2 的排放 kg CO_2/年	CO_2 的排放 t 碳/年
Source Description	Fuel Type					$E = A \times C$	$F = E \times 12/44/1\ 000$
例子：树皮锅炉	树皮	500 000	GJ（LHV）	109	kg CO_2 / GJ LHV	54 500 000	14 900
燃烧木材、树皮或者其他生物质以 CO_2 释放的生物碳（制浆液在表 10.33 中说明）							
生物质派生 CO_2 的输出量（已包含在上述结果）（例如，输出至 PCC 工厂）而不是排放量——可选信息							

* 政府间气候变化委员会（IPCC）的固体生物质排放因子（1997）。修订 1996 年 IPCC 的国家温室气体清单指南：参考手册（卷 3）。

注意：所有列出的排放因子都是基于 LHV，假定生物质燃料的 HHV 为 95%。

表 10.33　估算生物质派生的 CO_2 排放，源于制浆液和硫酸盐制浆厂石灰回收

注意因制浆废液的排放因子基于制浆液的碳含量（假设对未氧化的碳进行 1%的修正），制浆液排放因子将包括回收炉熔炼物中所有的碳。因此，对于硫酸盐制浆厂，制浆液排放因子估计了回收炉和石灰窑二者的生物碳排放。公司可以选择估算派生生物质 CO_2 输出的数量而不是回到大气中的那部分。如果从石灰窑或者煅烧窑输出，其中化石燃料已经被使用，作为通用的近似值，输出的生物质派生 CO_2，将会是化石燃料派生 CO_2 的两倍（见“CO_2 外购和输出”工作表）。而当输出由源于只燃烧生物质燃料的石灰窑或煅烧窑的气体组成，所有输出的 CO_2 都是生物质派生 CO_2。

源描述	燃料类型	步骤 1		步骤 2		步骤 3	
Source Description	Fuel Type	A	B	C	D	E	F
Source Description	Fuel Type	燃料燃烧量	用来测量燃料使用数量的单位（注意：不要混合 HHVs 和 LHVs）	CO_2 排放因子：（缺省值列在下面表 10.34；kg CO_2/GJ LHV）	CO_2 排放因子的单位	CO_2 的排放 kg CO_2/年	CO_2 的排放 t 碳/年
Source Description	Fuel Type					E = A× C	F = E× 12/44/ 1 000
例子：回收炉	硫酸盐制浆液，北美 SW	100 000	GJ（LHV）	94.2	kg CO_2/GJ LHV	9 420 000	2 570
制浆液中的生物质碳以回收炉和石灰窑或者煅烧窑 CO_2 的形式释放							
生物质派生 CO_2 的输出量（已包含在上述结果）（例如，输出至 PCC 工厂）而不是排放量——可选信息							
注意：所有列出的排放因子都是基于 LHV，假定生物质燃料的 HHV 为 95%。							

表 10.34 建议的制浆液生物质派生 CO_2 的缺省排放因子

（包括来自回收炉和石灰窑/煅烧窑的排放）

制浆液的类型 Pulping Liquor	木材提供	典型的碳含量（百分比，干基）	典型能源含量——HHV（GJ HHV/t 干固体）	计算能量含量——LHV（GJ LHV/t 干固体）	生物质派生 CO_2 的排放因子（kg CO_2/GJ LHV）
Kraft 黑液*	Scandinavian 软木	35	14.2	13.5	94.2
Kraft 黑液*	Scandinavian 硬木	32.5	13.5	12.8	92.0
Kraft 黑液*	北美软木	35	14.2	13.5	94.2
Kraft 黑液*	北美硬木	34	13.9	13.2	93.5
Kraft 黑液*	热带桉树	34.8			
Kraft 黑液*	热带混合树林	35.2	14.1	13.4	95.4
Kraft 黑液*	蔗渣	36.9	14.8	14.1	95.3
Kraft 黑液*	竹子	34.5	14.1	13.4	93.5
Kraft 黑液*	稻草	36.5	14.7	14.0	94.9
半-化学性的					待定
亚硫酸盐					待定

* Kraft 黑液的缺省排放因子是基于制浆液的碳含量（假设未氧化的碳修正值为1%），包括回收炉熔炼物中所有的碳。因此，对于硫酸盐制浆厂，制浆液排放因子估计了回收炉和石灰窑二者的生物碳排放。因子来自于：第 1 章-化学回收，by Esa Vakkilainen. 1999。造纸科学与技术，Book 6B：化学制浆。Gullichsen，J.and Paulapuro，H.（eds.）. Helsinki，Finland：Fapet Oy。

表 10.35　生物质派生的 CO_2 排放

<table>
<tr><td colspan="2">写“NA”表明一个项目不适用。
凡是已被确定为无关紧要或非实质性的排放，请填写“NM”且在脚注中予以说明确定的依据。</td><td>生物质派生的 CO_2 排放（t）</td></tr>
<tr><td></td><td></td><td></td></tr>
<tr><td>1</td><td>生物质燃料锅炉（来自表 10.32）</td><td></td></tr>
<tr><td></td><td></td><td></td></tr>
<tr><td>2</td><td>制浆液派生的 CO_2（来自表 10.33）</td><td></td></tr>
<tr><td></td><td></td><td></td></tr>
<tr><td>3</td><td>派生生物质的 CO_2 总排放（1 和 2 的总和）</td><td></td></tr>
<tr><td colspan="3">解释用于确定所有权/控制权未完全属于公司所有的方法。WRI/WBCSD 温室气体议定书等议定书可以作为确定所有权/控制权的指导方法。

列入用于理解清单结果所需的其他任何信息：</td></tr>
</table>

10.8 温室气体排放因子系列表格

相关表格在报告主体中已经给出。表格编号为表 10.2 ~ 表 10.9。

10.9 总结版本 1.0 的重大修订

这份报告，估算纸浆和造纸厂温室气体排放量的计算工具，版本 1.1，是对发表在 2001 年年底的原始版本的第一次重大修订版本。此次修订的进行有以下几个原因：

（1）修订原始版本的小错误；

（2）反映新的指南提供在 2004 年 3 月的温室气体议定书（WRI 2004a）；

（3）反映包含在国家指导文件中的新指导。

附录对报告的重大变化提供了一个总结。报告中只是为提高清晰度的措辞和组织的变化，将不会反映在此附录中。这里只计入重大变化。

执行摘要

措辞的修订是为了帮助清晰地区分组织边界和运营边界的不同。

第一节

气候领袖温室气体清单议定书核心模块指南由美国环境保护局（USEPA）颁布，且加入加拿大温室气体挑战局，对于实体&基于设施的报告指南，加拿大气候变化自愿挑战和登记组织（VCR）作为“可接受的温室气体议定书”例子，用于纸浆和造纸工具。这两个议定书也在第三节中被定义。

乔治亚-太平洋公司开发的温室气体议定书被看为是一个公司如何制定一个林产工业的具体协议（GP 2002）。

第三节

用于排放制冷和空调设备的制造、安装、操作和处置过程 HFC 和 PFC 排放的计算工具，版本 1.0，目前正在由世界资源研究所（WRI）/世界可持续发展工商理事会（WBCSD）开发，它被想要估算这些温室气体排放的企业看作是一个来源。

这些措辞的修改是为了帮助区分组织边界和营运边界之间的差异。

第四节

关于确定温室气体清单目标的讨论被简写了。

本章确定清单边界条件的部分修订以反映 2004 年 3 月温室气体议定书

的变化（WRI2004）。读者被导向温室气体议定书以获得确定组织边界的附加信息。

10.2.4.3 中第（2）点被扩展以对燃料能源 GCV（HHV）和 NCV（LHV）的不同提供更多的信息，包括估算生物质燃料的 GCV 和 NCV 之间的关系。

“气候中立”这个词将不会再出现在报告中，因为它是不准确的。例如，生物质燃烧的甲烷和氧化亚氮的排放必须包含在温室气体清单总量里。

与生物质燃料相关的一小节内容添加进来以解释为什么生物质派生的 CO_2 经常被称作“碳中性”。纵观整个报告的其他部分，术语“生物质”、“生物质燃料”或“生物量碳”被用来替代“碳中性”。

第五节和第六节

这些部分在原来的报告中是以相反的顺序呈现的，广泛的讨论已经被修改来帮助区分组织和营运边界的问题。

第七节

对实质性和不重要排放的讨论已经被修改以反映2004年3月温室气体议定书的指导（WRI2004a）。

第八节

关于不同用途的清单能够影响排放估算的决议所要求的水平的讨论被包含在内，以及在开发清单中特定源对特定设施活动数据的讨论。

煤和不同档次的天然气排放因子可变性的讨论也被包含在其中。

更正未氧化的碳排放因子的讨论进一步扩大。增加一个 IPCC 的更正建议表格（见表 10.3）。

关于一些天然气燃烧设备可能会高于公布的排放因子所示的甲烷排放量的讨论增加到本部分，包括源排放测试结果如何用来估计从这些来源的排放量。

关于估算甲烷和氧化亚氮排放量的层级 1 和层级 2 的适当使用的讨论被增加到本部分，以及 IPCC 的一个表格表示层级 1 的甲烷和氧化亚氮的排放因子（见表 10.4）。

关于估算组合燃油锅炉、生物质和化石燃料燃烧的甲烷和氧化亚氮的排放量的讨论作了修改和扩充。

加入了估算固定源燃烧的甲烷和氧化亚氮排放量的概要指导。

以估算天然气消耗的排放量的计算修订为例，清楚地表明计算是依据特定设施（油耗）的活动数据结合层级 1 的甲烷和氧化亚氮的排放因子。

计算“天然气用于小厂的 CO_2、CH_4 和 N_2O 的排放量”示例修订：改变天然气密度函数从 0.8 kg/m^3 到 0.673 kg/m^3。在这个例子中计算的一个数学错误也得到了纠正。

第九节

表 10.6 的脚注（ 硫酸盐制浆厂石灰窑的煅烧炉的排放因子）也得到了修订。

第十节

消耗碳酸盐添加剂的 CO_2 排放量信息被分配了段落号（10.2.10.1）。

加入一个新的小节（10.2.10.2）讨论从石灰石和白云石在烟气脱硫（FGD）消耗的二氧化碳排放量。

轻微的措辞变化已在本节和其他报告中阐明，只有外购的电力、蒸汽或加热/冷却水被“消耗”的情况下，公司必须将其包含在间接排放的计算中。如果外购能源仅仅是发送给另一家公司，但并没有被“消耗”，是不相关的间接排放。

第十一节

对报告生物质燃料燃烧的 CO_2 排放量的讨论修订，以反映 2004 年 3 月的温室气体议定书（WRI 2004a）不再引用这些报告排放为“支持信息”。

关于硫酸盐法纸浆工艺产生的不凝性气体（NCGs）燃烧所产生的排放量的讨论也被列入在内。

讨论了为什么木材燃烧设备比锅炉以及面向工业应用而开发的锅炉更适合使用 IPCC 层级 1 的排放因子，作为补充。

关于估算组合燃油锅炉、生物质和化石燃料的燃烧排放的讨论，对其作出修改和补充。

第十二节

讨论与外购/购买电力相关的输电和配电的损失，以反映 2004 年 3 月温室气体议定书的指导 （WRI 2004a）。

此小节讨论电力/蒸汽的外购和输出网已经被删除（声明“要符合世界资源研究所（WRI）/世界可持续发展工商理事会（WBCSD）的温室气体议定书的企业不应有净进输出或与之相关的排放”仍然包含在内）。

CHP 系统使用简单效率方法分配排放量的例子中的一个错误已经得到纠正（在本质上是印刷错误）。

增加了以下说明：与输出电力、蒸汽或加热/冷却水相关的排放量是公司直接排放的一个子集，并且必须包含在直接排放的总量里面。

第十三节

本小节对根据行驶距离（而不是基于燃料消耗量）估算道路运输的排放量提供的指导已经被删除。基于距离的排放因子表格也已经被删除（该信息仍然可在 10.5 中查到）。

关于可以影响运输车辆的CH_4和N_2O排放量的各种参数的讨论也已经增加了。

增加了以下讨论：不太准确的排放量估算是由基于距离的活动数据造成的而不是基于估计油耗为基础的数据（以及相关的排放因子）。

第十四节

增加了讨论估算非整理成堆的木材废料的甲烷排放。

增加了公司应该调整所填埋的材料量已计入惰性废弃物（例如：锅炉灰渣、混凝土等）的指南，估算垃圾填埋场甲烷排放量时，指南提供的数据可以使用。

第十五节

增加的文本是为了解释派生生物质甲烷燃烧产生的CO_2并不包含在温室气体清单总量里，但根据温室气体议定书，它必须作为附加信息包含在内。人们还注意到有氧废水处理系统产生的二氧化碳一般也不报告，因为它并不与燃烧相关。

第十六节

报告直接排放的例表（表 10.12）被修订，以增加位置以报告因能源输出而导致的部分直接排放（这些都是直接排放总量的一个子集，它们不在直接排放总量报告格式的例子中减去）。此外，从生物质燃烧、垃圾填埋场排放、厌氧废水处理厂排放报告二氧化碳的排放的单元格中“0.0”被“N/A”替换了。表 10.16 中做了相应的修订。

报告间接排放（表 10.13）的示例表格已修订，以删除报告直接排放与能源输出相关的选项。表 10.17 做了相应的修订。

报告排放因子的示例表格（表 10.14）生物质燃料燃烧的 CO_2 排放因子的报告表格中“0.0”已被“N/A”替换。表 10.18 做了相应的修订。

参考章节

参考部分进行了更新，删除了不在报告主体引用的文献引用。所有的互联网地址在必要时更新。新的引用在必要时增加。

支持内容

10.3（化石燃料固定燃烧的温室气体排放——概述现有议定书的方法）已经被删除。

10.5（生物质燃烧的甲烷和氧化亚氮的排放——概述现有议定书的方法）已经被删除。

10.6（进输出电力和蒸汽的温室气体排放——概述现有议定书的方法）已经被删除。

10.10（从部分拥有或部分控制源分配温室气体的排放——概述现有议定书的方法）已经被删除。

增加了一个新的附录以在报告的主体包含排放因子表格的复件。

增加了一个新的附录以展示对版本 1.0 的工具的重要修订的总结。

更新所有剩余附录以反映当前各个国家及国际协议的指南。

校正了呈现在 10.7（表 10.34）中使用制浆液生物质燃烧的 CO_2 排放因子，以消除一个近似 5%的误差（当把碳的质量转换成相应的二氧化碳的量时，不正确的转换所引入的错误）。表 10.34 的注脚已经被修改。这种修正要求修改实例计算表 10.33。

11

消耗的购买电力、热或蒸汽的间接二氧化碳排放

11.1 概　述

1. 该工具的目的和作用

该工具有利于购买电力、热或者蒸汽消耗的间接 CO_2 排放的计算。该文件和配套的工作表一起使用。

根据环境，这个工具可以和其他六种文件和工具表一起使用。这些文件和工具表包括：

“温室气体协定书：企业核算和报告准则”；

“计算工作表的指导”——固定燃烧的直接排放量；

“计算工作表”——固定燃烧的直接排放量；

“计算工作表”——热电联产发电站的 CO_2 排放量的分配；

“计算工作表的指导”——热电联产发电站的 CO_2 排放量的分配。

“气候变化工作 5 ~ 9”。

一步一步的方法涵盖了从数据收集到报告过程的每个阶段。

这个是跨行业的工具，可以被所有运营涉及购买电力、热或蒸汽消耗的公司运用。该工具定期更新，以纳入有关量化方法、排放因子的最佳选择方法和国家技术指导。

2. 过程的描述

化石燃料在固定燃烧装置中燃烧产生电力、热、蒸汽或其他化石能源（例如：核能、水力、风力、太阳能等）被利用来产生能量。来源于购买电力、热或者蒸汽产生的温室气体排放量通过固定燃烧装置中的化石燃料的燃烧直接释放到大气中。这些温室气体包括 CO_2、CH_4、N_2O。来源于固定燃烧的排放源包括锅炉、加热器、炉、窑、烤箱、烘干机和任何使用燃料的其他设备或机械。

购买电力、热或者蒸汽消耗产生的温室气体排放量在电力、热或者蒸汽的设施中释放（如固定燃烧装置），这些排放是消费者购买电力、热或者蒸汽活动的结果。因此，购买电力、热或者蒸汽消耗产生的温室气体排放量被考虑为间接排放量，由于它们是电力、热或者蒸汽购买和消耗的间接结果，尽管排放实际发展在拥有或者控制排放源的其他公司。

3. 工具中使用的评估方法

工具中的方法是基于排放系数方法，这个是测量与购买电力、热或者蒸汽消耗相关的排放的最合适和最实际的方法。

基于排放系数的方法评估通过活动数据的水平（如设施消耗的电力的kW·h）与排放系数（克 CO_2/kW·h）相乘。这个指导的第二部分提供了关于决定更合适的活动数据和排放系数的更多信息。

4. 工具的应用

虽然化石燃料的燃烧也释放 CO_2、CH_4。但是 CO_2 排放量占固定燃烧装置释放的温室气体的大部分，在生产电力、热或者蒸汽的过程中，加权它们的温室气体全球变暖潜力值（GWP），CO_2 通常占化石燃料固定燃烧释放的温室气体的 90%以上。估计 CO_2 排放量的方法不同于估计 CH_4 和 N_2O 的排放量的方法。

通常应用消耗的燃料的合适的排放系数对 CO_2 进行估计，然而估计 CH_4 和 N_2O 的排放的方法不仅要根据燃料的特征，同时还要根据技术种类和燃烧特性，污染控制设备的使用和可见的环境状况。这些气体的排放常常根据燃烧技术的不同、效率和严密度而变化，同时运营操作和维护也对其产生影响。由于这个复杂性，需要做更多的努力来评估购买电力、热或者蒸汽消耗的 CH_4 和 N_2O 的排放量，这样就存在更高的不确定性。这个工具因此仅仅包括估计购买电力、热和蒸汽消耗的 CO_2 排放。

11.2 组织边界和运营边界

在识别和计算一个公司的 GHG 排放之前，定义公司的组织边界和运营边界是十分重要的，这个使企业决定哪些商务装置和企业活动将导致包括在公司温室气体清单中的温室气体排放。然而关于设定组织边界和运营边界的有限指导将在下面提供，强力建议公司参考《企业温室气体核算和报告标准》（以下简称《企业标准》）的修订版本，这个可以在温室气体议定书倡议行动网站中下载，这个给了公司建立 GHG 清单的更多指导。

1. 组织边界

《企业标准》的第三章提供了决定公司哪些商务活动应该包括在企业的温室气体清单中的指导。这个过程被称作“设定组织边界”。有两种方法来建立企业的组织边界：股权比例法和控制权法。

股权比例法——在采用股权比例法的情况下，公司根据其在业务中的股权比例核算温室气体排放量。

控制权法——公司核算受其控制的业务的全部温室气体排放量。

财务控制权：如果一家公司可以对一项业务做出财务和运营政策方面的指示，以从其活动中获取经济利益，前者即对后者享有财务上的控制权。

运营控制权：如果一家公司或其子公司享有提出和执行一项业务运营政策的完全权力，这家公司便对这项业务享有运营控制权。

2. 运营边界

《企业标准》中的第四章提供了定义运营的排放，并分类为直接或者间接的排放量，同时选择了排放量的范围。这个过程被定义为“设定企业的运营边界”，并且使一个报告公司决定哪些导致 GHG 排放的活动将计入温室气体清单。

企业拥有或者控制的排放源直接排放的温室气体被称作“范围 1”的排放。固定燃烧装置的化石燃料的燃烧产生的温室气体排放应分类和报告在企业拥有或者控制的固定燃烧装置的“范围 1”的直接排放。这个工具不能够用来计算直接排放量，反而，《温室气体盘查议定书》中倡议的“固定燃烧的直接排放”计算工作表和指导文件可以使用。

间接温室气体排放是公司活动的结果，但是出现在非有公司持有或者控制的排放源。间接排放包括“范围 2”和“范围 3”的排放。“范围 2”的排放核算消耗的购买电力、热或者蒸汽产生的温室气体排放。这个工具用来核算与消耗的购买电力、热或者蒸汽有关的“范围 2”的间接排放。

“范围 3”排放包括所有其他间接排放，无论它是否在组织边界之内。这个工具应该也可以用来核算与消耗的购买电力、热或者蒸汽有关的“范围 3”的间接排放。

《企业准则》要求企业必须核算并报告“范围 1”和“范围 2”的排放信息，“范围 3”是选择性的报告类别。

3. 租用设施的处理

很多公司租用建筑或者设施空间，并且必须决定怎样核算和报告来自租用空间的购买电力的温室气体排放量。决定如何核算和报告与租用设施相关的温室气体排放，请参考《温室气体企业标准》附录 F 中的“租用设施的温室气体排放分类”。

4. 核算转售购买的电力、热或者蒸汽

这个工具的重点是消耗的购买电力、热或者蒸汽，一些公司购买电力，然后再转售给最终用户或者中间商。转售购买的电力、热或者蒸汽给最终使用者应该归类在“范围 3”的间接排放中，通过《温室气体企业准则》，这个是选择性的报告，但是鼓励核算和报告这些排放量。转售购买的电力、热或蒸汽给最终使用者或者中间商的信息应该作为选择性的信息单独报告。这个工具可以用来核算与转售购买的电力、热或者蒸汽有关的排放。

5. 核算电力运输和配送的间接排放

通常出现这种情况：在向最终消耗单位传输和配送的过程中，要消耗很大一部分的电力。持有或者控制输配业务的公司报告生产输配过程中损耗的采购电力的排放量，这与范围 2 的定义一致。因此，除非购买电力、热或者蒸汽的公司持有或者控制输配操作，输配损耗不应该包括在公司的温室气体清单中。请参考《温室气体企业标准》第四章和附录 A。假设电力损耗的水平和重要的排放系数已经确定的情况下，该工具可以用来核算与输配损耗有关的排放量。

购买的电力的种类：

自己的消耗（组织边界内）；自己的消耗（组织边界外），转销给最终用户；转销给中间商：范围 2（要求报告）；范围 3（要求报告）；范围 3（强烈推荐报告）；选择报告信息。

11.3 活动数据和排放系数的选择

正如第一部分提到的那样，这个工具可以使用基于系数的方法，这个方法通过活动数据和排放因子相乘。活动结果通过活动数据被量化，如电力消耗和排放系数将活动数据转换为排放值：

$$活动数据 \times 排放系数 = CO_2\ 排放量$$

1. 活动数据

应使用这个工具收集 GHG 排放的活动数据来量化消耗的购买的电力、热或蒸汽。电力的消耗通常用千瓦时（kW · h）或者兆瓦时（MW · h）测量。

热或蒸汽的数据的使用通常用热量单位（BTU）、焦耳（J）、therms或磅，这些可能转换为kW·h（参考工作表中“转换系数”，从这个数据转换到kW·h）。

特定设施方法（计算每单位设施的热或者蒸汽的活动数据），使用燃料的购买记录是唯一可行的计算热或者蒸汽活动数据的方法。然而，收集有关消耗的购买电力的活动数据现存几种方法。特定设施法（计算每单位设施电力活动数据）使用电力仪表的记录是优先选择方法。这个通常是最准确的方法，便于识别减少温室气体排放的机会。如果计算在设施水平使用电力账单或者记录电力使用的活动数据是不可能的情况下，这种情况通常在租用设施这个并不是有报告企业持有的情况，可以使用最接近电力使用的活动数据的评估方法。

计算电力使用的活动数据的收集方法列于下面，包括优先选择方法和其他三种评估方法。“工作表2”总结了这些数据收集方法以最优方法到做保守的方法的顺序列出。重要的是在清单中记录活动数据收集方法的选择并且跟踪购买的电力、热或蒸汽。

实际的电力或燃料使用记录方法——正如上面提到的，这个是最优的方法，并且是最准确的方法。对于购买的电力，每月的电费或电表读数应提供必要的活动数据。对于租用空间，尤其是在写字楼，用电成本经常作为租金的一部分，准确的用电量数据往往难以取得，每月的电费或电表读数可能无法使用。在这种情况下，有必要使用以下三种估计方法中的一种进行估算电力消耗。

对于购买的电力或者蒸汽，购买记录应提供最必要的活动数据。请注意：下列的三种评估方法对于购买的热或者蒸汽是不可能使用的。

当使用“实际的电力或者燃料使用记录方法”的时候，应使用“工作表1——标准方法”估算与购买电力、热或蒸汽有关的CO_2排放量。

（1）建筑的具体数据估算方法。

如果燃料购买记录、电费或者电表读数是不具备或不适用的，通常因为报告公司租用有其他实体所拥有的建筑，下一个评估电力消耗的最佳方法是使用基于建筑的具体电力使用记录进行评估电力消耗。然而这种方法使用实际的建筑具体数据，这个数据不是特定的办公室空间的数据，而是整个建筑能量的使用。这种方法的其他限制是它假设建筑的占有者拥有相似的能量消耗特征。对于这个方法，被认为没有最优方法“实际电力或者燃料使用记录”准确的原因上面已经提及。

要按照这种方法，下面的信息将是必要的，应该从建筑的所有者处获得：

① 总建筑面积；

② 公司的空间面积；

③ 总建筑用电量（kW·h或MW·h）；

④ 大厦的入住率（如果建筑的75%被占用，就用0.75）。

利用这些信息和下面的公式，将有可能估计电力消耗的近似值（kW·h或MW·h）。

（公司的空间面积÷总建筑面积）×总建筑用电量÷建筑入住率＝电力使用的近似值（kW·h或MW·h）

当使用“建筑的具体数据估算方法”的时候，应使用“工作表2——建筑估算”来估算与消耗的购买电力有关的CO_2排放量。

（2）相似建筑或设施评估方法。

如果建筑的具体电力使用数据是不可获得的，使用报告公司拥有的其他相似建筑或设施推算出来的实际数据建立建筑或者设施的电力消耗的估算。这种方法只有当报告公司有相似的建筑或设施类型的时候使用，相似的电力使用形式以及可以获取准确、可信的电力使用数据对于上面描述的“实际的电力或燃料使用记录方法中的一些企业。”

当使用“相似建筑或设施评估方法”的时候，“工作表1——标准方法”应该用于计算与消耗的购买电力相关的CO_2排放。

报告公司应该明确和透明证明这种方法如何使用通过记录使用的数据和做出的假设。

（3）通用建筑空间数据的方法。

如果特定建筑的用电量数据或其他类似的报告公司所拥有的建筑物/设施准确的数据不可用，它可能是在某个特定国家的通用办公空间里面从收集源收集已发布的默认数据每千瓦时/平方，如政府机构。 这种方法只建议作为最后的方法，因为它作为一个很粗略的估计，可能会十分不准确。此外，这种方法应该只能用于报告办公室的电力使用的二氧化碳排放，并且这个排放只占公司总的温室气体排放的很小比例。对于办公为主的公司，它的办公电力使用的二氧化碳排放量占很大一部分的时候，这个方法是不适用的。

当使用通用建筑空间数据的方法的时候，应使用“工作表1——标准方法”计算与消耗的购买电力有关的CO_2排放量。

活动数据收集方法见表11.1。

表 11.1

优先顺序	活动数据收集方法名称	测量或估计的活动	使用的工作表
1	实际的电力或燃料使用记录方法	电力、热或蒸汽的使用	工作表1——标准方法
2	建筑的具体数据估算方法	电力的使用	工作表2——建筑评估
3	相似建筑或设施评估方法	电力的使用	工作表1——标准方法
4	通用建筑空间数据的方法	电力的使用	工作表1——标准方法

2. 排放系数

（1）选择电力、热或蒸汽排放系数。

电力、热或蒸汽排放系数根据季节、一天中的时间和供应商的变化而变化。有一个问题是当计算与电力、热或蒸汽相关的 CO_2 排放量的时候是否使用边际或者平均速率。由于计算所有的变动通常是不可能的，并且边际速率也通常不可使用，因此，在计算实体的间接排放的时候本工具推荐使用平均速率。下面提供了选择电力、热或蒸汽系数的多个方法。如果特定地点的排放系数是可用的，一般采取通用的排放因子。后文的工作表总结了数据收集的选择优先顺序。重要的是要记住，以相同的计量单位的排放系数表示计算工作表中的活动数据。重要的是在清单中记录和证明使用的排放因子的选择。

现场排放系数——这是最准确的方法，但是通常只是应用于大的工业消费者，该消费者具有直接的供应和分配合同与一个特定的电力、热或者蒸汽供应商。在某些情况下，排放系数应该通过电力、热或者蒸汽供应商应用的实际的燃料和技术来决定。

区域/电源池排放系数——如果现场排放系数不可用，那么使用政府公布的区域/电源池排放系数。政府统计可能聚合电源池地区或国家。

国家平均排放系数——如果区域/电源池排放系数不可用，那么使用合适的通用国家平均系数，对于整个国家的电网。《EFS 电力国际机场所有的燃料》工作表中提供了 CO_2/kW·h 的信息。如果你想知道供应商燃烧的是哪种燃料，使用《EFS 电力国际机场所有的燃料》。这些统计数字已由国际能源机构（IEA）和 UNEP 制定并且没有包括传输损耗。

（2）选择从热电联产中购买的电力、热火蒸汽的排放系数。

在热电联产系统中，电力和蒸汽是一起通过那个相同的燃料供应中产生的。根据热电联产系统的配置，系统可以产生一倍、两倍，甚至高达五倍，尽可能多的热能源为电能。

如果公司使用来源于特定的热电联产系统的所有电力或者使用相同比例的热能和电能，然后考虑产生的总能量和工厂排放总量得到的平均排放因子就足够了。

然而，在大多数情况下，有必要制定热电联产中的 CO_2 排放量到两个或者多个能量流中（电力和蒸汽）。存在不同的方法分配的热电联产电厂的排放量，包括“效率”、“能量含量”、“工作的潜力”等方法。这些方法都解释，随着进一步的指导和计算工作表关于确定从热电联产系统中购买的电力、热或者蒸汽的排放系数，在“热电联产（CHP）电厂的二氧化碳排放量的分配”的计算工作表和指导文件中。

11.4 使用计算工作表

该指导文件应结合配套的计算工作表一起使用。这个工作表由两部分组成：“工作表 1——标准方法”和“工作表 2——建筑估算”。

1. 工作表 1——标准方法

对于所有基于排放系数方法（活动数据 × 排放系数 = CO_2 排放量）的计算都可以使用该工作表，使用工作表 1 的步骤如下：

① A 列中的单位 kW · h 输入来源于购买电力、热或蒸汽的活动数据。如果活动数据不是以单位 kW · h 收集的，那么使用转换系数工作表将它转换为单位 kW · h。

② B 列中输入合适的 CO_2 排放系数。注意输入的排放系数的单位应该为 g CO_2/kW · h。如果选择的排放系数不是 g CO_2/kW · h，那么使用转换工作表将其转换为 g CO_2/kW · h。

③ C 列中电力、热或者蒸汽购买活动数据是自动乘以相应的排放因子来获取间接的二氧化碳排放量以二氧化碳的吨数表示。

④ C 列中的所有值都将自动添加来提供总的二氧化碳值，以吨数表示。

2. 工作表 2——建筑估计

该工作表用于计算以下“特定建筑数据估计方法”：

（公司的面积/总建筑面积）×总建筑耗用电力/建筑入住率
=大约使用的电力 kW·h 或 MW·h

使用该工作表的步骤如下：

① 在 A 列中输入建筑物每年使用的电力的活动数据 kW·h，如果活动数据不是以单位 kW·h 收集的，那么使用转换系数表格将其转换为 kW·h。

② 在 B 列中输入建筑物的总面积。在 B 列和 C 列使用相同的测量单位是十分重要的。

③ 在 C 列中输入公司的面积。在 B 列和 C 列使用相同的测量单位是十分重要的。

④ 在 D 列中输入建筑入住率。例如：建筑的 75%有人入住，那么入住率为 75%，那么在 D 列中输入 0.75。

⑤ 在 E 列中，自动生成公司每年使用的电力的评估值，单位用 kW·h 表示。

⑥ 在 F 列中，输入合适的 CO_2 排放系数。注意该排放系数的单位应该为 g CO_2/kW·h，如果选择的排放系数的单位不是 g CO_2/kW·h，那么使用转换系数表格进行转换。

⑦ 在 G 列中，自动生成公司每年的 CO_2 排放量的吨数的估计值。

⑧ G 列中的所有值都将自动添加提供总的 CO_2 排放量，以吨数表示。

11.5 计算的质量控制

要识别计算错误和遗漏，建议按照《企业标准》第 7 章（清单质量管理）中提到的一般指导对所有排放估计实施质量保证过程。

不确定性评估：

当估计消耗的购买电力、热或者蒸汽产生的 CO_2 排放时，不确定性有两个来源——活动数据和排放系数

关于电力、热或蒸汽使用的活动数据的收集通常根据数据可使用性决定。如果实际的电力或者燃料使用记录是可以使用的，那么关于活动数据的不确定性将显著低于这些数据不可使用的情况。这种情况下，使用一种更加不准确的估计方法，即默认数据的方法是有必要的。

排放系数的不确定性主要是由于它的测量精度和供应源的变动性。 例如，煤炭根据其特征和化学性质的不同，排放系数的变化也很大。因此，使

用国际默认碳含量变异系数可能导致一个更加不准确的估计。

关于不确定性量化的计算方法和指导可以在温室气体议定书倡议网站上找到。

11.6 报告与记录

为了确保估计可核查，表 11.2 所列文件应予以保留。为了审核和认证的目的此信息应收集，但不要求报告或提供。

表 11.2

数　据	文件来源
电力、热或蒸汽购买和消耗数据	购买收据、送货单，购买合同或公司购买记录、电费、电力计量文档
使用的排放系数，不仅仅是提供的默认值	购买收据、送货单、合同购买或签订的购买记录、IPCC、国际能源机构、国家或行业报告、测试报告
估计电力、热或蒸汽消耗和排放系数的假设	所有适用的来源

该工具计算与购买的电力发电有关的温室气体排放。它使用默认的排放系数或者国家、地区的排放系数。默认排放系数至少包括电力设施释放的主要温室气体 CO_2 的排放系数。其他温室气体排放系数也是可行的，这些一起构成了这个工作表。

12

全球增温潜势值

表 12.1 包括相对于 CO_2 的直接排放 100 年范围内的全球增温潜势值(除 CH_4 以外)。该表改编自 2007 年 IPCC 第四次评估报告中表 2.14。2007 年的第四次评估报告值是最新的，但是同样列出了 1995 年的第二次评估报告值。更多的信息，可以查阅 IPCC 网站(www.ipcc.cn)。

表 12.1 (除 CH_4)相对于 CO_2 的直接排放全球增温潜势值(GWP)

(选自 2007 年 IPCC 第四次评估报告表 2.14)

工业名称或常用名	化学式	100 年 GWP 值	
		第二次评估报告(SAR)	第四次评估报告(AR4)
二氧化碳	CO_2	1	1
甲烷	CH_4	21	25
氧化亚氮	N_2O	310	298
蒙特利尔议定书控制物质			
一氟三氯甲烷	CCl_3F	3 800	4 750
二氟二氯甲烷(氟利昂-12)	CCl_2F_2	8 100	10 900
三氟一氯甲烷	$CClF_3$		14 400
三氯三氟乙烷	CCl_2FCClF_2	4 800	6 130
二氯四氟乙烷	$CClF_2CClF_2$		10 000
一氯五氟乙烷	$CClF_2CF_3$		7 370
溴三氟甲烷	$CBrF_3$	5 400	7 140
溴氯二氟甲烷	$CBrClF_2$		1 890
二溴四氟乙烷	$CBrF_2CBrF_2$		1 640
四氯化碳	CCl_4	1 400	1 400
溴甲烷	CH_3Br		5
三氯乙烷	CH_3CCl_3	100	146
二氯氟甲烷	$CHCl_2F$		151
氯二氟甲烷	$CHClF_2$	1 500	1 810
1 1-二氯-2 2 2-三氟乙烷	$CHCl_2CF_3$	90	77
氯四氟乙烷	$CHClFCF_3$	470	609

续表 12.1

工业名称或常用名	化学式	100 年 GWP 值	
		第二次评估报告（SAR）	第四次评估报告（AR4）
蒙特利尔议定书控制物质			
1 1-二氯-1-氟乙烷	CH_3CCl_2F	600	725
1-氯-1 1-二氟乙烷	CH_3CClF_2	1 800	2 310
3 3-二氯-1 1 1 2 2-五氟丙烷	$CHCl_2CF_2CF_3$		122
1 3-二氯-1 1 2 2 3-五氟丙烷	$CHClFCF_2CClF_2$		595
氢氟碳化物			
三氟甲烷	CHF_3	11 700	14 800
二氟甲烷	CH_2F_2	650	675
氟甲烷	CH_3F	150	92
五氟乙烷	CHF_2CF_3	2 800	3 500
1 1 2 2-四氟乙烷	CHF_2CHF_2	1 000	1 100
1 1 1 2-四氟乙烷	CH_2FCF_3	1 300	1 430
1 1 2-三氟乙烷	CH_2FCHF_2	300	353
1 1 1-三氟乙烷	CH_3CF_3	3 800	4 470
1 2-二氟乙烷	CH_2FCH_2F		53
1 1-二氟乙烷	CH_3CHF_2	140	124
氟乙烷	CH_3CH_2F		12
1 1 1 2 3 3 3-七氟丙烷	CF_3CHFCF_3	2 900	3 220
1 1 1 2 2 3-六氟丙烷	$CH_2FCF_2CF_3$		1 340
1 1 1 2 3 3-六氟丙烷	CHF_2CHFCF_3		1 370
1 1 1 3 3 3-六氟丙烷	$CF_3CH_2CF_3$	6 300	9 810
1 1 2 2 3-五氟丙烷	$CH_2FCF_2CHF_2$	560	693
氢氟碳化物			
1 1 1 3 3-五氟丙烷	$CHF_2CH_2CF_3$		1 030
1 1 1 3 3-五氟丁烷	$CH_3CF_2CH_2CF_3$		794
1 1 1 2 2 3 4 5 5 5-十氟戊烷	$CF_3CHFCHFCF_2CF_3$	1 300	1 640

续表 12.1

工业名称或常用名	化学式	100 年 GWP 值	
		第二次评估报告（SAR）	第四次评估报告（AR4）
全氟化合物			
六氟化硫	SF_6	23 900	22 800
三氟化氮	NF_3		17 200
四氟化碳	CF_4	6 500	7 390
六氟乙烷	C_2F_6	9 200	12 200
八氟丙烷	C_3F_8	7 000	8 830
八氟环丁烷	$c\text{-}C_4F_8$	8 700	10 300
十氟丁烷	C_4F_{10}	7 000	8 860
十二氟戊烷	C_5F_{12}	7 500	9 160
十四氟己烷	C_6F_{14}	7 400	9 300
全氟萘烷	$C_{10}F_{18}$		> 7 500
五氟化硫三氟甲烷	SF_5CF_3		17 700
全氟环丙烷	$c\text{-}C_3F_6$		> 17 340
氟化醚类			
HFE-125	CHF_2OCF_3		14 900
HFE-134	CHF_2OCHF_2		6 320
HFE-143a	CH_3OCF_3		756
HCFE-235da2	$CHF_2OCHClCF_3$		350
HFE-245cb2	$CH_3OCF_2CF_3$		708
HFE-245fa2	$CHF_2OCH_2CF_3$		659
HFE-254cb2	$CH_3OCF_2CHF_2$		359
HFE-347mcc3	$CH_3OCF_2CF_2CF_3$		575
HFE-347pcf2	$CHF_2CF_2OCH_2CF_3$		580
HFE-356pcc3	$CH_3OCF_2CF_2CHF_2$		110
HFE-449sl（HFE-7100）	$C_4F_9OCH_3$		297
HFE-569sf2（HFE-7200）	$C_4F_9OCH_5$		59

续表 12.1

工业名称或常用名	化学式	100 年 GWP 值	
		第二次评估报告（SAR）	第四次评估报告（AR4）
氟化醚类			
HFE-43-10pccc124（H-Galden 1040x）	$CHF_2OCF_2OC_2F_4OCHF_2$		1 870
HFE-236ca12（HG-10）	$CHF_2OCF_2OCHF_2$		2 800
HFE-338pcc13（HG-01）	$CHF_2OCF_2CF_2OCHF_2$		1 500
HFE-227ea	$CF_3CHFOCF_3$		1 540
HFE-236ea2	$CHF_2OCHFCF_3$		989
HFE-236fa	$CF_3CH_2OCF_3$		487
HFE-245fa1	$CHF_2CH_2OCF_3$		286
HFE 263fb2	$CF_3CH_2OCH_3$		11
HFE-329mcc2	$CHF_2CF_2OCF_2CF_3$		919
HFE-338mcf2	$CF_3CH_2OCF_2CF_3$		552
HFE-347mcf2	$CHF_2CH_2OCF_2CF_3$		374
HFE-356mec3	$CH_3OCF_2CHFCF_3$		101
HFE-356pcf2	$CHF_2CH_2OCF_2CHF_2$		265
HFE-356pcf3	$CHF_2OCH_2CF_2CHF_2$		502
HFE-365mcf3	$CF_3CF_2CH_2OCH_3$		11
HFE-374pc2	$CHF_2CF_2OCH_2CH_3$		557
全氟聚醚			
PFPMIE	$CF_3OCF(CF_3)CF_2OCF_2OCF_3$		10 300
碳氢化合物和其他化合物的直接影响			
甲醚	CH_3OCH_3		1
三氯甲烷	$CHCl_3$	4	31
二氯甲烷	CH_3Cl_2	9	8.7
氯甲烷	CH_3Cl		13
一溴二氟甲烷	$CHBrF_2$		404
三氟碘甲烷	CF_3I	< 1	0.4

13

温室气体排放清单和计算统计参数的不确定性评估

13.1 前 言

温室气体排放数据管理的其中一个因素涉及质量和数量的不确定性分析。比如，几种排放贸易建议书要求参加者提供他们的活动排放的最基本的不确定性信息（如拟议中的欧洲排放津贴的交易计划）。温室气体议定书倡议制定本指导意见以及基于 Excle 电子表格的计算工具。在温室气体排放清单数据的不确定性评估中，这个工具自动汇集各个步骤。

这份文件的目的在于描述这个计算工具的作用，同时能够让企业更好地理解如何准备、阐释以及利用清单的不确定性评估。本文叙述了工具指南。本指南是在国家温室气体排放清单 IPCC 的基础上完成的，应该被看作是对温室气体议定书倡议所提供的计算工具的补充，也应该被视为标准文件中清单质量管理的章节的补充。

第二部分对于相关的不同类型的企业温室气体清单的不确定性给出了一个简短的概述，并且指出温室气体议定书不确定性计算工具的局限性。紧接着在第三部分对解释和汇总统计不确定性的方法做了个简短的介绍。第四部分到第八部分逐步讨论用一阶误差传递法收集和合并不确定性信息。第九部分对于如何记录及解释不确定性评估结果提出了建议。最后，第十部分对于如何使用不确定性的计算工具给了一个简短的指导。

13.2 与温室气体排放清单相关的不确定性

与温室气体排放清单相关的不确定性大致可以分为科学不确定性和估算不确定性。科学上的不确定性产生于实际排放量或者清除过程没有被充分理解。举个例子，比如与被用来合并不同温室气体排放量的估值的全球气候变暖潜能值直接和间接相关的许多因素涉及重大的科学上的不确定性。分析和量化这种科学不确定性是极为困难的，可能超出了许多公司盘查工作的能力范围。

估算的不确定性产生于任何对温室气体进行量化的过程。因此，所有的排放量或者清除量估计都与不确定性估算相关。估算不确定性可以被细分为两种类型：模式不确定性和参数不确定性。

模式不确定性指在特征化各种参数和排放过程的关系时所运用的数学公

式的不确定性。比如：模式不确定性的出现可能是由于使用不正确的数学模型或者不适当的模型参数。和科学不确定性同样，估算模型的不确定性也可能超出了公司盘点工作努力才能够达到的范围。然而，有些公司可能希望在他们的排放估算模型中利用其独特的科学和工程专业知识估算其不确定性。

参数不确定性指用来输入估算模式中参数的不确定性（包括活动数据、排放因子或其他参数等输入值）。参数不确定性可以通过统计分析、测定测量设备的精度、专家判断来进行评估。对于这些决定要对其排放清单进行调查的公司来说，主要的焦点是量化参数的不确定性以及估算基于前者的源类别不确定性。

1. 不确定性量化的局限性和目的

鉴于大多数企业可控范围内的不确定性只有参数不确定性，企业温室气体清单不确定性的估算必然是不完善的。况且这种不确定性的估算有时候是在没有完整的和强大的样本数据的情况下算出的。通常只有单个数据点可用于大多数参数（如购买的汽油量和消耗的石灰量）。在这些案例中，公司可以利用仪器精度或者校准信息，告知他们统计不确定性的评估。然而，量化一些与参数相关的系统不确定性以及补充统计不确定性估算，公司通常都会依赖于专家判断。专家判断的问题在于专家很难以一种可比较的或者一致的方式通过参数、源类别或者公司获得判断结果。

基于这些原因，几乎所有有关温室气体排放清单的不确定性综合估算不仅不完善，而且含有主观成分。换句话说，尽管做了最大努力，温室气体排放清单的不确定性估算本身必须被认为是高度不确定的。除了在高度限制的情况下，否则不确定性估算不能被视为可用于比较不同源类别或不同的公司公正措施的客观性指标。这种例外情况指的是当两个运作类似设施使用相同的估算方法时。在这种情况下，对于大部分来讲，科学或者模型不确定性的差异可以忽略不计。然后，假设无论是统计数据或者仪器精度数据都可用来估计参数的不确定性（专家判断是不需要的），量化的不确定性估算可视为设施之间进行的比较。这种类型的比较目的在于满足一些排放交易计划规定的具体检测、评价和测量的要求。然而，即使这样，可比性的程度仍然取决于估算排放量的参与者的灵活性、设施之间的同质化以及实施水平和审查所采用的方法。

考虑到这些限制，在开展温室气体盘查中，不确定性评估的作用是什么？不确定性调查可以是一个更广泛的学习和质量反馈过程的一部分。它们可以支持公司去理解产生不确定性的原因，并帮助公司找出如何改善清单质量。

比如：收集用于决定活动数据和排放因子的统计特性的信息、提出问题、并仔细和系统地调查数据质量。此外，这些调查可以建立与数据供应商之间的沟通和反馈线，这样就可以确定具体的可以提高所使用数据和方法的质量的机会。同样的，虽然不完全客观，但是这种不确定性分析的结果可以给评论人员、核查人员和管理人员提供有价值的信息，以供确定投资优先顺序，从而改善数据来源与方法。换句话说，虽然主观，但不确定性评估成为评估质量和指导实施质量管理的严格程序。

2. 参数的不确定性：系统和统计的不确定性

最经得起评估的公司库存清单不确定性类型的识别就是将使用的不确定性相关参数（即活动数据、排放因子和其他参数）输入排放估算模型。在这种情况下，参数不确定性可以通过两种类型来识别：系统不确定性和统计不确定性。

如果数据出现系统性偏差，系统不确定性就会出现。也即测量值或者估计值的平均值总是小于或者大于真实值。例如：所有相关的源活动或类别还没有被确定，不正确或不完整的估算方法采用或使用了有缺陷的测量设备，从而排放因子是由非代表性样本构造的，这时就可能会出现偏差。因为真实值是未知的，这样的系统性偏差不能经过反复检验而得出，因此，无法通过统计分析进行量化。然而，有时候通过数据质量调查和专家判断识别偏差也是有可能的。温室气体议定书企业标准中“盘查质量管理”一章提供了有关如何规划和实施温室气体数据质量管理系统的指导。一个精心设计的质量管理体系可以显著降低系统的不确定性。

专家判断本身的“认知偏见”是系统偏差的来源之一。这种认知偏差的产生与人的认知往往是系统扭曲的心理事实相关，尤其是当涉及非常低或非常高的概率时。因此，在选择或扩展参数估计时，专家判断的认知偏差能够导致错误的参数估计。为了尽量减小认知偏差的风险，强烈建议使用预定义的程序来选择专家。13.6 第 1 节为在选择专家之前咨询标准化协议提供了一些参考建议。

我们应该时常鉴定并定性分析数据存在的特定系统偏差的潜在原因。如果可能的话，对任何偏见和其相对幅度的方向（不管是高估或者低估）都应该进行讨论。无论是否准备进行定量不确定性估算，这种类型的定性信息都是必不可少的，因为它解释了为什么这样的问题可能时有发生，以及需要做些什么改善才能解决这些问题。这样的讨论，可以发现产生偏见的可能原因以及如何排除这些偏见的方法，这些将成为不确定性评估工作最有价值的成果。

一家公司在其排放清单编制准备工作中所使用的数据（即参数）也将受到统计（即随机）的不确定性。这种类型的不确定性来源于自然变化的不确定性（比如：在测量过程中的人为错误和测量设备的随机波动）。随机不确定性可以通过对采样数据的反复实验检测来确定。理想情况下，随机不确定性应该使用现有的经验数据进行统计学估算得出。但是，如果没有足够的样本数据可以用来得出有效的统计结果，那么参数不确定性可以从使用如下所述的引出协议得到的专家判断中给出。

温室气体议定书不确定性的计算工具是设计用来汇总统计（随机）不确定性的假设的相关变量的正态分布。

图 13.1 所示为在温室气体清单的情况下发生的不同的不确定性的总结。

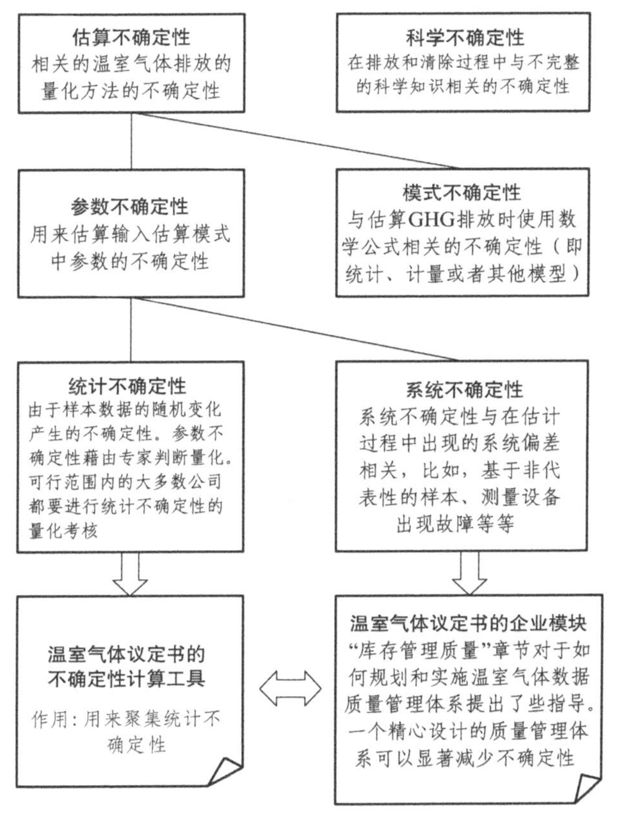

图 13.1　与温室气体清单有关的不确定性的类型

以下指导集中在通过一个过程来评估统计（或内在）的不确定性上，其量化评估是在大多数公司可行的范围内。温室气体议定书的不确定性计算工具就是被设计用来汇集这种不确定性。

13.3 统计不确定性的汇总

测量的不确定性通常用一个不确定性的范围来体现，比如在平均值的 +5%、-5%区间内变动。一旦在参数不确定性范围内收集了足够多的信息（见13.6），以及一个公司希望通过完全量化的方法把收集的有关参数的不确定性信息联合起来，那么，有两个数学技术可供这个公司选择：

（1）一阶误差传播方法（高斯方法）；

（2）基于蒙特卡罗模拟的方法。

本指南中提出的温室气体议定书的不确定性计算工具就是使用一阶误差传播方法计算的。然而这个方法应该只适用于满足以下假设的情况：

（1）每个参数产生的错误应该是正态分布的（即高斯分布）；

（2）必须在估计函数时没有偏见产生（即估计值就是平均值）；

（3）被估算的参数必须是不相关的（即所有参数是完全独立的）；

（4）每个参数中个体的不确定性必须小于平均值的 60%。

第二种方法是使用基于蒙特卡罗模拟的一种技术，即允许任何概率分布、范围以及相关结构的不确定性结合，只要它们已进行适当量化。蒙特卡罗技术可用于估计单一来源的不确定性以及网站或公司的总的不确定性。

虽然蒙特卡罗技术极其灵活，但在所有情况下，计算机软件是可供其使用的。市面上出售的仿真软件包（@RISK 或者水晶球）都可以使用。

由于温室气体议定书计算工具的不确定性聚集是基于一阶传播方法的，因此接下来的指导意见将始终涉及这种方法。使用蒙特卡罗技术的进一步指导意见在 IPCC 中的优良做法指导意见或 EPA 的质量控制/质量保证计划“（见下面的参考资料）中可以得到。

13.4 不确定性的评估和汇总过程

图 13.2 给出了在温室气体会计中通过使用一阶误差传播技术，按照统计不确定性进行评估的过程概述。温室气体议定书的不确定性计算工具，可用以支持不确定性分析师的不同的不确定性聚集和排名。下面将这个过程分为 5 个步骤进行详细解释。

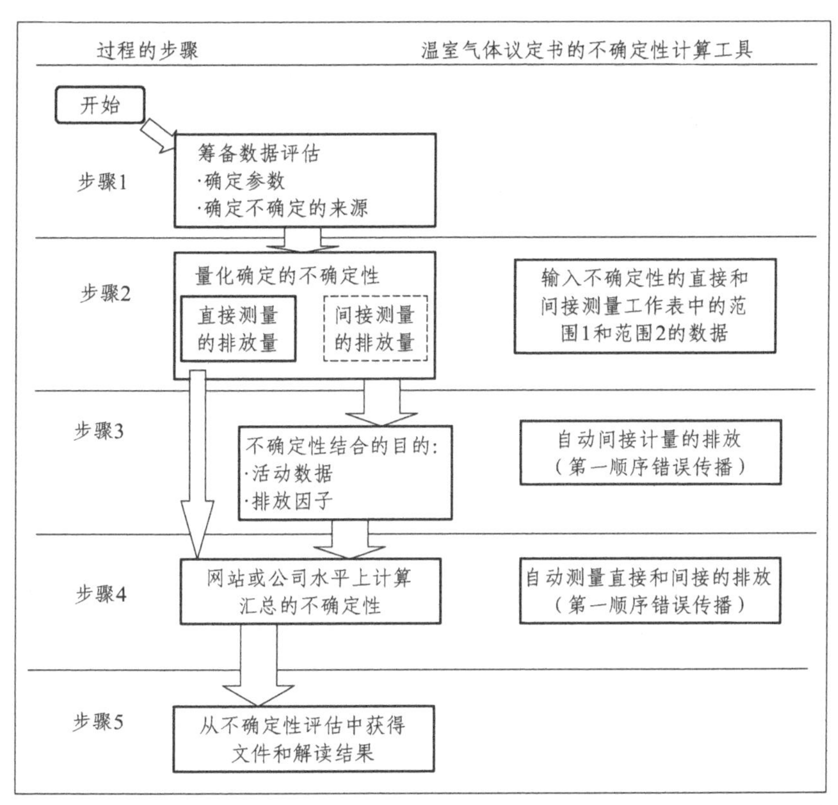

图 13.2　温室气体清单中不确定性参数估算和汇总的过程

13.5　筹备数据评估（步骤 1）

在任何不确定性评估中，应明确：（1）被估算的是什么（即温室气体排放量）;（2）识别和量化的不确定性产生的可能原因是什么。

温室气体排放量可通过直接或者间接测算得到。间接的方法通常包括使用估算模型（例如：活动数据和排放因子），而直接的方法需要一些仪器（例如：连续排放监控）直接测量向大气排放的温室气体量。

由于在直接或间接的温室气体排放量的测量中使用的数据是随机变化的，因此始终存在着与由此产生的排放量估计相关的统计不确定性。一个设计良好的数据质量管理体系可以帮助减少数据的不确定性。请参阅温室气体议定书中第 8 章的“库存管理质量”中，为指导企业盘查，模块应该如何建立良好的质量管理体系。

不确定性数据收集水平应该与实际估算数据收集水平处于同一水平。通常从以最低水平收集然后聚集在工厂或者公司级的数据开始评估，那么不确定评估将更加精确。

13.6 在源水平上量化统计的不确定性（步骤 2）

温室气体清单方面的统计不确定性，通常用一个排放量的预期平均值百分比的范围来表示。这个范围可通过计算“置信区间”来确定，在这个区间中，一个不确定量的潜在值被认为处于指定的概率内（将在第 2 小节进一步讨论）。另一种可能性是，咨询公司内部的专家给出估算的所使用数据的不确定性范围。

在实践中，不确定性评估可能会基于这两种方法的结合：大样本的直接或间接测量的排放数据是可用的，有可能使用特定的统计方法来计算统计不确定性。对于其他参数，进行统计分析的数据不足时，采用专家判断估算不确定性范围将是必要的；可以通过清单中使用的任何测量设备的精度数据对专家判断进行补充。无论是从样本数据，还是测量设备的精度测定，或者从专家的判断来收集不确定性信息，最好应该是在一个公司的整体质量管理体系中进行，在这个体系中，调查是为估算温室气体排放所收集的数据的质量而进行的（见温室气体议定书：企业会计准则的“清单质量管理”章节）。

以下小节提供一些通过专家引出评估不确定性的参考。第 2 小节给出了一些在使用 *t*-检验由样本数据计算具体参数的不确定性范围的指导意见。

1. 专家引出的指导意见

为了避免专家在评估不确定性的范围或概率函数的参数时可能会出现的认知偏差，强烈建议使用“专家引出议定书”。在本指导意见的背景下，不确定性分析师使用引出协议的一套程序，并采访各位专家输入变量的不确定性，估计清单的源类别。专家引出的一个知名的协议的例子就是斯坦福/SRI 协议。IPCC 国家温室气体清单的优良做法指导意见以及美国环保局的程序质量保证/质量控制和不确定性分析手册，对如何建立国家数据专家引出的过程提供一个很好的概述，这个国家数据也适用于公司层面的温室气体清单。

2. 使用样本数据计算不确定性

参数不确定性也可以通过使用统计方法从采样间隔、样品间的差异以及仪器的校准参数来计算置信区间。本节介绍一种使用样本数据计算不确定性范围的简单的统计方法。这里介绍的置信区间是使用 t 统计计算的，这种置信区间可用于直接测量的排放量以及与活动数据和排放系数（即间接测量）相关的不确定性估计。这种方法基于的假设是：测量数据的分布收敛于正态分布，这通常是在不存在重大系统偏差的情况下完成的。

需要引起注意的是，这种方法是一个很普通的方法，并根据具体情况可能要应用更合适、更复杂的统计方法。这里介绍的方法，对于一个具有 n 个测量值的样本需要以下 5 个步骤：

（1）选择置信水平。

置信水平决定排放量的真实数值在不确定范围内的概率大小。在自然科学上和技术试验里，选择 95%或者 99.73%的置信水平往往是标准的做法。IPCC 建议选择 95%置信水平作为范围定义的合适水平。应该始终报告使用的置信水平。

（2）确定 t 因子[简称为（$1-\alpha/2$）t 分布的分位，标准误差是服从 t 分布]。这可以通过使用表 13.1 来完成（表 13.4 提供了一个具有更大范围 n 和不同的置信水平的 t-因素表）。

表 13.1　95%和 99.73%置信水平下的 t 因子

测量次数（n）	不同置信水平的 t 因子	
	95%	99.73%
3	430	1 921
5	278	662
8	237	453
10	226	409
50	201	316
100	198	308
∞	196	300

（3）计算样本平均值 $\bar{X}$ 和样本的标准偏差 S：

$\bar{X}=\frac{1}{n}\sum_{k=1}^{n}x_k$，每一个例子均有 n 项；$S=\sqrt{\frac{1}{n-1}\sum_{k=1}^{n}(X_k-\bar{X})^2}$。

（4）计算 $\frac{S\cdot t}{\sqrt{n}}$ 的值。

（5）计算置信区间：$[\bar{X}-\frac{S\cdot t}{\sqrt{n}};\ \bar{X}+\frac{S\cdot t}{\sqrt{n}}]$。

这个置信区间可以很容易地转换成以 +、- 百分比表示的不确定性范围。

这个过程通常使用计算软件来完成。所有计算软件包和电子表格应用程序都可以实现这个计算过程。

13.7 结合间接测量的单一源排放的不确定性（步骤 3）

导致间接测量的不确定性的原因一般与测量技术使用有关。具有高度不确定性的方法通常会导致在最后评估时统计的高度不确定性。

在间接测量的情况下，不确定性与活动数据、排放因子有关。有以下几种方法来量化这种不确定性的范围：

（1）使用一组或者几组样本数据进行统计测试（例如使用 13.6 第 2 小节中的解释方法）。

（2）确定使用任何测量设备仪器的精度，特别是对于活动数据。

（3）公司内部的咨询专家使用 13.6 第 1 小节的方法估算所述数据的不确定性范围。

（4）使用第三方的不确定性范围（如 IPCC 在第二个工作表中提供不确定性计算工具）。这种方法是最有用的，因为它没有具体的报告公司所产生的数据。

活动数据以及较轻程度上的排放因子，直接取决于所直接使用的技术，这个技术是推荐使用的一个或者两个方法。

如上所述，间接测量排放通常由活动数据和排放因子相乘得到，例如：

- 购买电力乘以单位发电量 CO_2 排放因子；
- 销售的水泥吨数乘以单位水泥生产量 CO_2 排放因子；
- 出租车行驶里程数乘以单位行驶里程 CO_2 排放因子。

这个乘法加剧了不确定性。由此估算的排放量结果将低于某些组件实际的排放量（这句话被称为复利的不确定性原理），所得排放结果估算的不确定性比组成部分的不确定性要低（这习惯性称为复合不确定性原理）。比如，一个公司可能从其用电台账中得到准确度足够高的用电千瓦小时（kW·h）量，然而，对于生产和输送的最适用的电力排放因子，可能就是国家电网每年的电力基准线排放因子加权平均值，这在相应公司的负荷曲线中对于季节性和每小时的燃料组合反映可能不佳。千瓦时的测量有高度的确定性，但是二氧化碳排放因子却很容易被少估算 20%。

对于公司所特有的不确定性数据，平方和的方法可用于计算产品的两个或者更多因子的置信区间。如果不确定性服从正常分布以及个体不确定性低于 60%，那么这种方法的使用是有效的。如果这个假设被提出并视为有效的，那么公司应该在他们的分析中进行说明。

产品的置信区间（加或者减百分比）就是各个因素的相对置信区间的平方和的平方根，即 $\sqrt{a^2+b^2}$ 。则相乘的不确定性为：

$$(A+/-a\%)\times(B+/-b\%)=C+/-c\%$$

式中 $C=\sqrt{a^2+b^2}$ 。

上述方程显示如何评估公司个体的各因素的不确定性范围，这些因素可能加剧不确定性。然而，需要指出的是，个体的不确定性总和大于 60%是无效的。

这个公式在不确定性计算工具第一张表中是成立的，这是旨在便于使用流程中的步骤 3 和 4 的估计和聚集间接计量排放的不确定性。

13.8 小计和汇总单一排放源量化的不确定性（步骤 4）

如果清单中单一排放源的参数不确定性已经被确定，公司可以考虑使用加权平均的方法小计和汇总估算的不确定性。附加的不确定性可以通过以下所列计算方法估算。数字不确定性的估算可以把平方和的根技术以及使用绝对值调整每个参数估计的相对权重这两种技术相结合。

添加不确定性：$(C+/-c\%)+(D+/-d\%)=E+/-e\%$

$$e=\frac{\sqrt{(C\times c)^2+(D\times d)^2}}{E}$$

举个例子：一份清单具有两个 CO_2 排放源，分写计算如下：110 ± 4%t 和 90 ± 24%t。则总清单为 200*t* 的不确定性为：

$$u=\frac{\sqrt{4.4^2+21.6^2}}{110+90}=\frac{22.04}{200}\approx\pm 11\%$$

对于温室气体议定书不确定性计算工具来说，使用这种方法汇总不确定性是非常便利的，因为它提供了直接和间接测量的排放自动化工作表。

13.9 不确定性评估解释和文件化（步骤5）

不确定性评估的最后一步往往是最重要的一步。公司在收集信息和数据以量化不确定性评估和实施模型时，需要付出很大的努力，比如温室气体不确定性计算工具，用来汇总跨源类别的不确定性参数和整个温室气体清单。然而，如果在整个过程中所采取的步骤没有被详细的文件化并进行解释，那么所有这些努力将不会产生任何好处，这将导致在数据收集的质量以及整体排放清单有所改善。公司的不确定性评估工作实施全面质量管理体系的整合可以帮助解决这个问题。另外，新兴的和现有的排放交易计划（如拟议中的欧洲排放津贴交易计划或英国贸易计划）需要通报不确定性调查（如测量的不确定性）的基本结果。

在对于针对一个不确定性评估（如统计不确定性、设备精密度不确定性或者专家判断不确定性）收集参数数据的过程中，关键是对计算步骤进行文件化并解释，确定各种不确定性产生的原因，并就如何减少这种不确定性提出具体的建议。虽然议定书规定的不确定性计算工具中使用的一阶误差传播方法无法处理数据的系统偏差，但是在不确定性评估过程中或者进行数据质量管理流程中确定这种偏差时，它们应该被文件化。

当在解释一个量化的不确定性评估结果时，记住使用方法的局限性是很重要的。虽然它可以提供一个有用的“一阶”评比，一阶误差传播方法需要的许多假设可能不完全适合公司内的某项活动的特点。正确理解不确定性需要讨论对任何数量的不确定性评估的局限性和大量的警报信息。解释还需要所确定的不确定性产生的原因进行深入讨论，包括偏见以及测量精度，不论这些不确定因素是否在模型中量化使用。至少，对不确定性评估的解释可能排除不确定性的定量分析或者总结排名，特别是他们认为库存清单的照片不完整。然而，清单对于不确定性的可能原因以及数据质量提高的相关建议始终应该进行一个详细的定性讨论。

当把不确定性评估的量化部分进行文件化时，这些结果可以根据简要规模排名。一个任意但是典型的规模如表 13.2 所示。这些序号值是基于定量的置信区间，估计或测量值的百分比，其中可能存在的真正值。

表 13.2 数据的精度等级以及在温室气体议定书的不确定性计算工具中使用的区间间隔

数据的准确性	平均值的百分比间隔
高	+/−5%
好	+/−15%
一般	+/−30%
差	>30%

温室气体议定书不确定性计算工具能够基于表 13.2 给定的规模在区间水平上自动实现排序。

（1）直接测量的个体水平排放数据；

（2）间接测量的单一源水平数据；

（3）本次总体水平。

使用这样的“序号”排名往往是备受争议的，因为在把量化的不确定性转化为一个排名时会丢失重要信息。因此，有必要把在量化评估和描述不确定性产生的主要原因时所出现的限制性进行文件化并进行排名。

表 13.3 提供了不确定性排名，以及在获得这些排名的简要说明，通常是达到最好的设施或者公司最近组装的排放清单。缺乏数据以及有效的质量管理体系有可能导致较低的排名。强烈建议，严格的数据管理体系要像在温室气体议定书企业会计准则“清单质量管理”章节中讨论的一样实施。

表 13.3 共同排放源的确定性排序

主要排放类别小计	可达到的最佳确定性排名
现场的固定源燃料燃烧	交货记录及票据使测量方便、准确；碳含量几乎是标准的，因此算得的排放因子是准确的（每吨煤的碳变化；使用煤炭平均缺省因子可能会产生一个比较接近的加总）
过程排放	结合准确的输入记录进行质量平衡计算可产生高度精确的总数。 如果使用生产总量乘以行业平均水平的排放因子计算产品生产产生的碳排放，结果将是一般或者差。不可测量的气体泄漏是问题所在

续表 13.3

主要排放类别小计	可达到的最佳确定性排名
直接控制车辆	如果使用统计完整的燃料记录，并且乘以燃料排放因子，那么计算的结果属于高精准度。 各类型设备的行驶距离乘以单位行驶里程的平均燃料消耗因子计算出的结果属于一般精确。 如果行驶距离是粗略估算的，那么这个计算结果的精准度将较差
电力使用	如果一种燃料用于发电或者边际发电燃料可以跟设施负荷曲线匹配，那么结果的精确度将比较高。 如果使用电网发电年均排放因子乘以燃料使用量，结果精确度一般。 如果用电量没有计量而必须从设备和使用时间进行估算，那么得到的结果的精确度一般或者较差
绑定货运、出境货运	如果使用一个成熟的模型或者路线，结果精确度高。 否则结果精确度至少一般
与工作相关的员工旅行	如果行驶里程统计准确，结果准确性一般。 如果把行程大致归类为短期或者长期等，则结果精确度较差
垃圾填埋场废弃物处置	如果回收系统安装到位，大部分 CH_4 可以回收，则计算结果精确度好。 否则结果精确度至少一般（花费大量人力物力测得的结果可能精确度较高，但是花费和分组条件的组成可能有很大不同，导致结果可能不确定）

13.10 使用温室气体盘查议定书提供的不确定性计算工具

1. 工作表 1“汇集——间接测量”的计算步骤

为了计算间接测量排放的汇总不确定性，需要确定活动数据、GHG 排放因子以及相应的不确定性范围。电子表格自动实现步骤 3 和步骤 4 的不确定性汇集过程，并根据表 13.4 对不确定性的分布范围进行排名。

数据输入：

（1）在 A 列中输入活动数据，在 B 列中细化燃料使用数据计量的单位，如 t、GJ、加仑等。

（2）在 C 列中输入估算的活动数据的不确定性范围，形式为平均值的 +、– 百分比。

（3）在 D 列中输入排放因子。排放因子必须与活动数据对应，可以计算出 CO_2 的排放 kg 数。例如：如果使用的某种燃料以 GJ 计量，则排放因子也应该被表达为 kgCO_2/GJ。作为对这项注意事项的提醒，可以在 E 列中输入排放因子的单位。

（4）在 F 列中输入排放因子的不确定性范围，形式为平均值的 +、- 百分比。

（5）在 G 列和 H 列中计算 CO_2 排放量，单位为 kg 或者 t。

步骤 3：活动数据和排放因子的不确定性的结合（自动实现）。

（6）I 列填写单一源排放间接测量的不确定性范围。

（7）J 列填写根据表 13.2 确定的单一源排放的自动确定性排名。

步骤 4：计算汇总所有间接测量排放的不确定性（自动实现）。

（8）数据录入组下的 I 列提供所有测量排放的不确定性汇总（K 列和 L 列展示了用于控制目的的中间计算结果）。

（9）数据录入组下的 J 列提供根据表 13.2 和表 13.3 对汇总的间接测量排放量自动实现不确定性排名。

2. 工作表 2“汇集——直接测量”的计算步骤

数据输入：

（1）在 A 列中输入每个间接测量的单一源的 GHG 排放报告数据，单位为 kg。

（2）在 B 列中输入所报告 GHG 排放量的不确定性范围，形式为平均值的 +、- 百分比。

（3）C 列提供根据表 13.2 和表 13.3 自动实现的单一源排放量确定性排名。

步骤 4：计算汇总所有间接测量排放的不确定性（自动实现）。

（4）数据录入组下的 B 列提供所有测量的排放量的不确定性汇总。

（5）数据录入组下的 C 列提供根据表 13.2 和表 13.3 对汇总的直接测量排放量自动实现不确定性排名。

3. 工作表 3“不确定性汇总”

表 3 自动汇集直接和间接测量排放量的不确定性范围。

步骤 5：计算汇总所有整体排放量的不确定性（自动实现）。

（1）“汇总的不确定性”的灰色区域提供了所有测量排放量的汇总不确定性。

（2）“不确定性排名”的有色区域提供了根据表 13.2 和表 13.3 对汇总的直接测量排放量自动实现不确定性排名。

13.11 了解更多信息

不确定性评估的详细指导和信息能够在 IPCC 优良做法的第 6 章和 EPA

程序手册的质量保证/质量控制和不确定性分析中找到，包括开展定量不确定性的估计和征求专家判断的方法。

表 13.4 不同置信区间的 *t* 因子

测量次数（n）	置信区间的 T 因子					
	68.27[a]	90	95	95.45[a]	99	99.73[a]
2	1.84	6.31	12.71	13.97	63.66	235.8
3	1.32	2.92	4.3	4.53	9.92	19.21
4	1.2	2.35	3.18	3.31	5.84	9.22
5	1.14	2.13	2.78	2.87	4.6	6.62
6	1.11	2.02	2.57	2.65	4.03	5.51
7	1.09	1.94	2.45	2.52	3.71	4.9
8	1.08	1.89	2.36	2.43	3.5	4.53
9	1.07	1.86	2.31	2.37	3.36	4.28
10	1.06	1.83	2.26	2.32	3.25	4.09
11	1.05	1.81	2.23	2.28	3.17	3.96
12	1.05	1.8	2.2	2.25	3.11	3.85
13	1.04	1.78	2.18	2.23	3.05	3.76
14	1.04	1.77	2.16	2.21	3.01	3.69
15	1.04	1.76	2.14	2.2	2.98	3.64
16	1.03	1.75	2.13	2.18	2.95	3.59
17	1.03	1.75	2.12	2.17	2.92	3.54
18	1.03	1.74	2.11	2.16	2.9	3.51
19	1.03	1.73	2.1	2.15	2.88	3.48
20	1.03	1.73	2.09	2.14	2.86	3.45
25	1.02	1.71	2.06	2.11	2.8	3.34
30	1.02	1.7	2.05	2.09	2.76	3.28
35	1.01	1.7	2.03	2.07	2.73	3.24
40	1.01	1.68	2.02	2.06	2.71	3.2
50	1.01	1.68	2.01	2.05	2.68	3.16
100	1.005	1.66	1.98	2.025	2.63	3.08
∞	1	1.645	1.96	2	2.576	3

对于数量 z 描述与正态分布的期望 μ_z 和标准差 σ，间隔 $\mu_z \pm k\sigma$ 包括 $P=68.27$，95.45%和 99.73%的分布，其中 $k=1$，2 和 3。

14

Change 碳管理计算工具排放因子的数据来源

14.1 前　言

本文件包含了碳管理计算工具中所使用的 CO_2 排放源。

本文件还包含了计算中的一些假设。建议查阅原始源文件获得所有假设的全部描述。

本文按照计算工具的格式撰写，提供范围 1、范围 2 和范围 3 中各排放因子的来源，如下所述：

范围 1——直接排放：

- 静止燃烧；
- 移动燃烧；
- 其他温室气体。

范围 2——间接电力排放。

范围 3——其他间接排放：

- 员工差旅；
- 员工通勤；
- 物流；
- 废弃物；
- 水。

14.2 范围 1：直接排放因子

1. 静止燃烧

（1）液体及固体燃料。

除生物质及木屑的排放因子来自于《爱尔兰木材能源》外，静止燃烧中“液体及固体燃料”章节的排放因子来源于《爱尔兰可持续能源》（SEI）的《1990—2007，2008 年爱尔兰能源报告》。

SEI 的《爱尔兰能源报告》以 kW · h 为单位提供了 CO_2 的排放因子，即 kg CO_2/kW · h。本文件通过进一步计算，将排放因子的单位换算为千克二氧化碳/L（kg CO_2/l）换算。详细计算过程见 14.5。

表 14.1 液体及固体燃料

液体燃料	$kgCO_2/kW\cdot h$	$kg\ CO_2/L$	数据来源
汽油	0.251 9	2.355	SEI 2008
煤油	0.257	2.524	SEI 2008
航空煤油	0.257	2.52	SEI 2008
轻油/柴油	0.263 9	2.68	SEI 2008
残油（重油）	0.273 6	3.09	SEI 2008
液化石油气（LPG）	0.229 3	1.63	SEI 2008
固体燃料	$kgCO_2/kW\cdot h$[①]	$kg\ CO_2/kg$	数据来源
煤炭	0.340 6	2.634	SEI 2008
铲采泥煤	0.420	0.908 535 6	SEI 2008
腐草泥煤	0.374 4	1.362	SEI 2008
泥煤球	0.359 9	1.833 6	SEI 2008
石油焦碳	0.362 9	3.51	SEI 2008
石脑油[(1)]	0.264	3.2	SEI 2008
生物质	—	0.129	爱尔兰木材能源
木屑	—	0.132	爱尔兰木材能源

生物质及木屑的排放因子来自于《爱尔兰木材能源》。生物质排放因子目前被用于“Change 个人碳计算器”。

注：

（1）石脑油是一种液体燃料，但由于其排放因子按千克列出，因此将其纳入固体燃料的部分。石脑油代表一系列不同密度的燃料，因此以升为单位列出其排放因子是不准确的。

（2）天然气。

天然气 CO_2 排放因子来源于《爱尔兰可持续能源》的《1990—2007，2008 年爱尔兰能源报告》。

表 14.2 天然气排放因子及供应商

燃料类型	供应商	$g\ CO_2/kW\cdot h$	数据来源
天然气	Bord Gais	205.6	SEI 2008
天然气	Vayu	205.6	SEI 2008
天然气	Energia	205.6	SEI 2008

① 译者注：英文原文单位错误，应为 $kg\ CO_2/kW\cdot h$。

2. 移动燃烧

如表 14.3 ~ 表 14.7 所示的移动燃烧排放因子的数据来源是《爱尔兰可持续能源》、环境、食品及农村事务部（DEFRA）及国家大气排放清单（NAEI）。

（1）汽车。

表 14.3 及表 14.4 列出了汽油及柴油车辆的排放因子。该排放因子来源于 SEI《1990—2007 爱尔兰能源》（第 73 页）。这些排放因子还被应用于"Change 个人碳计算器"。

如同个人计算器一样，排放量区间的上限值被用于各变速器品牌，即由于 B 品牌排放量大于 120 而小于 140，则采用 140 g CO_2/km 作为 B 品牌的排放因子。

表 14.3 汽油车发动机分级、变速器品牌及 CO_2 排放因子

燃料类型	发动机排量	变速器品牌	g CO_2/km	数据来源
汽油	<0.9 升	A	120	SEI 2008
	0.9 ~ 1.2 升	B	140	SEI 2008
	1.21 ~ 1.5 升	C	155	SEI 2008
	1.51 ~ 1.7 升	D	170	SEI 2008
	1.71 ~ 1.9 升	E	190	SEI 2008
	>1.9 升	F	225	SEI 2008
	>3.0 升	G	260	SEI 2008

表 14.4 柴油车发动机分级、变速器品牌及 CO_2 排放因子

燃料类型	发动机排量	变速器品牌	g CO_2/km	数据来源
柴油	1.2 ~ 1.5 升	B	140	SEI 2008
	1.51 ~ 1.7 升	C	155	SEI 2008
	1.71 ~ 1.9 升	D	170	SEI 2008
	>1.9 升	E	190	SEI 2008

（2）厢式货车、摩托车及重型货车。

厢式货车、摩托车及重型货车的排放因子来源于《DEFRA 温室气体转化因子指南：交通排放因子方法学，DEFRA，2008》这一文件，见表 14.5 ~ 表 14.7。关于排放因子各种假设的进一步细节都可从该文件中查到。

表 14.5 厢式货车类型及 CO_2 排放因子

厢式货车	车厢载重量	g CO_2/km	数据来源
汽油	1.25 t 及以下	224.4	DEFRA 2008
柴油	3.5 t 及以下	271.8	DEFRA 2008
液化石油气或压缩天然气	3.5 t 及以下	271.8	DEFRA 2008

表 14.6　汽油摩托车CO_2排放因子

汽油摩托车	尺寸	g CO_2/km	数据来源
125cc 及以下	小型	72.9	DEFRA 2008
125cc 至 500cc	中型	93.9	DEFRA 2008
500cc 以上	大型	128.6	DEFRA 2008

表 14.7　重型货车CO_2排放因子

	车体类型	g CO_2/km	数据来源
重型货车	固定式	895	DEFRA 2008
	铰链式	917	DEFRA 2008
	一般重型货车	906	DEFRA 2008

（3）燃料。

计算器中静止燃烧“燃料利用”章节的燃料排放因子来源于 SEI《爱尔兰能源 1990—2008》，以及国家大气排放清单（NAEI）（http：//www.naei.org.uk/）。

NAEI 由 DEFRA、威尔士国家议会、苏格兰执行委员会及北爱尔兰环境部资助，编制进入大气排放量的估算值。航运燃料油及航运柴油的排放因子来源于 NAEI。

表 14.8　燃料CO_2排放因子

按燃料利用分类的移动排放量	排放因子 kg CO_2/单位	单位	数据来源
汽油	2.355	升	SEI 2008
柴油	2.68	升	SEI 2008
生物燃料	0	升	SEI 2008
航空煤油（用于飞机）	2.52	升	SEI 2008
航运燃料油	879	t 燃料	NAEI
航运柴油	870	t 燃料	NAEI

3. 其他温室气体

全球变暖潜势（GWP）来源于 IPCC 1995 年发表的《第二次评估报告》，如表 14.9 所示。

表 14.9　温室气体及百年气候变化潜势

温室气体		百年 GWP	数据来源
CO_2		1	IPCC 1996
CH_4		21	IPCC 1996
N_2O		310	IPCC 1996
HFCs	HFC-125	2 800	IPCC 1996
	HFC-134	1 000	IPCC 1996
	HFC-134a	1 300	IPCC 1996
	HFC-143	300	IPCC 1996
	HFC-143a	3 800	IPCC 1996
	HFC-152a	140	IPCC 1996
	HFC-227ea	2 900	IPCC 1996
	HFC-23	11 700	IPCC 1996
	HFC-236fa	6 300	IPCC 1996
	HFC-245ca	560	IPCC 1996
	HFC-32	650	IPCC 1996
	HFC-41	150	IPCC 1996
	HFC-43-10mee	1 300	IPCC 1996
PFC_S	全氟丁烷	7 000	IPCC 1996
	全氟甲烷	6 500	IPCC 1996
	全氟丙烷	7 000	IPCC 1996
	全氟戊烷	7 500	IPCC 1996
	全氟环丁烷	8 700	IPCC 1996
	全氟乙烷	9 200	IPCC 1996
	全氟己烷	7 400	IPCC 1996
	六氟化硫 SF_6	23 900	IPCC 1996

IPCC 从《第三次评估报告》(2001)及《第四次评估报告》(2007)开始公布修订的 GWP 值，但当前的《UNFCCC 报告及审核指南》在《第三次评估报告》之前生效，要求排放量估算值基于 IPCC《第二次评估报告》中的 GWP。美国环保署发表的《国家清单报告》(EPA，2008)因此使用《第二次评估报告》中的气候变化潜势。

14.3 范围 2：间接电力排放因子

电力排放因子来源于能源法规委员会（CER）的报告《燃料配比及排放因子披露 2007》，见表 14.10。

表 14.10 电力供应商CO_2排放因子

	排放因子（kg CO_2/kW·h）	数据来源
平均电网排放因子	0.538	CER

14.4 范围 3：其他排放因子

1. 员工差旅

（1）汽车及厢式货车。

Change 个人碳计算器，在本部分内容中，包含了汽车（汽油及柴油）及厢式货车的排放因子。这些排放因子在 14.2 第 2 小节及表 14.3 ~ 表 14.7 中列出。

（2）航空。

表 14.11 列出了航线排放因子、数据源文件及假设。

表 14.11 航线CO_2排放因子

航线	排放因子 tCO_2/每次往返	数据来源	假设
国内	0.146	DEFRA 2007	假设波音 737 负载因子 65% 单程距离 463 km
短途	0.342	DEFRA 2007	假设波音 737 负载因子 65% 单程距离 1 380 km
长途	1.602	DEFRA 2007	假设波音 737 负载因子 79.7% 单程距离 7 630 km

航空假设注解：排放因子基于 DEFRA 在方法学《乘客交通排放因子 2007》中提出的假设。这些排放因子旨在成为三种航空服务有代表性的类型中，每位乘客千米典型排放量的整体表现。实际排放量将因飞机类型的不同

而有显著差异，如负荷因子等。爱尔兰及英国航空运营规模、飞机及燃料相近，因此认为该数据适用于爱尔兰航空。

辐射效应注解：航空排放因子不包括辐射效应引起的额外影响（即诸如氮氧化物（NO_x）及冷凝尾气排放等非 CO_2 气体造成的气候变化影响）。上述图表基于燃料利用产生的 CO_2 排放量。按照 IPCC 估算，航空过程由辐射效应造成的气候变化影响最高为单独由 CO_2 造成的效应的 2～4 倍。但由于数据中仍存在一定程度的不确定度，因此辐射效应没有纳入航空排放因子。

（3）公交车。

排放因子基于都柏林公交公司编制的燃料利用及 2006 年都柏林乘坐公交车的总乘客千米数统计。该数据来源于都柏林公交公司，见表 14.12。该排放因子被应用于个人碳计算器。

表 14.12　公交车 CO_2 排放因子

公交车	kg CO_2/乘客 km	数据来源
	0.077	都柏林公交公司

（4）铁路。

该排放因子表示 2006 年爱尔兰柴油内燃城际机车及通勤机车单位乘客千米的平均排放量。该因子基于 2006 年客运铁路总柴油消耗量及总客运里程千米数计算。该数据来源于爱尔兰铁路公司，见表 14.13。该排放因子用于个人碳计算器。

表 14.13　铁路 CO_2 排放因子

列车	kg CO_2/乘客 km	数据来源
	0.044 3	爱尔兰铁路公司

（5）出租车。

出租车排放因子来源于《DEFRA 温室气体转化因子指南：交通排放因子方法学，DEFRA，2008》，见表 14.14。

表 14.14　出租车 CO_2 排放因子

出租车	平均载客数	g CO_2/km	数据来源
出租车	1.4	161.3	DEFRA 2008
大型出租车	1.5	175.7	DEFRA 2008

2. 员工通勤

（1）汽车。

该排放因子见表 14.3 及表 14.4。

（2）公交车。

该排放因子见表 14.12。

（3）铁路。

该排放因子见表 14.13。

（4）厢式货车。

该排放因子见表 14.5。

（5）摩托车。

该排放因子见表 14.6。

3. 物　流

（1）汽车。

由于物流章节的信息难以获取，本节为简化起见，采用最广泛使用的汽油及柴油汽车排放因子，见表 14.15 和表 14.16。根据 SEI《2007 年交通能源》，最广泛使用的汽油及柴油发动机排量分别为 1.2 ~ 1.5 及>1.9。

表 14.15　普通汽油汽车发动机类型及 CO_2 排放因子

燃料类型	发动机排量	变速器品牌	g CO_2/km	数据来源
汽油	1.2 ~ 1.5	B	155	SEI

表 14.16　普通柴油汽车发动机类型及 CO_2 排放因子

燃料类型	发动机排量	变速器品牌	g CO_2/km	数据来源
柴油	>1.9 升	E	190	SEI

（2）厢式货车。

该排放因子见表 14.5。

（3）摩托车。

该排放因子见表 14.6。

4. 废弃物

废弃物排放因子来源于 IPCC。IPCC 开发了废弃物模型用于各国在废弃物处理过程中获得温室气体排放量的数据(《2006 年 IPCC 国家温室气体清单指南》第5卷，废弃物）。

该模型曾被用于多种不同的废弃物流中，获得如表14.17所示的一系列排放因子。该数值基于IPCC关于各废弃物流中可降解有机质的默认值、甲烷产生率及其他一些默认值。填埋场的排放因子基于IPCC模型中50年降解的假设。该填埋场的结果表明单位重量的快速降解且含碳量较低的废弃物（如食物及园艺废弃物）产生的排放量比慢速降解且含碳量较高的废弃物（如纸张及木材）少。

《2007年国家废弃物报告》中列出统计数据中应用了各废弃物流的IPCC默认值，用于获取适用于爱尔兰的一般性MSW排放因子。

表14.17和表14.18列出了废弃物的排放因子。表14.17列出了用于填埋、回收、燃烧或厌氧分解的未分类废弃物的排放因子。表14.18列出了用于填埋的不同类型废弃物（如纸张、有机质）的排放因子。

表14.17　废弃物CO_2排放因子——废弃物流未知

	废弃物处理方式	kg CO_2/kg 废弃物	数据来源
废弃物流分解未知	填埋	0.87 [1]	IPCC 2007，EPA 2008
	燃烧	0.396 [2]	IPCC 2007，EPA 2008
	厌氧消解	0.042 [2]	IPCC 2007，EPA 2008
	回收	0 [3]	IPCC 2007，EPA 2008

表14.18　用于填埋的废弃物CO_2排放因子——废弃物流未知

	废弃物流	kgCO_2/kg 废弃物	数据来源
废弃物流分解未知	纸张 [4]	1.87	IPCC 2007，EPA 2008
	食品 [4]	0.74	IPCC 2007，EPA 2008
	园艺 [4]	0.98	IPCC 2007，EPA 2008
	木材 [4]	1.63	IPCC 2007，EPA 2008
	纤维 [4]	1.12	IPCC 2007，EPA 2008
	惰性物质（无机质）[5]	0	IPCC 2007，EPA 2008

表 14.17 及表 14.18 中的注释：

（1）填埋场的一般性 MSW 数据基于适用于废弃物成分的各废弃物流的排放因子，数据来源于《2008 年国家废弃物报告》（EPA，2008）。

（2）燃烧及厌氧分解数据为 IPCC 干基废弃物的默认值（CH_4 及 N_2O 转换为 CO_{2e}）

（3）回收的排放设为零。

（4）填埋废弃物流数据基于 IPCC 的 50 年以上一阶衰变率默认值，并假设没有填埋气回收用于火炬或供燃气发动机。

（5）惰性物质排放量设为零。

5. 水

由用水引起的主要温室气体来源于市政水处理设备进行水处理时所需的能量。

都柏林市议会以位于 Ballymore Eustace 的水处理设备为例，提供了能耗及处理量数据，用以获得适用的水的温室气体排放因子。Ballymore Eustace 现场记录了每立方米水的排放量为 18.46 g CO_2 当量。

都柏林市议会数据未计入泵入泵出水处理设备的能耗，也未计入处理过程中所投入的化学物质涉及的温室气体排放量。该排放因子仅包含该水厂水处理过程的能源/碳强度。

表 14.19　水处理 CO_2 排放因子

水排放因子	g CO_2/m^3	数据来源
	18.46	都柏林市议会

14.5　固体及液体衍生燃料计算及假设

本部分展示了“静止燃烧”章节中固体及液体燃料 CO_2 排放因子单位如何由 kg CO_2/kW · h 换算为 kg CO_2/kg 及 kg CO_2/L。由于许多用户可能只有以千克或升为单位的数据，因此有必要确保本计算器尽可能适用。

以下步骤及表 14.20 和表 14.21 描述了原始数据的来源及换算过程。

表 14.20 单位为kg及升的排放因子的计算

液体燃料	净热值 t油当量/t [1]	能量密度（MW·h/t）[2]	能量密度（kW·h/kg）	密度（kg/L）[3]	能源强度（kW·h/L）	kg CO_2/kW·h [4]	kg CO_2/L
汽油	1.065	12.386	12.385 95	0.755	9.351 392 25	0.2519	2.355
煤油	1.056	12.277	12.276 628	0.800	9.821 302 4	0.257	2.524
航空煤油	1.053	12.249 9	12.249 879	0.800	9.799 903 2	0.257	2.52
柴油	1.034	12.03	12.030 072	0.845	10.165 410 84	0.2639	2.68
残油（重油）	0.985	11.454	11.454 387	0.985	11.282 571 195	0.2736	3.09
液化石油气（LPG）	1.126	13.099	13.098 869	0.545	7.138 883 605	0.2293	1.63
固体燃料	净热值 t油当量/t	能量密度（MW·h/t）	能量密度（kW·h/kg）			kg CO_2/kW·h	kg CO_2/kg
铲采泥煤	0.186	2.163	2.163			0.420	0.908 535 6
腐草泥煤	0.313	3.64	3.64			0.3744	1.363
泥煤球	0.443	5.152	5.152			0.3559	1.834
煤炭	0.665	7.734	7.734			0.3406	2.634
石油焦碳[5]	0.833	9.687	9.687			0.3629	3.515
Naptha	1.051	12.223	12.223			0.264	3.226 9

注释：
（1）数据来源于 SEI《爱尔兰能源》（第 91 页）。
（2）利用 SEI《爱尔兰能源》（第 90 页）换算表，由净热值计算所得。
（3）数据来源于和 SEI 间的电子邮件。
（4）数据来源于 SEI《爱尔兰能源》。
（5）石油焦碳是重油组分高温裂解的主要残余物。

（1）将净热值（t 油当量/t，toe/t）（来源于 SEI《爱尔兰能源》）换算为能源强度单位 MW·h/t。利用表 14.21 将 toe/t 数据乘以 11.63 换算为 MW·h/t。由此获得每吨燃料的能量值。

（2）将 MW·h/t 换算为 kW·h/kg（1 MW·h/1 t = 1 000 kW·h/100 kg = 1 kW·h/1 kg）。由此获得每千克燃料的能量值。

（3）利用来源于 SEI 的密度值（kg/L）将液体单位由 kW·h/kg 换算为 kW·h/L。用能源强度（kW·h/kg）乘以液体密度（kg/L）。由此获得每升液体燃料的能量值。

（4）将固体（kW·h/kg）及液体（kW·h/L）换算的能源强度换算为 CO_2 排放因子，单位为 kg CO_2/kg 及 kg CO_2/L。用单位为 kW·h/kg 或 kW·h/L

的能源强度乘以单位为 kg CO_2/kW · h 的排放因子（来源于 SEI《2008 年爱尔兰能量》）。由此获得每千克或每升燃料的 CO_2 排放量。

表 14.21 能源换算因子

换算自： \ 换算为：	t 油当量	MW · h	GJ
	乘以		
t 油当量	1	11.63	41.868
MW · h	0.086	1	3.6
GJ	0.023 88	0.277 8	1
注释：《爱尔兰能源》第 90 页			

参考文献

[1] IPCC2006. 2006 年 IPCC 国家温室气体清单指南[EB/OL]. http://www.ipcc-nggip.iges.or.jp/public/2006gl/.

后　记

在本书的编写过程中，时间比较仓促，且国内各大专院校还尚无与温室气体盘查、核算相对应的专业，因而没有系统的知识体系可以参考，故难免有不妥之处，恳请尊敬的读者给予批评指正，笔者万分感谢，联系邮箱：1074987833@qq.com。

邓　立

二〇一四年十二月　初稿
二〇一六年十月　定稿
二〇一七年三月　终稿